软技能（第2版）

代码之外的生存指南

[美] 约翰 · Z. 森梅兹（John Z. Sonmez）◎著
王小刚　王伯扬◎译

人民邮电出版社
北京

图书在版编目（CIP）数据

软技能 ：代码之外的生存指南 ：第2版 / （美）约翰·Z.森梅兹（John Z. Sonmez）著 ；王小刚，王伯扬译. -- 2版. -- 北京 ：人民邮电出版社，2022.8
书名原文：Soft Skills: The Software Developer’s Life Manual, Second Edition
ISBN 978-7-115-59356-6

Ⅰ. ①软… Ⅱ. ①约… ②王… ③王… Ⅲ. ①软件开发—指南 Ⅳ. ①TP311.52-62

中国版本图书馆CIP数据核字(2022)第093733号

◆ 著　　[美] 约翰·Z. 森梅兹（John Z. Sonmez）
译　　王小刚　王伯扬
责任编辑　刘雅思
责任印制　王　郁　胡　南
◆ 人民邮电出版社出版发行　　北京市丰台区成寿寺路 11 号
邮编　100164　　电子邮件　315@ptpress.com.cn
网址　https://www.ptpress.com.cn
北京七彩京通数码快印有限公司印刷
◆ 开本：800×1000　1/16
印张：24.5　　2022 年 8 月第 2 版
字数：473 千字　　2025 年 5 月北京第 10 次印刷
著作权合同登记号　图字：01-2021-7030 号

定价：99.80 元

读者服务热线：(010)81055410　印装质量热线：(010)81055316
反盗版热线：(010)81055315

谨以本书献给所有自强不息、孜孜不倦地持续自我改进的开发人员。他们具备下列素质：

永远不会对“不错”感到心满意足

永远寻求每一个机会来拓展自己的视野，探索未知事物

对知识的渴求永远不会熄灭

笃信软件开发并不仅仅意味着编写代码

知道失败不是结束，失败只是人生旅程上的小小一步

有过挣扎，有过失败，但仍然会爬起来继续战斗

拥有强烈意愿和决心，在人生的道路上不畏艰难

最重要的是，愿意一路上帮助他人

译者序

逝者如斯夫，不舍昼夜。

——《论语·子罕》

自从 2016 年 7 月《软技能：代码之外的生存指南》与广大读者见面以来，已经过去快 6 年了。迄今为止，这本书已经先后印刷 23 次，总印数达到 34 600 册。

本书如此广受欢迎，我觉得应该用“正当其时”来解释个中缘由。长久以来，软件开发领域的书大部分都是以提升某一项软件开发技能为目标的纯技术类的，还有小部分是试图以类似 $y = f(x)$ 的建模方式抽象阐述技术管理方面话题的，真正从“人”的角度给予软件开发人员生活指导和发展建议的书可谓凤毛麟角。今天看来，《软技能：代码之外的生存指南》之所以能够在广大读者中引起广泛共鸣，正是因为书中涉及的每一个话题——如何以“长期主义”心态来规划自己的职业生涯，如何让自己快速有效掌握职业技能，如何持久保持身心健康，如何持续提升自己的行业影响力……都是应时应景的。

6 年来，行业发生了翻天覆地的变化——从信息化到数字化再到“元宇宙”，从互联网到移动互联网再到“万物互联”，甚至人们沟通和交流的主要媒介都发生了很大变化。为了让《软技能：代码之外的生存指南》与时俱进，本书作者约翰·森梅兹（John Sonmez）对其内容进行了更新和增补，将其升级为第 2 版。必须强调的是，第 2 版继续延续作者简洁明快、平易近人的笔调，继续秉承他一贯坚持的“人本”观点。

自从我 2015 年 1 月开始翻译《软技能：代码之外的生存指南》以来，已经过去 7 年多了。俯首往昔，这本书作为我翻译的第一本书，实在是天作之缘——48 万字的篇幅不多不少，既能让我体会翻译书籍之艰辛，又不至于让我望而却步。这本书的内容非常实用，让我在翻译的时候常常情不自禁地把书里罗列的方法、技巧和工具拿来亲身实践。这本书又广受欢迎，让一抹淡淡的成就感从我内心深处油然而生。自此之后，我把翻译书这件事情引为自己的主要兴趣爱好，陆陆续续翻译出版了《软技能 2：软件开发者职业生涯指南》（2020 年 6 月出版）、《善工利器：程序员管理范式》（2022 年 1 月出版）、

《聪明的商业咨询师：全局商业思维主导下的策略与技巧》（预计2022年8月出版）等。

我曾在《软技能 2：软件开发者职业生涯指南》一书的译者序中承诺过：今后只要约翰还有有关“软技能”的新著问世，我将义无反顾做其中文翻译。如今也是在兑现自己两年前的诺言。

本书第2版中新增的6章全部由王伯扬翻译，其他章由我翻译并完成全书统稿工作。衷心感谢人民邮电出版社的信任，能够让我有机会担纲本书第2版的翻译工作。衷心感谢关心“软技能”话题、热爱“软技能”话题的广大读者，让我们一起来重温“软技能”系列的宗旨——软件开发人员既然能够写出一手漂亮的代码，就一定值得拥有健康快乐、多姿多彩的生活。

王小刚

2022年4月24日于上海

第 1 版译者序

如果不看这本书的内容，只看书名，猜猜看：这会是一本怎样的书？

“这又是一本关于软件开发的书？”——错了。你见过有哪本论述软件开发方面的书在 48 万字的篇幅里连一行代码、一张操作界面截图、一幅算法流程图都没有？就像这本书一样？

“这是一本专门写给软件开发人员看的书？”——也不全是。我认为这本书里描述的方法、技术和工具，以及作者在书中分享的建议、意见与最佳实践，对于每个身在职场的人都是适用的，无论你是在为某家公司服务，还是已经自己创业（或者已经做好准备创业了），抑或是自由职业者。

“那么，这总归是一本书吧？”——这还真不只是“一本”书。它从 7 个方面分享了让我们的生活变得更加积极正向、美好舒适的各种要素——工作、学习、健体、修身，如何打理自己的钱财，如何规划自己的职业生涯，乃至如何提高自己在业界的知名度，从寂寂无名的小卒成长为鼎鼎有名的大神，如何让自己的博客文章受万人追捧，如何让一些人为之谈虎色变的面试变得轻松简单，唾手可得……因此，你可以把它看作 7 本书的聚合体；又或者，因为这本书每章的内容相对独立、自成一体，所以你也可以把这本书当作 70 多篇博客文章来阅读。

“这也不是那也不是，那么这到底是一本怎样的书呢？”好吧，我来跟你分享一下我在翻译这本书时的心路历程。

在翻译这本书的时候，我最多的感慨就是：“如果我早 10 年甚至早 15 年读到这本书那该多好啊……”——嗨，约翰，听到没有，我这也是对你的抱怨呢！你为什么不早几年写这本书呢？！——如果我早 20 年读到这本书，我可以提早为自己规划更为有效的职业生涯，而不是在摸爬滚打、走了那么大一段弯路之后才找到自己的目标；如果早 15 年读到这本书，我一定会在房地产行业最热火朝天的时候倾尽全力、义无反顾地多买几套房子（别笑，也别鄙视我，本书中有整整一篇在讲如何理财——如何跟雇主就薪水进行谈判，如何投资房地产，乃至于如何合理地支配自己的薪水以便让程序员们在“年老色衰”的时候不至于举着“写代码换晚餐”的牌子逡巡于大街小巷）；如果早 10 年读到这本书，我就可以在刚刚进入咨询和培训行业的时候就开始有意识地做好“自我营销”计划并采取行动，现在我一定可以名满天下；如果早5年读到这本书，我可以卓有成效地开展健身计划，开始锻炼身体，不至于现在因体重超标多少公斤而天天被老婆大人数落。

所以，在刚开始翻译这本书的时候，我把自己当作一名译者——尽力做到译文的“信达雅”，慢慢地我变成了一名读者——讲述MVC结构、揭秘iOS编程秘籍以及论证PHP是全世界最好的编程语言的书遍布大江南北，但是真正从“人”的角度给予软件开发人员生活指导和发展建议的书，我只看到这一本。关键是，这还不是一本“心灵鸡汤”式的书，这本书中的所有建议和行动项都是可以立刻落地执行、立即付诸实践的。套用开发人员的“行话”——“全是干货！”所以，不瞒你说，我现在已经近水楼台地开始践行这本书里的若干实践了。

所以，我敢肯定，无论你年龄大小、职位高低、处在何种行业，你都一定能够在这本书中找到对自己有用的东西——如果你服务于某家企业，你会看到如何“攀登晋级阶梯”；如果你是一位自由职业者，你会看到在家办公的时候如何管理时间和规划任务；如果你打算创业，你会看到在哪里能够找到靠谱的孵化器；甚至，不管属于上述哪种情况，我们对“如何做到35岁退休”这一话题一定都是心向往之……

套用时下流行的一首诗，为这篇译者序做个结尾吧——

你看，或者不看，

这本书里所阐述的事实就在那里，不增不减。

你买，或者不买

这本书的作者都会真诚地凝望着你，不会离去。

王小刚

2016年5月5日于上海

译者介绍

王小刚

畅销书《软技能：代码之外的生存指南》《软技能 2：软件开发者职业生涯指南》《善工利器：程序员管理范式》《聪明的商业咨询师：全局商业思维主导下的策略与技巧》译者，《产品经理认证（NPDP）知识体系指南（第 2 版）》官方指定的中文版审校者。

毕业于西安电子科技大学计算机学院，“计算机及应用”专业工学硕士，曾先后服务于华为、IBM、中国移动无线数据研发中心、QAI 咨询公司等多家企业，参与过 3G（第三代无线通信技术）基站、MISC（移动互联网服务中心）等产品/系统的研发工作，担任过项目经理、质量保证经理、质量总监、咨询顾问等职务。

业界知名的咨询顾问和培训讲师，官方认证的 NPDP 讲师和 PBA 讲师，具有 PMP、CBAP、ACP、CSM、CAL 等多项认证资质，华为云授予的“最有价值专家”（授予方向：产品研发管理），六西格玛黑带，致力于产品研发管理、项目管理和过程改进等领域的研究工作，帮助研发型企业持续提升产品创新与研发管理能力，先后为 200 多家企业的超过 30000 名各级各类管理人员和研发人员提供过咨询或培训服务。

王伯扬

新加坡国立大学机械工程系硕士研究生在读，研究方向为原子力显微镜与材料微观图像处理，曾加入东北大学“智能工业解析与优化”重点实验室从事“材料金相组织图形处理”方面的研究，在核心期刊上发表论文《基于 PPM 和比例控制的双电磁阀气动伺服控制方法》《基于改进型 U-net 模型的金相组织分割》。

第 1 版序

2014 年 12 月 5 日，我 62 岁生日那天，是一个周五。这天晚间我收到本书作者约翰·森梅兹的一封电子邮件。在邮件中，他邀请我在 12 月 8 日（周一）之前为这本书写一个序。约翰在电子邮件中附有一个压缩文件包，里面有几十个 Word 文档。我发现这种展示方式实在是不方便、让人伤脑筋，时间如此紧迫，我都来不及为它们生成一个完整的 PDF 文件。

我其实不是很高兴接到这样的请求。我的妻子刚刚做过双膝关节置换手术，正在康复过程中。周六上午我有一个飞行学习课程，白天剩下的时间我打算用来陪伴我的妻子。周六晚上，我要搭乘飞往伦敦的航班，接下来的周一至周五我都在那里讲课。所以，没有办法，周一之前我完成不了这篇序。我告诉约翰，他给我的时间不够。

就在开车赶往机场之前，我收到了约翰送我的圣诞礼物——奶酪和火腿，还有一张感谢卡——感谢我考虑为这本书写序。同时，我还收到了约翰的另一封电子邮件，说：他已经恳请出版商宽限一天，所以他可以等我到周二。他给我发了好几封言辞恳切的邮件，但我告诉他，实在是没有合适的机会，他从我这里肯定会失望而归。

我开车去了机场，登上飞机，整个飞行过程中我都在睡觉，然后打车去了伦敦我最喜欢的酒店。漫漫旅途让我精疲力竭，我在恍恍惚惚中玩着 Minecraft 游戏，直到终于躺倒。周一我讲了一整天的课，然后还得在 SMC 编译器上为我的“整洁代码”（Clean Code）视频系列的第 30 集做一些工作。

今天是 12 月 9 日，周二，授课的第二天，我让学生先做了一个耗时两小时的练习，然后查收电子邮件，发现约翰又给我发了一封邮件，并且将全书整理成为一个简洁的 PDF 文件。好吧，这让事情变简单了。我可以打开文件，上下滚动浏览这整本书。好极了！

请注意，这正是我要告诉你的——约翰做了必要的事情。他设想了我可能需要的和我想要的东西。他遵循最初的请求，循循善诱而又雪中送炭。很明显，他花了很多时间和精力使我的工作更容易，抓住这些微乎其微的机会让我有机会可以写这篇序。甚至在我拒绝他并告诉他“这几乎肯定是不可能的”时，他继续想方设法诱导和帮助我。他没有放弃，没有退缩。只要有一线机会，他就会继续寻找方法。

而这恰恰正是这本书的宗旨。这是一本关于如何获得成功的书籍，论述的内容包括生活习惯和策略，程序和思维方式，以及各种你可以用来推动自己更接近成功的秘技和绝招。在发出最初的请求后，约翰针对我所做出的行为就是一个例子；而他自己，正是这本书中所撰写的内容之典范。

所以，在学生们做练习的两小时里，我打开这个PDF文件看了起来。哇！看看这些标题！他谈到了身体健康、期权交易、房地产和心态平衡；他谈到了怎么辞职、开始咨询业务；他谈到了参与创业、构建产品、攀登职场阶梯、自我营销……这样的例子不胜枚举。

我有自知之明，知道自己根本不可能在两小时内读完整本书，而且我也不会这么写序，于是我一边阅读一边略读。不过很快，我开始有一种感觉，约翰传递了一个要点，这是很棒的要点！这是一个全面的要点，是每一个软件开发人员（其他人也一样，只要面临的是同样的问题）都应该听到的信息。

你知道如何写简历吗？你了解如何就薪水进行谈判吗？作为一个独立咨询师，你知道如何设定咨询费吗？你知道如何权衡辞去全职工作转而成为兼职工作者的风险吗？你了解如何获得创业启动资金吗？你明白看电视的成本是多少吗？（是的，你没有看错。）

这就是这本书谈论的内容，这就是这本书可以教给你的东西，而这些东西正是你需要的。我还没有看完整本书，不少内容只是略读，但读到的内容已经深深吸引了我，这已经足够了，毕竟我的目的是写这篇序。我的结论是，如果你是一位在软件开发这个复杂行业中为自己苦苦寻觅生存方式的年轻人，那么你该拿起这本书，因为这本书会给你带来许多真知灼见和金玉良言。

尽管开局不利，尽管时间紧迫，尽管困难重重，但是约翰还是想尽办法让我为这本书写序。他运用了他写的这本书中的原则，再度获得了成功！

Robert C. Martin（Bob大叔）

Uncle Bob咨询有限公司

《代码整洁之道》等名著作者

前言

天哪，距离我撰写这本畅销书的第 1 版已经过去整整 5 年了。在这 5 年中，我的生活、我的心态都发生了巨大的变化。于是，我决定从头到尾重新修订这本书。

但是，这还不是我撰写第 2 版的全部原因。当我重读这本书第 1 版时，我发现在有些主题上我还有更多话要说，我还想添加更多我想要谈论的新主题——它们中的大部分都与第 1 版内容紧密相关。

事实上，我愈是深入思考如何修订《软技能》，我愈是发现：这本书之所以广受欢迎，关键就是它平易近人。我不想失去这一特色。我想确保那些没有研习过哲学或高级营销技巧的人也能拿起这本书，立刻探索书中的概念。

但这并不意味着我不会对本书进行大刀阔斧的修改和更新，我将纠正其中过时或者我自己不再认同的部分，添加一些在过去 5 年中我的新发现——有关哲学、健身和理财。

我先说说删减的部分。第 1 版书后有 4 个附录，分别讨论了金融体系的运作规则、股市的运作规则、饮食和营养的基础知识以及健康饮食的方法。这 4 个附录在新版中已经全部删掉了。虽然这些内容对关注这些主题的人而言很有价值，但我觉得这些内容已经与本书的核心思想相去甚远，所以需要删掉。

依照同样的思路，我还删掉了第 1 版中有关期权交易的全部内容。尽管期权很吸引人，但我真的不能向你推荐它，它充满诱惑，很容易让读者偏离正轨。我还删掉了书中另外几章，尽管我觉得这几章的内容也挺精彩，但它们与本书其他章并不连贯，所以作为独立的文章更为适合。

有些章的内容也被重新编排，这样可以让文字更流畅、逻辑性更好。不过，每一章的内容仍然保持相对独立，这样读者仍然可以按照自己喜欢的顺序阅读书中的任意一章，这也是本书的初衷。

我的修订工作并不止于删减。亲爱的读者，我之所以如此审慎地删减内容，部分原因是我有更多内容要与你分享，我需要为这些内容腾出空间。我更新了很多章，添加了一些新想法，修改了一些旧想法，一般第 2 版都会这么做。但真正能够吸引你的应该是我补充的新章节。

在“自我营销”篇里我增加了一章，介绍如何在 YouTube 上建立自己的品牌，这为你做好自我营销又提供了一个强有力的工具。我还增加了一章，讨论怎样树立正确的财富观，在这一章中我介绍我秉承的精准的财务理念，秉承这些理念，我不仅做到了“35岁就退休”，还在多个领域创造了数百万美元的个人财富。（读到这一章你一定会有攘臂而起的冲动。）我增加了一章，讨论如何禁食，并分享了我目前的饮食计划，即每天只吃一餐。（这种方法的好处令人震惊！这辈子我的身体状况从没有像现在这么棒！）在全书的末尾，我增加了一章，讲述在过去几年中塑造我人生轨迹的哲学主题——斯多葛哲学。（这一章不容错过。事实上，你甚至应该先从这一章开始阅读本书。）

我还改了书中所有章的章标题，使其看上去更直截了当。尽管第 1 版中各章的名字听上去很风趣，如“书呆子也能拥有强健的肌肉”，但不免有些油腔滑调，而且我自己重读这些内容时也觉得有些老套。我猜想，这是因为，随着年龄的增长，每个人的幽默感会发生轻微的变化。

总体来说，我觉得这个版本比第 1 版更令我满意。此次修订使这本书的内容更加聚焦，并且增加了一些宝贵的人生建议——这些建议在我撰写第 1 版时还没有参悟到，同时也保持了让这本书如此受欢迎的初心和基调。所以，拿起书尽情享受吧，准备好采取一些切实可行的行动来改变你的生活。

约翰·森梅兹

2020 年于加利福尼亚州圣地亚哥

第 1 版前言

也许我可以给你演绎一个玄幻故事，说说我是如何开始写这本书的。我可以跟你说，当我在沙漠中打坐的时候，一只老鹰飞了下来，落在我的肩上，小声在我耳旁说："你必须为软件开发人员写一本关于软技能的书。"我还可以告诉你，这本书是在梦中来到我身旁的——夜半时分，我被这本书的构思惊醒，于是开始奋笔疾书，写下每一章，试图捕捉我在梦中看到的一切。

但是，真相其实就是——我写这本书，是因为我觉得我必须写这本书。

作为一个软件开发人员，在我的生活中，我经历过许多不同的旅程。我曾走在阳关大道，也曾误入歧途，还有一些路我至今仍不知是对是错。这一路走来，我并没有得到太多的帮助和指导。我从来没觉得有谁为我披荆斩棘，开辟出一条小路让我可以因循，也从来没觉得有谁可以告诉我如何成为一名最成功的软件开发人员——不能只编写代码，还要有精彩的人生。

当然，也曾有过许多人影响了我的人生，也曾有许多人教导我各种各样的有关软件开发的事情（以及更多）。毋庸讳言，我一生中取得的成功，部分应归功于他们。但我确实从来没有发现某个人或某位导师，能够把以下信息汇集在一起：

- 如何管理职业生涯，如何在职业生涯中做出正确选择；
- 如何以更好、更有效的方式学习，如何尽可能富有成效，以及在缺乏动力而心灰意冷的时候该如何去做；
- 有关理财的基础知识，有关身心健康的基础知识，以及作为一个软件开发人员，乃至作为生活在这个星球上的一个"人"，这些事情会如何影响到我。

我写这本书是因为我希望能够提供这方面的指导，或者至少可以尽我所能分享我所学到的一切，它们来自我自己的个人经历，或者来自我遇到过和互动过的其他成功的软件开发人员、财务专家、健身大师和励志演说家……的经历。我写这本书是因为我觉得如果不把我学到的和我经历过的这些分享出来，是一种浪费。

我写这本书，是为了：

- 让你的旅程更轻松；

- 帮助你成为更好的自己；
- 最重要的是，让作为软件开发人员的你在漫漫人生旅途中不再感到孤单。

读到这些让你感到欢欣鼓舞了吗？

好吧，让我们开始这段旅程吧！

关于本书

嗨，我很开心你能选择这本书。不过，你或许正在疑惑这是一本什么书。到底什么是“程序员必备的软技能”？这是一个很棒的问题，我来尝试着言简意赅地回答一下。

试想一下这种场景：有一大堆好书，有教你如何写出更好的代码的，有让你学习一种新的技术的，有关于团队合作和项目运营的，或者你还可能找到讨论职业规划以及如何改善职业生涯的，直接教你如何通过面试的。但是，你可曾看到过这样一本书，告诉你如何成为一个比现在更棒的软件开发人员。

你可曾看到过这样一本书，不仅告诉你如何谋到更好的工作、赚到更多的钱，还会告诉你如何花钱、如何最终摆脱工作成为一名企业家——如果你心怀此愿的话。

你可曾看到过这样一本书，告诉你在软件开发行业构建自己声望的步骤，教你如何在身体上、心理上和精神上更强大、更健康。

我尚未看到过，而这就是我决定要撰写本书的原因——阐述上述所有问题，以及更多。

不管你是谁，这本书都是为你而作的。我可不是轻描淡写地随便说说！这本书包罗万象，从揭秘面试的流程，到精心做出一份杀手锏级的简历，到创建受欢迎的博客，打造自己的个人品牌，到提高自己的生产效率，学会与职业倦怠做斗争，甚至到投资房地产和减肥。

你还会发现，这本书中有一整篇专门探讨我自创的快速学习方法。使用这种方法，我在不到两年的时间里为在线教育公司 Pluralsight 创建了 55 门线上课程。

说实在的，无论你是谁，不管你身处软件开发职业生涯的哪个阶段，这本书对你都大有裨益。这本书中甚至有一章专门论述如何约会某位“特殊人物”——你懂我的意思！

在第 1 章里，我将会告诉你关于本书内容的更多细节，以及这些内容是如何组织的。但是，在你沉浸其中之前，我要列出一些对你阅读这本书可能会有帮助的线上资源，下面是对你大有帮助的几个主要的线上资源。

线上资源

Simple Programmer 上额外奉送的章

Simple Programmer 上额外奉送的这一章（Bonus Chapter）讲述如何应对那些对你抱有成见的人。如果你打算创业，或者打算以任何方式（如开通博客）营销自己，这一章是你必读的内容。完全免费。

Simple Programmer 博客

在 Simple Programmer 博客上你会看到与本书中许多话题都相关的海量博客文章，它也是与我本人联络的最佳方式。每周我都会在这里免费发布一些有用信息（当你浏览这一博客时，请确保你注册了我的邮件列表，这样你就可以获得各式各样的赠品和我每周创建的别的好东西）。

Simple Programmer 的 YouTube 频道

在 Simple Programmer 的 YouTube 频道你会看到与本书中许多话题相关的视频资料，全都是免费的。选择订阅功能，这样你每周都能得到新的免费视频。

Bulldog Mindeset 博客及其 YouTube 频道

Bulldog Mindeset 是我新注册的公司品牌，这一品牌专注于如何有效利用斯多葛哲学做好个人发展，包括心态、健康、财富和社交技能。在 Bulldog Mindset 的 YouTube 频道你可以找到我以前在 Simple Programmer 上发布的视频，只是变换了名称而已。你只需重新搜索一下。

Simple Programmer 上的软件开发人员如何自我营销课程

如果你对本书中“如何自我营销”这一章特别感兴趣，可以到这个网站上购买“软件开发人员如何自我营销”（How to Market Yourself as a Software Developer）全套课程，深入了解如何构建个人品牌使你自己在软件行业中占有一席之地。到目前为止，这是我的著作中最受欢迎的部分。因为你已经购买本书，所以我要给予你特别折扣——使用代码 SOFTSKILLS 将获得 100 美元的抵扣。

Simple Programmer 上的十步快速学习法课程

这是另外一门深入课程，探讨我在本书“学习”篇中教你的方法之细节。如果你对这一篇内容深感兴趣，想更加深入地了解该主题，关注“十步快速学习法”（10 Steps to Learn Anything Quickly）这个课程，可以发现更多内容。

Entreprogrammers 网站

如果你立志成为一名企业家，或者已经开始创业，可以关注这个免费的每周播客，这是我和其他 3 位开发者/企业家（或称开发者企业家）联合开发的。

作者介绍

约翰·森梅兹（John Z. Sonmez）是一位软件开发人员，也是两本畅销书《软技能：代码之外的生存指南》和《软技能 2：软件开发者职业生涯指南》的作者。

他还是 Simple Programmer 博客和 YouTube 频道的创始人，每年有多达 140 万的软件开发人员访问 Simple Programmer。他在 Simple Programmer 分享的内容都紧扣如下主题。

- 单凭技术技能既不能成就辉煌的事业，也不能成就灿烂的人生。
- 通过专注于“软技能”，如良好的沟通、以身作则的能力，以及从失败中快速恢复的能力，甚至提高个人健康水平的能力，软件开发人员可以突破“玻璃天花板”，享受非凡的成功。

这些经验都是他通过自己 17 年多的软件开发职业生涯反复试错总结出来的。他坦率地讲述了早年间自己挣扎过的跌跌撞撞的经历。

- 他从 10 岁开始走上软件开发之路。那时他沉湎于 MUD 游戏创造的虚拟世界，不惜采用侵入的手段修改游戏的 C 和 C++代码。
- 他 19 岁时在硅滩[1]找到一份工作，年薪达到了令人垂涎的 6 位数。那时他认为自己的职业生涯已经确定。
- 事实上，那只不过是他遭受多年挫折和坎坷的开始——他的老板对他的 C++编程技巧并不赏识，迫使他从那份优厚的工作“下岗”，面试微软职位时又因为太过紧张而惨遭淘汰，最终为生活所迫只能委身编程以外的工作。
- 最后他才深刻意识到，通晓如何编程和具备成为一名成功的专业软件开发人员所需的所有技能之间有着巨大的不同，于是他开始培养自己所缺乏的技术技能、领导技能和沟通技能。

① 硅滩（Silicon Beach）是位于美国加利福尼亚州“天使之城”洛杉矶以西的新兴科技创业中心，被认为是除硅谷和纽约之外的美国第三大创业区，包括洛杉矶市区西部、帕萨迪纳、圣莫尼卡，以及向南延伸到威尼斯、马里纳戴尔瑞、普雷亚维斯塔等新兴创业区域，拥有长达 7 公里的海岸线，其中圣莫尼卡和威尼斯两地是初创企业最为集中的区域，上万家创业公司构成丰富的创业生态系统。本书作者年少时就生活在圣莫妮卡。——译者注

他后来成为一名专注于测试自动化和敏捷方法领域的高薪顾问，他与技术教育巨头Pluralsight一起联手发布了多达55门在线课程，这使他成为在软件开发领域最高产的在线培训师之一。

他最终于33岁退休，搬到了圣地亚哥居住。

如今，他致力于帮助其他开发人员通过他的Simple Programmer平台上的视频、书籍和课程，获得他们想要的成功。

资源与支持

本书由异步社区出品，社区（https://www.epubit.com/）为您提供相关资源和后续服务。

提交勘误

作者和编辑尽最大努力来确保书中内容的准确性，但难免会存在疏漏。欢迎您将发现的问题反馈给我们，帮助我们提升图书的质量。

当您发现错误时，请登录异步社区，按书名搜索，进入本书页面，单击“提交勘误”，输入勘误信息，单击“提交”按钮即可。本书的作者和编辑会对您提交的勘误进行审核，确认并接受后，您将获赠异步社区的 100 积分。积分可用于在异步社区兑换优惠券、样书或奖品。

扫码关注本书

扫描下方二维码，您将会在异步社区微信服务号中看到本书信息及相关的服务提示。

与我们联系

我们的联系邮箱是 contact@epubit.com.cn。

如果您对本书有任何疑问或建议，请您发邮件给我们，并请在邮件标题中注明本书书名，以便我们更高效地做出反馈。

如果您有兴趣出版图书、录制教学视频，或者参与图书技术审校等工作，可以发邮件给本书的责任编辑（liuyasi@ptpress.com.cn）。

如果您来自学校、培训机构或企业，想批量购买本书或异步社区出版的其他图书，也可以发邮件给我们。

如果您在网上发现有针对异步社区出品图书的各种形式的盗版行为，包括对图书全部或部分内容的非授权传播，请您将怀疑有侵权行为的链接通过邮件发给我们。您的这一举动是对作者权益的保护，也是我们持续为您提供有价值的内容的动力之源。

关于异步社区和异步图书

“异步社区”是人民邮电出版社旗下 IT 专业图书社区，致力于出版精品 IT 图书和相关学习产品，为作译者提供优质出版服务。异步社区创办于 2015 年 8 月，提供大量精品 IT 图书和电子书，以及高品质技术文章和视频课程。更多详情请访问异步社区官网 https://www.epubit.com。

“异步图书”是由异步社区编辑团队策划出版的精品 IT 专业图书的品牌，依托于人民邮电出版社的计算机图书出版积累和专业编辑团队，相关图书在封面上印有异步图书的 LOGO。异步图书的出版领域包括软件开发、大数据、AI、测试、前端、网络技术等。

异步社区

微信服务号

目录

第1章

为何这本书与你先前读过的任何书籍都迥然不同

多数软件开发的书都是有关软件开发本身的，本书却不是。有大量的书论述如何编写优质代码、如何利用各种技术，但是很难找到一本能够告诉我“如何成为一名优秀的软件开发人员”的书。

当我说到“优秀的软件开发人员”时，我并不是说要精于编码之道，善于解决缺陷，通晓单元测试。相反，我所说的“优秀的软件开发人员”，是那些能够把控自己的职业生涯、达成目标、享受生活的人。当然，其他技能都很重要，不过我还是假定你已经精通如何使用 C++语言实现排序算法，或者知晓如何确保写出的代码不至于让你的后继维护者恨不得驾车从你身上碾过……

毋庸置疑，这本书并不是在讨论“你能做什么”，这本书讨论的是“你自己”——关于你的职业生涯、你的生活、你的身体、你的思想以及你的灵魂——如果你确信灵魂存在的话。现在，我并不希望你把我想象成为某种类型的疯子。我不是一个持超验主义思想的和尚，能坐在地板上一边冥想一边抽着仙人掌叶子做成的卷烟，还试着帮你提升到更高层次的顿悟。恰恰相反，我觉得你会发现我是一个非常脚踏实地的人，我不过恰好正在思索——作为一名软件开发人员如何超越编写代码本身？

我拥抱所有的软件开发方法。这意味着，我认为，如果你想真正成为一个更好的软件开发人员（或者其他真正优秀的人才），你需要把重点放在整个“人”上，而不只是你生活中的一两个领域。

这就是这本书的由来，也是这本书的初衷。现在，显然我不可能在这本书的短短篇幅里包罗万象、涵盖生活当中的方方面面，我也没有丰富的经验或智慧来解决这个如此广泛的课题，但我可以通过将本书的内容聚焦于软件开发人员的生活主要方面，在这里我恰好有一些经验和专业知识也许可以让你最大可能地受益。

在这本书里，你会发现不少看似无关的主题串联在一起，但这种无序的背后其实另有深意。本书共分为七篇，每一篇都聚焦在软件开发人员生活的不同方面。如果你想为这些内容分类和分组，最简易的方法是将它们看成是事业、思想、身体和精神四个方面。

我们将从谈论你的职业生涯开始，因为我觉得这是大多数软件开发人员所要关注的最重要的领域之一。我发现软件开发人员很少真正充分积极地考虑过如何管理自己的职业生涯。在第一篇“职业”中，我想要站在你的立场上帮助你解决这个问题。我将教你到底该如何主动地管理自己的职业生涯，从而达到自己追寻的结果：可能是正在企业内部“攀登职场阶梯”，也可能是开创自己的咨询业务，甚或是成为一名企业家创造自己的产品。我已经亲身历经了所有这三种。我也曾经面试过数不清的软件开发人员，你将学习到这些经验教训，从而避免在前进的道路上盲目行走。我还会论述你需要具备的一些与职业目标无关但依然很重要的技能，例如，如何创建一份令人过目不忘的简历，如何掌握面试技巧，如何远程工作，以及如何获得当前大家都在津津乐道的优秀的人际交往能力。

在第二篇“自我营销”中，我们会触及一个我自己很心仪的话题：如何推销自己。“市场营销”，听到这个词组你会有什么感觉？当我提到这个词组时，大多数软件开发人员会觉到很不爽，可能还会有点恶心。但是，当这一篇结束时，你会对这个词组有一个全新的评价，明白它为什么如此重要。人人都是推销员，只是有些人把销售这项工作搞得臭名远扬。在这一篇中，我会帮助你学习如何成为一个更好的销售人员，确切地了解你要“销售”什么。这与阿谀谄媚毫不相干，也与发送“如何一夜暴富的秘诀”之类的垃圾邮件这样的小把戏风马牛不相及。相反，它会包含很多切实可行的具体建议：如何打造个人品牌，如何打造一个成功的博客，如何通过演讲、教学、著书立说的方式让你扬名立万……所有这一切你可能从来就没有考虑过。如果你拥有了这些技能，就相当于为你从第一篇学到的东西插上了一个倍增器，可以用来取得更加丰硕的成果。

与职业生涯相关的内容讨论完毕，这一次将过渡到你的心智境界，我们来到第三篇“学习”。学习是每一位软件开发人员生活中的重要的一部分。可能并不需要我来告诉你，软件开发人员或者任何一位 IT 专家最常见的特质之一就是学习。学习如何学习，或者说如何自学，这是你能掌握的最有价值的技能。掌握自学能力能够让你做想做的事情。遗憾的是，在我们成长过程中，我们被迫接受的大多数教育体系是支离破碎的，因为它们都依赖于一个错误的前提：你必须要有老师去教，学习只在一个方向上流动。我并不是说教师或导师不重要，但是在这一篇中，我将向你展示如何依靠自己的能力和常识、辅以一点点的勇气与好奇心，就能获得更好的成果，这比通过聆听空洞的说教或是疯狂记录笔记所能取得的效果更好。我还会带你领略我自己开发的“十步学习法”，通过使用该方法，我学会了如何在两年内为在线培训公司 Pluralsight 开发出 50 多门在线开发者培训课程。另外，我还将介绍一些关键的话题，例如，如何找到一位好导师，如何成为一位导师，以及你是否需要借助传统的教育和学位而取得成功。

接下来还是与心智有关的主题，第四篇“生产力”。你猜对了，这一篇是关于如何让工作更加富有成效的。这一篇的目的就是助你一臂之力，督促你让你火力全开。对于许多软件开发人员来说，生产力都是一场巨大的斗争，也是阻碍你成为成功人士的最大障碍（没有之一）。你可以让生活中的一切都井井有条，但是，如果你不知道如何克服拖延症、混乱症和懒惰病的话，你将很难开足马力全速前进。我曾把自己的那份动力消磨殆尽，好在最终我想出来了一个方法，令我可以在人生的高速公路上以最快的速度巡航。在这一篇中，我将与你分享该方法。另外，我还将解决一些困难的课题，例如倦怠，看电视太多，如何寻找动力去探究并完成那些无趣老套的脏活累活。

在第五篇“理财”中，我们又会论及另一个常常被完全忽略的话题——个人理财。你可以成为这个世界上最成功的软件开发人员，但如果你不能有效地管理你赚到的钱财，可能终究会有那么一天，你要站在街角，举着一个牌子，上面写着“写代码换晚餐”。在这一篇中，我会带你来一场有关世界经济形势和个人理财的疯狂之旅，我会告诉你“做出明智的理财规划”所需要知道的基础知识，令你可以真正开始规划自己未来的财务。我不是理财规划师，也不是专业的股票交易员，不过除了作为软件开发人员，从 18 岁开始我就是一名专业的房地产投资者了。迄今为止我所累积的净资产已经高达数百万美元。所以关于“理财”这个话题，我可是有好多好主意呢！关于这个话题我们不会探讨得很深入，因为论述这个话题的书籍可谓是汗牛充栋。我想教给你的是如何管理收入的基础知识：如何投资房地产，如何避免债务，以及最重要的是，如何创造出真正的财富。作为额外奉送的内容，我还要跟大家分享我的故事：我是怎样利用这些原则有效地实现在 33 岁时退休的（可不是通过高价卖掉一家创业公司）。这真的不是那么难，任何人都可以做到这一点。

现在，我们得谈谈这有趣的一篇了——关于你的身体。你准备好参加新兵训练营了吗？保持好身材可不只是让你穿上泳装依然好看，还会给你带来很多心理和认知方面的益处。在第六篇“健身”中，我将教你如何减掉脂肪、增加肌肉、给身体塑形。我认识的大多数软件开发人员，不是超重就是亚健康或者体虚乏力……好吧，“知识就是力量”，作为一个参加过健美比赛、跑过四次全程马拉松和多次半程马拉松的软件开发人员，我很高兴与你分享我所学到知识。为了使生活最终尽在你掌控之中，你需要这些知识。在这一篇中，我将带你浏览饮食和营养的基本知识，解释你吃的东西是如何影响到你的身体的。我还会告诉你如何制订一项成功的健身计划，如何通过饮食来减肥、增加肌肉，或者两者兼顾。我甚至还会涉及一些具体的话题，比如站立式办公桌和极客用健身装备。

最后，在第七篇“心态”中，我们将一头扎进形而上学的世界，来找寻海市蜃楼般的“机器中的精灵”。尽管这一篇的标题是“心态”，但是别被它骗了。我给大家介绍的，都是会影响情绪状态和态度的真实的、实用的建议。我假设你可以将这一篇称为本书的“自助部分”，虽然我不是特别喜欢这个词。在这一篇中，我将主要专注于帮你重新连接你的大脑，从而创造出通向成功之路所必需的积极态度。我们将探讨源自古老智慧的斯多葛哲学，以及今天它会跟您带来哪些益处。我们也将简要介绍恋爱和人际关系，因为即便许多技术上出类拔萃的人，也会觉得这两样都是难以捉摸的。我也会给你提供一份我的成功学私房书单，这个书单列出的是过去这些年来我已经读过的书，而这些书也是这些年来我遇到那些知名人士向大家推荐阅读的。

所以，继续前进吧，让自己陶醉其中吧，让善于分析的头脑迎接变革到来的这一天吧，准备好钻研这本有关软件开发的与众不同的书吧。

第一篇

职业

你所能犯的最大错误就是相信自己是在为别人工作。这样一来你对工作的安全感已然尽失。职业发展的驱动力一定是来自个体本身。记住：工作是属于公司的，而职业生涯却是属于你自己的。

——厄尔·南丁格尔

很少有软件开发人员会主动管理自己的职业生涯。可是，成功的软件开发人员之所以能成功都不是偶然的。他们目标明确，为了达成目标，他们制订了坚实可靠而又深思熟虑的计划。如果你真的想在软件开发这个充满竞争的世界里脱颖而出，那么你要做的远远不止一份光鲜靓丽的简历，以及任何碰巧获得的工作。你需要通盘考虑之后再决定要做什么，什么时候做，以及如何义无反顾。

在本篇中，我会带你体验决策过程：你要决定自己想要从软件开发这个职业中获得什么，以及如何去获得。

第 2 章

经营自己的职业生涯就像经营一家企业

想象一下，炎炎夏日，你席地而坐，欣赏一场美妙的烟火表演，在你的四周各色烟火接二连三地升腾炸开，绽放成蓝色、红色、紫色和黄色的绚烂花朵，震耳欲聋。这时你注意到一支特别的烟火，它拔地而起跃入空中，然后呢……它没有爆炸，也没有“嘭”的那声巨响，哑火了。你希望自己的软件开发职业生涯更像是其中哪朵烟花？腾空而起一鸣惊人，还是虽然到达了某个高度，但之后就悄无声息地回归地面？

拥有商业心态

大多数软件开发人员从职业生涯一开始就犯了几个严重的错误，其中最大的错误莫过于不能把自己的软件开发事业当作一桩生意来看待。不要被愚弄了，当你为了谋生一头扎进写代码的世界时，其实你和中世纪小镇上开个小铺子的铁匠没什么差别。确实，时代或许已经改变了，我们中大多数人现在为公司工作，但是我们的技能和生意都还是自己的，我们随时都能换个地方另起炉灶。

这种心态对于管理职业规划至关重要。因为只有你开始把自己当作一家企业去思考时，你才能开始做出正确的商业决策。但是，如果你已经习惯于领取一份固定的薪酬（注意，你的工资还真不是取决于你的表现），这会很容易导致你产生另一个心态——你只是在为某家公司打工。尽管在你的职业生涯的某个特定时间段里，你可能确实是在为某家公司打工，但是千万不要让那个特定的角色固化了你和你的整个职业生涯，这一点非常重要！

把雇主当作你的软件开发企业的一个客户吧。当然，你可能只有这么一个客户，你所有的收入都是从这一个客户处得来的，但是这种诠释雇佣关系的方式可以将你从仰人鼻息的弱势地位转换成为自我治理和自我引导的主动地位。（事实上，许多真正的公司也就只有一个大客户，这个客户给它带来了大部分的收入。）

提示 这是你职业生涯中必须要做的第一要务：转变你的心态，从被一纸“卖身契”束缚住的仆人转变为一名拥有自己生意的商人。在起步阶段就具备这种心态会改变你对职业生涯的思维方式，将此铭记在心，并积极主动地管理自己的职业生涯。

将思维模式切换为“经营企业”

现在，仅把自己当作一家企业来思考并不会给你带来太多的好处。要想从中有任何收获，你必须弄明白如何思考。让我们来谈谈如何将自己当作一家企业，以及这究竟意味着什么。

我们可以先从思考企业是由什么构成的开始。大多数成功的企业都需要以下几样东西。首先，要有一个产品或服务。不能提供产品/服务的企业是没办法赚钱的，因为没有东西可卖。你有什么可以卖？你的产品或服务是什么？

作为一名软件开发人员，你也许有一款真实的数字产品可以卖（这个话题我们会在第 16 章中谈到），但是，大多数软件开发人员卖的是开发软件这项服务。“开发软件”是一个含义很宽泛的术语，可以覆盖各种各样的活动和个性化服务。不过，通常软件开发人员售卖的就是他们把一个想法变成一个数字化的现实产品的能力。

注意 你所能提供的服务就是创建软件。

即使只是想一想“作为一家企业我能提供什么”，就会对你如何考量自己的职业生涯产生深远的影响。像企业一样，你也需要持续不断地改进和完善自己的产品。作为一名软件开发人员，你提供的服务具备有形价值，你要传达的不仅是这款软件的价值是什么，还要让它与成千上万别的软件开发人员提供的服务有何不同。

如此这般，我们就把自己推向了营销，关于这一点我们将在下一篇中展开讨论。同时，有一点很重要：你需要认识到仅有服务或产品是不够的。想赚到钱，你就必须能让潜在客户了解该产品或服务。这是商业社会的一条核心真理，全世界的公司都认识到了，这也是他们在市场营销上投入重金和大量精力的原因。作为一名提供服务的软件开发人员，你也要关注市场营销。产品营销做得越好，你就能给服务定越高的价格，也越有机会吸引更多的潜在客户。

可以想象，大多数软件开发人员在刚入行的时候并不是以这样的方式来规划自己的职业生涯的。他们就像一首默默无闻的流行音乐一样一头扎进工作中，根本不能做到“非同凡响”。所以，千万别像他们这样。

相反，你需要做到：

- 专注于你正在提供怎样的服务，以及如何营销这项服务；
- 想方设法提升你的服务；
- 思考你可以专注为哪一特定类型的客户或行业提供特定的服务；
- 集中精力成为一位专家，专门为某一特定类型的客户提供专业的整体服务（记住，作为一个软件开发人员，你只有真正专注于一类客户，才能找到顶尖的岗位）。

另外，还要想想如何更好地宣传你的服务，如何更好地找到你的客户。大多数软件开发人员在写好一份简历之后就随意丢给一些公司和招聘人员。但是，当你把职业生涯当作一家企业时，你真的认为这就是你拓展潜在客户的最佳途径或唯一方法吗？当然不是。大多数成功的公司都会开发出让客户主动上门购买的产品或服务，它们才不会一个接一个地追逐客户。

在本书第二篇中，我们将讨论一些技巧，运用这些技巧，即使你做同样的事，也可以助你变为更具市场敏锐度的软件开发人员。即便还没有讨论到这些细节，那么跳出思维定式，切换成“经营企业”的思维也是关键所在。能够吸引客户的最佳方法是什么？如何将你的服务告知你的客户？如果你能回答这两个简单的问题，你将开创出属于自己的非同凡响的职业生涯！

采取行动

- 想象一下：有一家企业，向市场提供某个产品或服务。他们将如何推广这一产品或服务从而可以做到卓尔不凡?
- 如果只用一句话来描述你能为潜在雇主或客户提供怎样的特定服务，这句话是什么?
- 把你的职业当作一个企业，将会影响到你的：
  - 工作方式；
  - 理财方式；
  - 寻求新工作或新客户的方式。

第 3 章

如何给自己设定好职业目标

现在，你已经将你的软件开发职业当作一项商业活动，那么，是时候着手制定你的业务目标了。

每个人都是独一无二的，你为自己设立的职业目标肯定与我的不同。但是，想要实现任何目标，都必须先知道目标是什么。当然，正所谓“知易行难”，我发现大多数人，包括软件开发人员在内，要么缺乏对自己人生目标的具体认知，要么没有尽力去实现自己的人生目标，浑浑噩噩度过一生。这是大多数人的自然状态。我们通常不会充分思考自己该关注什么，因而我们的行动也就漫无目标、无的放矢。

想象一下你登上了一艘即将横渡大海的船只。你会像大多数人那样，一跳上船就升起风帆。但是，如果没有选定明确的目的地，你就无法掌舵让这艘船朝着目标方向航行，而只能在大海上漫无目的地漂流。或许你的船能偶然到达某个小岛或者某片陆地，但是，如果没有确定自己的目的地，你永远都不会取得实质性的进展。一旦明确了目的地，你就会向着目标全力以赴。

这看起来似乎是显而易见的，但确实鲜有软件开发人员能够为自己的职业生涯设定目标。为什么呢？我只能揣测。我要说，大多数软件开发人员都害怕为自己的职业生涯规划一个长远的蓝图，因为惧怕在选定目标之后就只能一往无前。他们希望自己还能拥有各种选择，以便于在出现了诸如“如果这条路错了我该怎么办呢？”或者“如果我不喜欢自己选的路又该怎么办呢？”这些问题时还能够留有退路。当然，这些问题确实令人恐惧。

有些开发人员甚至都没有花太多心思去仔细思考这个问题。为了安逸，我们倾向于遵循已经设计好的路线。要开拓属于自己的路线着实艰难，所以我们拒绝如此。于是，我们会接受第一份录用通知提供的工作，一直待下去，直到有更好的机会出现，或者被解雇（我的意思是“下岗”）。

如果你没有为自己的职业生涯设定目标（无论因为何种原因），现在都是时候设定目标了。不是明天，也不是下周，就是现在。没有明确的方向，你走的每一步都是徒劳的。不要随心所欲地生活，不要随遇而安地行走在职业生涯的漫漫长路上。

记住，不做决策其实也是一种决策，代表着你决定什么都不做——通常这是最糟糕的决策。在生活中，即使选择的是次优的选项或者次优的路径，那也几乎总是比随波逐流的路径要好。

如何设定目标

好了，现在我已经说服你了，你需要设定一个目标，那么接下来你该怎么做呢？起步阶段最简单的就是在心中树立一个大目标，然后再设定能帮你达成这个大目标的小目标。因为很难清晰地界定远期可能发生的事情，所以大目标通常不是非常明确。不过没关系，当你制订远期的大目标时，不一定要非常具体。大目标只要足够具体到给你提供清晰的方向即可。让我们回到前面关于航海的类比。如果我想航海去中国，我没必要立刻知道要驶向的港口的精确的经纬度。我可以跳上船，向着中国的航向前进。随着离目标越来越近，我就能获得更具体的数据。启航后我需要知道的就只是自己离中国越来越近，还是越来越远。

大目标并不需要那么具体，但是必须足够清晰，能够让你知道自己是在向它前进还是离它越来越远。想一想你的职业生涯的终极目标。想成为一家公司的经理或主管？想在某一天走出去开拓自己的软件开发业务？想成为一名企业家创建自己的产品并将其推向市场？对我来说，我的目标一直都是最终能凭自己的能力走出去，为我自己工作。

记住：一切都取决于你确定的大目标是什么。你希望从职业生涯中收获什么？你希望自己 5 年或 10 年后在哪里？来吧，花点儿时间思考一下——这的确非常重要。

一旦你想通了自己的长远目标是什么，那么下一步就是设定路线，制订通往大目标的小目标。有时还可以运用一下逆向思维，反推一下如何从大目标到当前的情况：如果你已经达到了大目标，那么沿途你都经历了哪些里程碑？你能想象出哪条路径可以让你从大目标反推到你现在的情况？

有一段时间，我给自己设定了一个大目标——减掉 45 公斤。我不能让自己身材走形，我想重回正轨。我还为自己设定了小目标——每两个星期减掉 2.5 公斤左右。每两个星期我都能达到我的小目标，推动我向着大目标前进。

如果你可以沿着小目标驱动自己前行，逐渐靠近你的大目标，那么最终你一定会到达目的地。设定大小不同的目标，确保你向着自己的大目标前进，这一点非常重要。例如，你设定了一个年度目标，阅读 12 本技术书，或是学习新的编程语言。这个年度目标可能就是引领你走向“成为一名高级开发人员”这个大目标的一个小目标。同样，每年的目标可能被分解成更小的目标，例如每月阅读一本书，或者每天读多少页。

设置目标的步骤

较小的目标可以让你航行在自己的轨道上，激励你保持航向朝着更大的目标前进。如果你准备达成一个大目标，却没有分解为小目标，那么当你偏离航向时也不会有时间去校正。你也可以在达成较小的目标的时候奖励自己，时常激励自己。每一天、每一个星期的小胜利会让我们觉得自己正在取得进展、达成目标，这让我们感觉良好，帮助我们继续前进。较小的目标似乎也不像大目标那样令人望而生畏。

想想这本书的写作。我给自己设定的目标是：每天要写多少，每周要写多少。这样，我就不会再纠结写完整本书这一大目标，相反，我从自己的每日目标的角度出发，清楚地知道自己每天要做什么，最终实现了写完这本书这一大目标。

如果你还没有足够的时间去思考自己的未来，你还没有一个清晰、明确的目标，那么赶快放下这本书，为自己确定一些目标。这并非易事，不过你会很高兴自己那么做了。不要成为大海上漫无目的随波逐流的船。启航之前总要规划好航海路线。

追踪你的目标

你应该定期追踪并更新自己设定的目标，必要时还要调整。你并不想偏离航海图数公里之后才发现自己走错了方向，也不想沿着一条路线走了很远却发现这条路是错的。

我建议你定期核对自己的目标。这有助于在必要时进行调整，让你对自己负责。你可能更愿意在每周末先跟踪上周设定的目标，再为下一周设定目标。这同样适用于每月、每季和每年。

反思自己在短期和长期取得的成果是大有裨益的，你能够清楚知晓自己是否取得了合适的进展，或者是否需要进行某些调整。

采取行动

- 坐下来，为你的职业生涯设置至少一个大目标。
- 将大目标分解成相应的若干小目标，例如：
    - 月度目标；
    - 周目标；
    - 每日目标。
- 把你的大目标写在自己每天的必经之地，每日三省吾身——我在追求什么。

第 4 章

拓展自己的人际交往能力

在一定程度上，这本书全都是关于人际交往能力或曰“软技能”的。作为正在阅读本书的一名读者，你大概至少在某种程度上已经意识到人际交往能力对你的生活和职业生涯的重要性。不过在本章中，我将更深入地阐述为什么人际交往能力如此重要，以及你做哪些事情来获取这种能力。

别管我，我只想一个人安静地写代码！

我曾经对软件开发人员的工作的印象就是写代码。我知道自己不是唯一一个抱有这种“罪恶”想法的人。

事实是，在软件开发领域，我们大多数时候都是与人打交道，而非与计算机打交道。甚至我们所写的代码主要也是供人使用的，其次才是让计算机可以理解的。如果不是这样，我们干脆直接把代码写成 0/1 这样的机器语言好了。如果你想成为一名出色的软件开发人员，就得学会高效地与他人相处（即使写代码是你工作当中最为享受的一部分）。

仔细想想自己在工作中有多少时间用在了与人互动上，你马上就能意识到改善人际交往能力的价值——早上上班，你坐下来之后干的第一件事情是什么？没错，检查电子邮箱。那是谁给你发邮件呢？是计算机吗？是你的代码给你发邮件，要求你去完成它、优化它吗？都不是！邮件是人发的，任务是人布置的。

白天你会开会吧？你会与同事商讨你正在处理的问题，制订解决方案吧？当你终于坐下来写代码的时候，要写些什么呢？需求从何而来？

如果你还是觉得自己的工作就是写写代码，那你最好要三思。作为一个软件开发人员，你的工作就是与人打交道（其实几乎所有的职业都是这样）。

学会如何与人打交道

讲述“如何与人打交道”这个主题的优秀书籍可谓汗牛充栋，我也会在本书第七篇列一个我个人的书单，列出我认为其中最好的书，所以我并不打算在本章这短短的篇幅里做到面面俱到。但我想介绍一些你应该了解的基本概念，这样可以事半功倍。我会大量援引我永远的最爱——戴尔·卡耐基（Dale Carnegie）的《人性的弱点》（*How to Win Friends and Influence People*）一书中的观点。

每个人都希望感到自己很重要

当你和别人打交道的时候，你应该知道的最重要的一个概念就是：以自己为核心，每个人都希望自己很重要。这是人类最深邃、最致命的欲望之一，也是社会和生活中取得伟大成就的主要动机。

每当你与他人交流时，请谨记这一准则，并时刻洞察自己将会对人类的这一基本需求有何影响。一旦你贬低他人，削弱他们的成就感，在某种程度上就如同切断了他们的氧气补给，获得的回馈将完全是抓狂和绝望。

我们常常容易犯的一项错误就是，轻率地否决同事的想法，以便于可以提出自己的想法。然而，一旦你做出这样的错误判断，你往往会发现他们对你的想法充耳不闻，仅仅因为你让他们感觉到自己无足轻重。如果你希望人们接受你的想法，并认可其中的价值，首先你最好先主动给他人以相同的礼遇。如果你不能保全他人的自尊，那你永远也不可能赢得他的心。

永远不要批评

理解了第一个概念后，你应该能马上意识到“批评”是一项很少能够达成你期望结果的工具。我曾经是一个“伟大”的批判者。我曾经认为，相较于奖励，处罚是一个更有效的激励手段，但我大错特错了。

多项研究表明，奖励积极行为要比惩罚消极行为有效得多。如果你身处领导岗位，这是一条需要恪守的重要原则。如果你想激励他人拿出最好的表现，或者希望达到改变的目的，你必须学会管住自己的舌头，只说些鼓励的话。

也许，你目前的老板或者曾经的老板缺乏对这一原则的清醒认识，他们对所有的错误行为总是报之以直接而又严厉的批评。对此你的感觉如何？批评能否让你感到被激励，从而将工作做得更好？不要指望其他人对批评会有截然不同的反应。如果你想去激励团队鼓舞士气，那么就用表扬代替批评吧。

换位思考

在人际交往方面获得成功的关键在于：停止用“我”和“我想要什么”来思考。你应当开始思考对他人而言什么才最重要，什么才是他们需要的。通过这种换位思考，你会避免让他人觉得自己不受重视，你也能少批评人。你用这种方式对待他人，他人也更有可能用令你开心的方式与你打交道，也更认可你的想法的价值。

当你第一次与某位同事或者老板谈话的时候，请试着将注意力从自己身上转移到他们身上，试着从他们的角度来思考问题。是什么让他们感到索然无味？什么对他们又是至关重要的？聚精会神地聆听，当轮到你发言的时候，娓娓道来，一语中的。（实际运用中，你可以提前排练一下这种场景，提前准备好如何进行这种谈话。）

直截了当地告诉老板为什么你喜欢想用某种方式实现某个功能，这并不明智。更好的办法是从对方的心态出发提出建议，阐明为什么采用你建议的方法实现该功能对老板非常有用。理由可能是“让软件更稳定”，或者“能让软件按时交付”。

避免争论

作为软件开发人员，我们有时候倾向于认为所有人都是从逻辑角度来思考问题的，这很容易让你落入陷阱，错误地认为：严谨的推理足以使他人接受你的思维方式。

事情的真相是：尽管我们为自己的智慧感到骄傲，但我们依然是情感动物。我们就像那些穿着西装、打着领带、四处游荡的小孩，假装自己已经长大，其实任何轻微的伤害都能让我们号啕大哭，或者大发雷霆，我们只是已经学会了如何控制和隐藏这些情绪。

出于这个原因，我们必须不惜一切代价避免争论。既然逻辑和纯粹的理性无助于说服一个尖声大叫的小孩明白睡觉能让他得到充分的休息，那么你也不可能依此方法来说服一位备受轻视的同事接受“我做事的方式才是最好的”。

> “据我所知，普天之下解决争论的灵丹妙药只有一个，那就是避免争论，像躲避响尾蛇和地震一样地远离争论。”
>
> ——戴尔·卡耐基，《人性的弱点》

如果你因为“该怎么做某事”与他人产生分歧，那么在很多情况下，你最好先确定分歧点是否值得你去拼命维护，特别是在你知道它已让他人卷入时。在小事情上，任何放弃立场或承认错误的机会对你而言可能没什么大不了的，但对他人却可能是举足轻重的，这么做不仅能为你赢得不可估量的尊重，也能为你的未来积蓄财富，形势逆转时即可兑现使用。

如果你从来没花时间来提高自己的人际交往能力，那现在正当其时。你会发现，当你学会了如何以令人愉悦的方式与他人互动和交往的时候，自己的生活也越来越愉快。通过习得这些技能，你积累了让自己获益终生的财富，它的价值无法用金钱衡量。

模式控制

这里有一个非常重要的概念可以帮助你与人友善相处，那就是理解“模式”的概念。但是，在我们深入了解这个概念之前，我必须给你一个警告：谨慎使用这个概念。当某人意图挑衅或者压制你的时候，善用“模式”更为奏效，但不要用它来欺负同事以及轻视别人的意见。之所以需要理解这个概念，是为了让你能够清晰识别在人际交往中发生了什么，尤其是在有人试图使用“模式控制”压制或者欺负你的时候。

每当你与另一个人进行对话时，你的模式会与他们的模式发生激烈的交锋，其中一人会胜出。所谓“你的模式”就是你如何看待世界，你相信什么是事实；所谓“他们的模式”就是他们对现实的感知。

大多数情况下，不同人的模式是相互冲突的。其中有一种模式，即主导模式，决定了对话的主旋律。

例如，假设你坐在车里，一名警察把你拦了下来。在你们之间的互动开始之前，你的模式大概是：“我没有做错任何事，他就是个无事生非的混蛋。”但是，当警察走到你的车前，你可以看到他的皮带上挂着枪套，他会让你摇下车窗对你说道：“你知道我为什么把你拦在路边吧？”此时你的模式很可能已经崩溃，而他的模式就成了主导模式。

在与人打交道时，要认识到模式是存在的，如果你能够时时刻刻把主导模式抓在自己手中，那你就可以说服人们相信你对现实的感知。保持对主导模式的掌控有很多方法，其中之一就是不承认任何与你的模式相冲突的东西，将其视为无关紧要的东西，或使其显得荒诞不经。

这种方法在你试图维护权威的情况下非常有效。例如，当你是团队领导时，或者你在授课时。在这种情况不要犯的一个错误是允许别人打断自己，使自己偏离正轨。你可能知道学校里有很多老师都有很好的模式控制能力，时刻保持对课堂的掌控，而有些老师在这方面则显得弱一些。

行文到此，你可能会想说：“嘿，约翰，这听起来就像是争论。你刚刚不是才说过，我们应该避免争论吗？”好吧，冒着和我自己争论的风险，我要告诉你：它俩不是一回事。“模式控制”并不意味着争论。事实上，最有效的“模式控制”方法就是假定没有争论的必要。想想看：人们为什么要对一个显而易见的事实产生争论呢？

地雷：如何处理“毒瘤”

有时候你会发现，有的人不管怎么样就是无法相处，有的人就是抓住一切机会贬低别人，对生活中的一切抱有消极态度。我把他们称为“苛性碱”，你最好避开他们。

如果你意识到某个人就是所谓的“苛性碱”，不要试图去改变他们，也不要试图去和他们打交道，就让他们停留在自己的轨迹上，你所要做的只是尽量限制自己与他们互动。你会发现“苛性碱人”所过之处痕迹明显，他们似乎总是卷入某种形式的悲剧之中，总是有不幸的事件发生在他们身上，他们老是把自己扮成受害者。如果你发现这种迹象，赶快跑——有多快跑多快。

但是，如果这样的人是你的老板或同事，你不得不面对，你该怎么做呢？你能做的真心不多。要么逆来顺受，要么调到新部门甚至换工作。不管做什么，千万不要卷入其中。如果你不幸要与之打交道，限定在最小范围之内，切切不要投入感情。

采取行动

- 在你工作日的某天，跟踪记录你跟他人打交道的每一个事件。当这天结束的时候，数一数这一天你跟别人交流了多少次，包括回答电子邮件、接听电话等。
- 快去找戴尔·卡耐基的《人性的弱点》这本书，这本书已经是公版书了，所以很便宜。快去阅读吧，要读很多次哦。
- 下一次当你被拖入一场争论之前，想办法看看能不能逆转。做个有趣的小测试，试着认输。事实上，不仅仅要认输，更要果断站在对手一边。结果能让你大吃一惊。

第5章

创建一份屡试屡验的简历

你外出度假的时候，可曾看到过酒店服务台上塞满的五颜六色的介绍本地景点的小册子？你有拿起过其中的一本并翻阅吗？大多数小册子只有三页，全彩印刷，设计精美。毫不夸张地说，这些精心设计的小册子足以让你心甘情愿花上 100 美元去玩玩帆伞，或者租上一辆水上摩托。

现在，对照一下普通软件开发人员的简历——一种字体，两倍行距，多达五页，语法错误、拼写错误和没有章法的句子随处可见，充斥着“勇于担当”和“结果导向”这些空洞的词汇。

其实，简历和旅游小册子一样，都是广告，最终目的无非就是让人们心甘情愿掏钱——一个是让你花上 100 美元参加度假活动，另一个是让招聘经理掏 6 万～8 万美元或者更高的价钱“租”一个软件开发人员一年。

典型的简历无法与广告小手册相媲美

有的人为了卖出去 100 美元的东西，不惜工本对广告内容精雕细作，有的人却想凭借粗制滥造的广告卖出去要价 6 万多美元的东西，在我看来这实在是不可思议。现在，别误会我，我可没说你的简历是一堆垃圾，我想说的是，如果你的简历跟大多数软件开发人员的简历一样乏善可陈的话，你得花一点儿工夫完善它。

你不是专业的简历写手

你的简历如此糟糕，其实另有原因。很简单，你不是专业的简历写手，无法以写简历为生。我敢打包票，那些制作出美轮美奂的帆伞广告小册子的姑娘小伙儿们，一定是以设计宣传册或其他广告物料为生的。

也有很多职业拓展的书籍和课程教你怎么写出漂亮的简历。这两种我都不推荐。为什么呢？因为你并不需要成为一名专业的简历写手，那是在浪费你的时间和才华。在你的职业生涯中，写简历只有少数几次，完全没有必要为此投入太多。同时市场上有成千上万的专业简历写手，他们写出来的简历可能远超你的预期。

你可以这么想这个问题。你任职的公司的 CEO 并不会去写软件。当然，他可能会坐在电脑前打开 IDE（集成编程环境）学习如何写代码开发出运营公司所需的软件。但是，更合理的是雇你来做这件事。那么，为什么你不去雇一位专业的简历写手，反而要浪费自己的时间去掌握他们的专业技能呢？

雇一位简历写手

希望看到这儿的时候我已经说服你了，你需要雇一个专业人士来帮你撰写简历。那么，你该怎么做呢？

外面有很多专门代写简历的人，在网上搜一下，比比皆是。问题是，挑选哪一个你必须得谨慎。给一个软件开发人员写简历可比给其他行业的人写简历难多了，因为我们的工作中有太多的专业术语和技术名词了。（如果你想找一个好的写手，我个人推荐 Resume Writers。）

挑选一名靠谱的简历写手，你要考量如下因素：

- 熟悉行业（不能雇一个看似专业但不知道该如何充分推销你的开发技能的简历写手）；
- 可以给你展示简历样本（想知道你能得到怎样的工作的最好的办法就是，看看简历写手已经写好的简历）。

我得提醒你，优秀的简历写手可不便宜，但是物有所值，毕竟一份赏心悦目的简历可以帮你快速找到一份薪水丰厚的工作。请人代写一份专业的、高品质的简历需要花费 300～500 美元，的确很贵，可是想想看，如果这笔钱只相当于你将来薪水的 2%～3%，那你就会很容易决定掏钱了。

另外，在请一位简历写手之前，你一定要确保准备好了他所需的所有信息。请记住，进去的是垃圾，出来的也是垃圾。你可不想花巨资请人写出来的简历里谬误百出，就因为你懒得找出上一份工作经历的确切日期，或者因为你没有向写手准确地描述你的技能和职责。当你找到一位简历写手的时候，你主要是要请他做两件事情：

- 为你的经历做一个文字优美引人入胜的广告，令你看起来光彩照人；
- 让这份广告看上去装帧精美，格式赏心悦目。

你请他们来可不是做研究助理，或者核对你的个人信息的，所以你需要给他们提供尽可能多的信息。他们会把这些信息整理、提炼出来，从而可以高效地把你推向市场。

地雷：我觉得雇人写简历并不对

反对我提议的“雇人写简历”的最常见的理由就是这个了。很多人认为雇人写简历这种行为是错误的，带有欺骗性，他们觉得自己的简历就应该自己写。我能理解这种观点，我也鼓励你自己写自己的简历，但是，雇人写简历跟雇人设计你的网站或者装修你的房子有什么区别呢？事实上，许多名人都聘请枪手为自己写书，然后在作者一栏署上自己的大名。我的观点是，这并不是像你认为的那样是什么大不了的事，不能因为你一直都觉得开发人员应该自己写简历，他们就真的应该自己写简历。你没必要到处嚷嚷你找了专业的简历写手给你写简历。如果你真的觉得不舒服，那么就自己写简历吧，然后雇人“润色润色”。

比别人多做一点点

本章的标题明确指出传统的简历非常单调乏味，事实的确如此。虽然常规的简历对任何希望找到好工作的软件开发人员都非常重要，但是它并非向潜在雇主提供相同信息的唯一途径。

你可以（也应该）把简历中的信息发布到网上。你应该有 LinkedIn 个人主页，这一主页包含来自简历上的信息，你还应该做一份在线简历，以便能给别人发送简历链接。申请 Web 开发人员的职位却没有在线简历，就像专业木匠没有自己的专属工具一样。

简历的格式也值得再三推敲。试着给自己的简历添加点独特的创意，以吸引眼球的形式呈现。你可以使用简历代写服务来生成独特的简历，也可以请专业的平面设计师把简历设计得非常时髦。

我看过一位视频游戏程序员的简历，他的在线简历其实就是一个可以玩的视频游戏。我敢肯定他不难找到工作。

对软件开发人员来说，简历不一定要花哨好看，但一份专业的简历非常重要。如果你想对自己十年前写好的充满错误拼写和蹩脚语句的 Word 文档简历进行一下删减，我建议你三思而行。如果你想找一份新工作，你能做的最好的投资就是给自己做一份专业的简历。

如果不想雇专业的简历写手该怎么做

我能理解你还是宁愿自己写简历。也许你还没有准备做这方面投资，或者你觉得这本来就是自己该做的事情。

如果你选择自己创建简历，这里有一些提示，可能会对你有帮助。

- 把简历放到网上。确保雇主能够很容易访问你的简历。如果你申请 Web 开发的职位，这一点尤其重要。
- 简历的展示方式要有创意，样式不落俗套，别人一眼扫过去就会被深深吸引。
- 使用“行动-结果”的描述。你的简历应该展现你都做了哪些工作及相应的结果。这样你的潜在雇主既能了解你会干什么，还能了解你能取得的成果，以及雇用你会给他们带来的收益。
- 校对。即使是聘请专业的简历写手，你也要通篇校对。简历里有错别字或拼写错误会让人觉得你是个粗心大意的人。

采取行动

- 不管你现在是否正在找工作，把你的简历发给一些招聘人员，询问他们的意见。招聘人员看过无数的简历，他们是能告诉你是否需要改进自己简历的最佳人选。
- 查阅分析一些专业的简历代写服务，看看他们提供的简历样本。与之相比，你自己写的简历如何？

第 6 章

破解面试之道

虽然你可以假他人之手完成写简历的工作，但面试你必须亲自上阵，所以面试是一项需要掌握的关键技能。它也是求职过程中最令人恐惧的事情。在某种程度上，面试不可预测，你无法确切知道自己会被问什么问题，也有可能你会被要求现场写代码——对很多人来说这个要求太可怕了。但是，是否有一种方法能让你“破解”面试之道，让面试变成走过场呢？

你可能希望我在本章中深入讨论通过技术面试的策略，不过我要论述的东西比策略更重要。我将帮你取得优势，让你在去面试之前就胸有成竹。不相信？继续读下去。

通过面试的最快捷的方式

想象一下这样的场景：你走进面试房间，与面试官握手致意。当他看你的时候，脸上露出了似曾相识的表情：“嘿，我认识你。我在你博客上看过你的照片。我读过你博客上的好多文章呢。”

如果面试时发生这种情况，你觉得自己得到这个工作的机会有多大？现在，我知道你可能会想：“哦，那可太棒了！但是，我没有一个超级流行的博客，所以不可能有哪个面试官曾经听说过我。”关键点在于：与主流观念相反，大多数面试官决定雇用某个人其实是基于各种各样的非技术因素。（在第二篇中我会告诉你如何拥有一个受人追捧的博客，我还会告诉你如何推销自己。但是现在，这些不是重点。）

注意 我就见过傲慢无礼、不甚友好的技术高手败给了技术稍差但是性格讨喜的人。

千万别误会，我可不是说通过展示自己不具有的技能，声名远播、为人友善就能获得录用。我的意思是，当许多技术过硬的开发人员一同竞争某个工作岗位时，决定胜负天平的砝码已经不再是技术能力了。

简而言之，通过面试的最快捷的方式是让面试官对你怀有好感。达成该目标有很多方法，其中大多数可以在面试之前完成。

我是如何得到最后一份工作的

现在来说说我自主创业之前的那份工作。我是事先就确定我要为这家公司工作的，因为这家公司看起来很不错，而且允许开发人员在家办公。我花了一些时间研究这家公司，找出这个公司有哪些开发人员在写博客。我关注了所有这些博客，并开始在他们的博客文章下留下经过深思熟虑的评论。

慢慢地，许多供职于这家公司的开发人员开始认识我了，并通过我给他们博客做出的评论知道了我是谁。他们中的一些人甚至开始读我的博客。

接下来，当这家公司开始招聘开发人员的时候，我递交了申请。你们觉得我得到这份工作得费多少力气？当然，我仍然需要面试，但是只要自己不搞得一塌糊涂，我就如探囊取物一般得到了这份工作，薪水还挺高（如果不用这种方法申请这份工作，我也就不会得到那么高的薪水）。

突破陈规，建立融洽关系

“破解”面试的要诀就是在面试开始之前就思考应对面试的策略。当然，在面试的时候你也可以展示自己的风采，让面试官折服。不过，我假设我们中的大多数人都缺乏这样的魅力。如果你风华绝代，也就没必要阅读本章了。

大量工作岗位来自“个人推荐”。你要试图确保你的求职申请也来自于个人推荐——如果你是被他人推荐去面试，因为有推荐人的社会公信力做背书，面试官会自然而然地高看你一眼。推荐人的声誉及他与面试官的交情，有一部分就延伸到了你这个应聘者的身上。这样，当你进入面试环节，面试官早就对你有所偏爱，因为你是由他们喜欢和信任的人推荐来的。

但是，如果你在申请的公司里谁都不认识，这一招怎么玩得转？如何找到推荐人？

在我的例子中，我找到了已经在这家公司工作的开发人员的博客，并与他们建立了联系。于是当有新工作岗位时，获得他们的推荐也就轻而易举。

你必须突破常规，想尽办法与公司内部人员建立联系。我听说，曾经有一位开发人员想找到负责某个职位的招聘经理。他发现这位经理是当地一家俱乐部的成员，这家俱乐部每周都有聚会。于是这位聪明的开发人员也加入了这家俱乐部，成为这位招聘经理的朋友。我敢断定，他甚至都没有经过正式的面试就获得了那家公司的职位。

现在，我知道你可能在想“这听起来有点匪夷所思啊”，但这确实是正确的方法。我并不是在提倡你利用他人、跟踪他人，但是建立某种特定的互惠互利的关系是有意义的。在刚才的案例里，招聘经理能够提前认识一位优秀的候选人，并与之建立信任，而那位开发人员则得到了他想要的工作，为自己心仪的公司服务。这件事没有什么不体面的，我们只能说“他很聪明”。

随着社交媒体和互联网的广泛应用，你能非常容易地找到任何公司的各种信息，也容易与他们的员工建立联系。你只需要提前做一些信息搜集的跑腿工作。

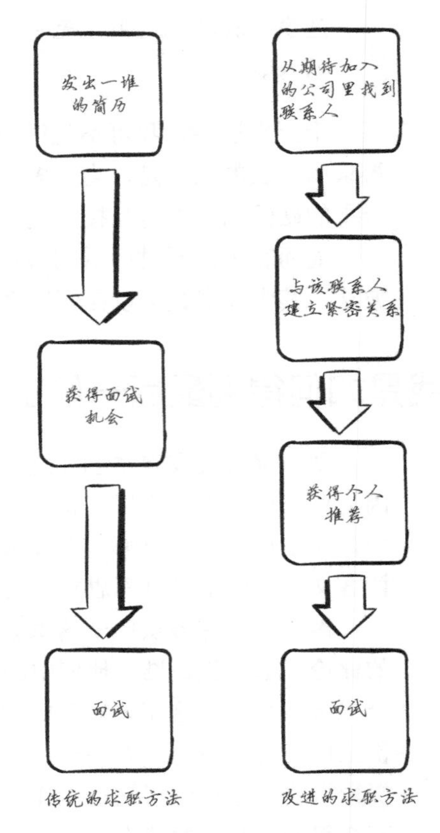

传统的求职方法与改进的求职方法

如果你想在同一时间里与一批人建立关系，不妨试试加入本地用户组。许多开发人员用户组通常会每周或每月聚会。如果你成为定期参加者，特别是如果你能做一些分享，那你就能很快与本地公司的开发人员和招聘经理们建立起联系。

当然，你也可以通过 LinkedIn 等网站直接与人联系，请人喝喝咖啡，见个面聊一聊。如果你有自己的播客、YouTube 频道或博客，那么采访也是另一种认识他人并与之建立联系的好方法。此外，你也可以求助于重叠的社交圈，也就是说，可能你并不直接认识某人，但你认识的人中有人认识他。你可以请你认识的人引荐。

在建立这些联系时，要确保你以正确的方式展示自己的能力。没有人希望自己被他人利用来做某事，所以最好与他人建立真诚的关系。如果你在某人的博客上发表评论，那请留下实实在在的评论，为这些内容增光添彩，也为阅读博客或者评论博客的其他读者带来价值。

如果你是面对面地接触他人，那请想一想你能给他们带来哪些价值，这样才能有效地吸引他人。如果你不抱有真诚的态度，人们一定能感知到。最好从谈论工作和与工作相关的话题开始，不要害怕因意见相左而不欢而散。记住，你不仅仅是为了建立“联系”，你还是在交朋友。

地雷：如果你现在就需要一份工作

也许你同意我上面说的一切，但是你只有一个麻烦——太晚了。你刚刚下岗，你现在就需要找到一份新工作，你没有时间建立一个社交网络，或者厚植自己的声望，或者“偷偷接近”某个潜在的雇主。在没有提前做好这些准备的情况下，你还能做些什么？

在这种情况下，你最好尽早与面试官建立联系，尽最大可能做好如下工作：看看能不能在面试之前得到预面试的机会，在你坐下来进行真正的面试之前请求跟面试官见面，谈谈公司状况，或者问一些问题。你可以打一个 5 分钟的电话和对方简短地聊一聊。想方设法在能影响面试结果的人面前展示自己。

我知道这听起来很疯狂——所以你最好还是有备而来、不要走“捷径”——但在紧要关头，这种方法还是管用的。我一个好朋友创办了一家名为 Health Hero 的创业公司，他就用这种方法让自己的公司被三个极难入围的孵化器项目接受。他只是搞定与关键决策者的“预面试”，所以等他参加正式面试的时候，每个人都知道他，并很喜欢他。

真正的面试会是什么样子的

如果顺利的话，在你走进面试间的时候，面试官已经知道你是谁了，但无论如何，你都需要了解在面试时自己该做什么。现在，很明显，你需要从技术能力上证明你可以通过技术面试。你有两把刷子，那就说出来。所以，接下来要关注的事情就是自信地展示自己的能力——知道要获得这份工作需要做什么，做就是了。

从雇主的角度看，招聘员工就是一项投资。招聘员工要花费时间和金钱，所以老板当然想看到良好的投资回报率。能够自发地、无须过问就能做事的员工通常能增加公司的净收入，此外，他们也让老板少操心，只占用少量的管理资源。

与雇用技术高超但需要生拉硬拽才能干活的人相比，我宁愿雇用这样的开发人员：知道的东西可以少一点，但是明确知道要做什么，以及怎样去做。从某种程度上讲，在你可控的范围之内，面试的时候你要集中精力证明自己就是无须督促也能自动自发做好事情的员工。

你还必须证明：在技术上你确实胜任工作。同时，如果你能说服面试官相信你非常能干，不会被困难阻挡，那么他们不仅会喜欢你，而且更有可能会录用你。

我喜欢与接受我指导的开发人员分享这样一句话：“我是那种能够自觉主动找到自己需要做什么，也能自觉主动弄清楚该怎么做的人。”这是任何一位管理者在找寻雇员时都喜欢听到的一个神奇语句，因为这意味着他们不必在管理这个人上花太多时间，他们可以完全相信这种类型的员工能够自动自发完成需要完成的事情。你不必逐字逐句引用这句话，但你应该在面试过程中充分表现出你就是这种人。（显然，你也应该是这种人。）

当下你能做什么

不管你现在是正在积极寻找工作，还是给自己保留选择的余地，再没有比现在更好的时机去开始准备你的下一场求职面试了。

你应该做的第一件事是确保自己仍旧保持技术能力。如果你力所不及，那么世界上所有的面试技巧都不能帮助你找到工作。确保自己一直阅读技术书籍和博客文章，并会花些时间提升自己的技能。

你也可以未雨绸缪，拓展自己的社交网络。开始与本领域不同公司的员工接触，建立联系，他们日后可能会帮到你。通过阅读并评论他们的博客，认识本领域的其他开发人员甚至是招聘人员。想方设法扩大你的社交圈子。

别忘了实践。即便你现在对换新工作毫无兴趣，为了获得面试经验，你也要去面试。练习得越多，你在真正的面试时也就越游刃有余。

集中精力推销自己会对你大有裨益，关于这一点我们将在下一篇中谈到。

采取行动

- 即使你现在不需要努力找工作，也要整理一份清单，列出你想去工作的公司，以及你认识的这些公司的人。
- 在这份清单上的公司里，如果有的公司你一个人都不认识，那么制订计划至少去认识这些公司中的一位员工，并与之建立联系。
- 在自己所在领域找出至少一个本地用户组，参加聚会，并把自己介绍给尽可能多的人。

第 7 章

软件开发人员的三条职业路径

落入俗套很容易，循规蹈矩也很容易，只要跟其他人做一样的事情就是了。尽管事实上大多数软件开发人员在其职业生涯中只作为雇员为公司工作，但这并非你的唯一选择。有很多更高净值的就业选择可以更好地发挥你的编程技能。

你自己甚至可能都不知道除传统的雇用型劳动关系之外还有其他选项——我现在就不受雇于人。在本章中，我会列出你的所有选择，这样你可以更好地决定自己未来想要做什么。在本章后半部分，我们将逐一探讨这些选择，了解它们的成功之路。

选择 1：雇员

对广大软件开发人员而言，这是一项常见的、默认的就业选择。在我自己的软件开发职业生涯中，大部分时间里我也是一名雇员。究其原因，一部分是因为我不知道还有其他选项，一部分在于这是最容易的选择。或许我无须为你定义雇员是什么，不过还是值得思考一下“雇员”这个选择的好处和弊端。

身为雇员的最大的好处就是稳定。此处的稳定并非特指在某一特定的工作岗位或者为某一特定的雇主工作。相反，我说的“稳定”是指你知道自己能以预设的方式谋生。在接下来的日子里，作为一名雇员，你只要拥有一份工作，就可能会得到一份薪水。你将来也可能会失去这份工作、不得不去找新工作，但是你至少在一段相对稳定的时间内，每个月都可以维持在某个收入水平上。

做雇员也是一条比其他选择更轻松的道路，因为你的职责是有限的，路线明晰。寻找和申请工作都有一个明确定义的流程。你也无须操心“做什么才能赚钱”这种问题。

做雇员，你通常还有带薪休假，而且在美国至少你还有医疗保险。

做雇员的消极方面，很大部分与自由相关。做雇员，你要花大把时间为雇主工作，无法选择自己要做什么，也不可能总是做令你乐享其中的工作。你还需要遵守规定，比如每周工作多少小时，哪些日子需要上班，等等。

此外，做雇员也意味着你的收入都是事先确定好的，这就意味着收入有一个“封顶”的界限。做雇员，你终究会在收入和职位晋升上碰到“玻璃天花板”。当逐级晋升到达这一节点的时候，你的收入很难大幅增长，不改变职业路径的话也不可能得到晋升。

做雇员的好处

- 稳定。
- 从业之路比较轻松。
- 带薪假期。
- 可能会有医疗保险（在美国）。

做雇员的弊端

- 缺少自由。
- 收入封顶。

选择 2：独立咨询师

许多软件开发人员以担任独立咨询师的方式谋生。作为独立咨询师，软件开发人员不再为特定的雇主工作，而是服务于一个或多个客户。如果你曾兼职为某个客户写程序，他们以时薪或固定价格付你报酬，那你就明白什么是咨询了。

我认为独立咨询师就是以上述方法为自己赚取大部分收入的软件开发人员。这与“合同工”截然不同，合同工为单一客户工作，并以小时计薪。合同工更像一种雇佣关系，而独立咨询师通常有自己的公司，依照合同为客户工作，但并不与任何一个客户绑定。

在我的职业生涯中，我也曾做过几年独立咨询师，直到现在我还做一些独立咨询的工作。我一直都梦想能自己为自己工作，我也设想成为独立咨询师之后能够实现这一梦想。我认为不给别人打工，自己当老板会很棒，但对成为独立咨询师其实就意味着从“为一个老板服务”变成“为许多老板服务”却一无所知。

不是说做独立咨询师就一无是处。没有雇主的好处之一就是无须汇报。作为独立咨询师，你可以安排自己的时间，最重要的是，你也有选择自己想做什么工作的自由——假设你的工作多到能够挑拣。你也能够来去自由，时间灵活，不过客户希望在需要的时候能够找到你并且你能按时完成工作。

做独立咨询师最大的好处可能就是赚钱的潜力。做独立咨询师，你的时薪会比为其他人工作高得多。目前我给我的客户报价是每小时 300 美元，我知道有些独立咨询师的价位比这个价格还要高。

不过作为独立咨询师并不意味着你肯定会发财。你一开始不会有 300 美元的时薪，不过在本书关于营销的第二篇中，我会给你一些切实可行的能够大幅提升报价的方法。你也不会每周都工作满 40 小时。尽管看起来作为独立咨询师能赚到大把的钱，但是事实上你要花大量的时间在寻找客户以及其他与业务运行相关的事情上。作为独立咨询师，你其实就是名副其实的经营者（不仅仅指心态上）。你要负责税务、法律咨询、销售、健康保险以及各种与企业经营有关的事情。

做独立咨询师的好处

- 更大的自由度（自己掌控时间）。
- 可以持续不断地做新项目。
- 赚钱潜力。

做独立咨询师的弊端

- 自己去寻找业务。
- 打理一切事务的开销。
- 从“为一个老板服务”变成了“为许多老板服务”。

选择 3：创业者

创业之路可能是你职业生涯中最难、最不确定但最具回报潜力的选择。尽管有许多形容词来描述这一职业选择，每一个都有很好的理由。我还是认为创业者等同于职业赌徒。作为创业者几乎没有稳定可言，不过一旦你真的成功了，那可真的就是大获全胜。

那么，“创业者”到底意味着什么呢？你的猜想可能和我的一样。它的定义相当模糊，蕴含着很多不同的含义。不过，我认为最核心的就是：软件开发创业者使用自己的软件技能开发自己的产品、拓展自己的业务。雇员和独立咨询师都在以时间换金钱，而创业者尽管换不来预付好的报酬，但是他却有机会在未来获得更大的收益。

我认为我自己现在就属于“创业者”这一类。我把大部分时间都花在开发我销售的培训课程和其他产品上，直接或间接地通过合作伙伴把它们销售出去以维持生计。我仍然会写代码，但是我通常不会为任何特定的客户写代码。我要么为某个特定产品写代码，要么为我自己创建和开发的培训服务写代码，给别人传道授业。

事实上，本书正是一个创业者努力奋斗的例子。我下了相当大的赌注，花费大量的时间撰写这本书。我会从出版商那里得到一点预付款，但这笔预付款与我写这本书所花费的时间不能相提并论。我希望这本书有足够高的销量，以使我获得的版税足以补偿我的劳动，或者我可以用它来作为宣传材料，帮我吸引其他领域的客户。也有可能这本书会一败涂地，所有努力都是白费的（考虑到你正在读本书，所以这不大可能）。

其他软件开发创业者的做法与我截然不同。有的成立创业公司，从外部风险投资人（venture capitalist，VC）那里获得大笔投资，有的则构建小型的"软件即服务"（software-as-a-service，SaaS）公司，通过订阅的方式销售服务赚钱。例如，广受欢迎的开发人员培训公司 Pluralsight 的创始人最初以课堂培训起家，但是后来他们发现通过提供纯在线培训服务会做得更好，于是他们就转向 SaaS 模式，开始提供订阅的服务。

我相信你现在一定猜得出作为创业者的两大优势了：完全的自由和完全不封顶的赚钱潜力。作为一名创业者，你没有老板，虽然你可能会是最严厉的老板。你完全可以来去自由，随心所欲，你也对自己的未来负全部责任。如果你的产品非常成功，你可以赚到百万美元，甚至赚得更多。你也可以举债经营，使未来回报以指数级增长。

但是，作为一个创业者，并不总是宝马香车、灯红酒绿。创业可能是你从事过的最艰难、最冒险的职业抉择——完全没有任何收入保障，可能会为了实现光辉理想而负债累累。创业者的生活如同坐过山车一般：今天顾客购买你的产品，你感觉仿佛屹立在世界之巅，明天你的项目急转直落，你可能要为如何付房租而愁肠百结。

作为一个创业者，你还得为其他技能投入颇多，而作为为他人或客户工作的软件开发人员时，你就无须担心这些。创业者必须学习销售、市场营销，以及商业和理财等诸多方面的技能，这些都是成功的关键。（我会在本书后半部分介绍这些内容。在第二篇中我会讨论如何自我营销，这一概念与"产品营销"类似，在第五篇中我会讨论一些理财话题，即使你不打算成为创业者，这些话题也很有用。）

创业的好处

- 完全自由。
- 巨大的赚钱潜力。
- 做你想要做的工作。
- 没有老板。

创业的弊端

- 风险很大。
- 完全依靠自己。

- 需要许多其他技能。
- 可能需要长时间工作。

到底应该选哪个

对大多数软件开发人员而言，特别是在职业生涯的起步阶段，做一名雇员是明智的选择。这个选择的风险最小，你不需要具备大量的经验。我倾向于认为：做一名雇员就像当学徒一样。即使你已经树立了“为自己工作”的志向，做雇员是学习并锤炼技能的良好起点。

换句话说，如果你的职业生涯刚刚起步就有机会成为独立咨询师或创业者，并且你能接受随之而来的可能的风险，那么你就能够避免那些无可避免的失败和错误，给以后美好的职业生涯打好基础。

我要说的是，许多与我交谈过的已经成为独立咨询师的软件开发人员都对自己的选择感到后悔。我的一个好朋友曾经供职于一家大型科技公司，后来他选择离开公司来成就自己成为独立咨询师的梦想。起初很不错，但他马上就发现，虽然他赢得了一些自主权，也可以按照自己的喜好选择工作地点，但他也得完成更多的工作任务——不再是只有一个老板，他得面对好几个老板。最终，他选择创业成为一名企业家，后来他坦诚说道：“如果一开始就知道做独立咨询师的艰辛，我会跳过这个阶段。”

选择哪种就业类型完全取决于你自己，并且你也可以随时切换路径。事实上，在第11章中，我会告诉你如何从雇员过渡为自雇者。这并不容易，但是有可能的。

采取行动

- 列一个名单，列出你认识或者听说过的对应上述三种类型的软件开发人员。
- 如果你有兴趣成为独立咨询师或者创业者，那么安排与你认识的已经走上这条路的朋友会面，向他们了解一下这条路到底怎么样。（太多的开发人员在对此懵懂无知的时候就投身其中了。）

第 8 章

为什么你需要走专业化道路

你曾经聘请过律师吗？当时你做的第一件事是什么？如果你还没有聘请过律师，那你觉得自己要做的第一件事会是什么？

明智的选择是先确认你需要哪种类型的律师。你并不想抓起电话随便打给一位律师，你肯定想打给能够给自己解决问题的专业律师。律师这一行术业有专攻，他们通常在从业一开始就走上了专业之路，成为刑事律师、交通事故律师或者房地产律师等。

你不会想找打离婚官司的律师代理自己的税务或房地产方面的事务，所以专业化是非常重要的。律师并不是从法学院毕业的那一刻才决定自己要当律师的。但是，遗憾的是，大多数软件开发人员是在干起了软件开发行当时才决定自己要当程序员的。

专业化很重要

有大量的软件开发人员并没有具体的专业方向。事实上，大部分软件开发人员完全以自己使用的编程语言来定义自己的专业属性。你经常会听到有人说“我是 C#开发人员”，或者“我是 Java 开发人员”，等等。这种专业分工太宽泛了，并不足以说明你能胜任哪种类型的软件开发工作。一门编程语言并不能让我了解你是哪类软件开发人员，也不能告诉我你真正能做什么。它只是让我知道你在工作中使用哪一种工具。

你可能会害怕专攻软件开发的某一领域，担心自己陷入很窄的专业领域，从而与其他的工作和机会绝缘。虽然专业化确实会把你关在一些机会的大门之外，但与此同时它将打开的机会大门要比你用其他方式打开的多得多。

再拿前文的律师场景打比方。如果你成了一名律师，但并无专业方向，那么理论上每个要找律师的人都会是你的客户。但问题是，只有少数人才想雇一个“通才式”的律师。大多数潜在客户都倾向于聘请“专才”。

尽管看起来你有一大拨潜在客户，但现实上，身为一个“通才式”的律师，你的客户群会大幅缩减，只剩下那些没有精明地能意识到自己需要“专才”的那些人。

从表面上看，身为“专才”后，潜在雇主和客户群都变小了，但是实际上你对他们更具吸引力了。只要你专业能力雄厚，市场没有过度饱和，与那些自称为“软件开发人员”的人相比，你能更轻松地找到工作或者赢得客户。

在一个专业方向上拥有专长

如果称自己是“C#开发人员”或“Java 开发人员”不够明确的话，那该怎么称呼呢？这可不是一个容易回答的问题，因为真正的答案是“那得看情况了”。这取决于你所要达成的目标是什么，这个领域的市场有多大。

让我给你举个例子吧。在我职业生涯的早期，我把自己定位为专攻打印机驱动软件和打印机语言开发的软件开发人员。这个专业很偏门，只可能在数得着的几家大公司找到工作。不过你也能想象得出，打印机制造商要想找到专攻打印机和打印机语言的开发人员有多难。

我的偏门专业让我对小范围内的潜在雇主极具价值。这些雇主并不会在大多数城市存在，所以如果我的市场是美国甚至全球的话，那在这个庞大的市场上，我的专长格外有用。但是，如果我不想搬离现在生活的地方的话，那我的专长并无用武之地。（有多少本地公司需要一位专攻打印机驱动程序的软件开发人员？）幸运的是，当时的我愿意去美国的任何地方工作，所以这个专长挺适合我的。

注意 专业化的规则是：专业化程度越深，潜在的机会就越少，但获得这些机会的可能性越大。

让我们回到你的情况。假设你正在你所在地寻求一份工作，并且你是一个 Java 开发人员。很多大都市对 Java 开发人员都有相当大的需求，所以开始的时候你会拥有一个很棒的大水池——你可以得到很多工作机会。但其实你并不需要所有的这些工作机会，只要一个就够了。

让我们假设一下，在任何给定的时间内，你所在的地区都有 500 个 Java 开发工作岗位空缺。现在，假设你决定走专业化路线，限定自己的市场但提高获得这些工作的机会，那你的专长就是做 Java Web 开发人员。或许这一决定减少了 250 个工作机会，但是还有

250 个工作机会。仍然很多，不是吗？记住，你只需要一份工作。

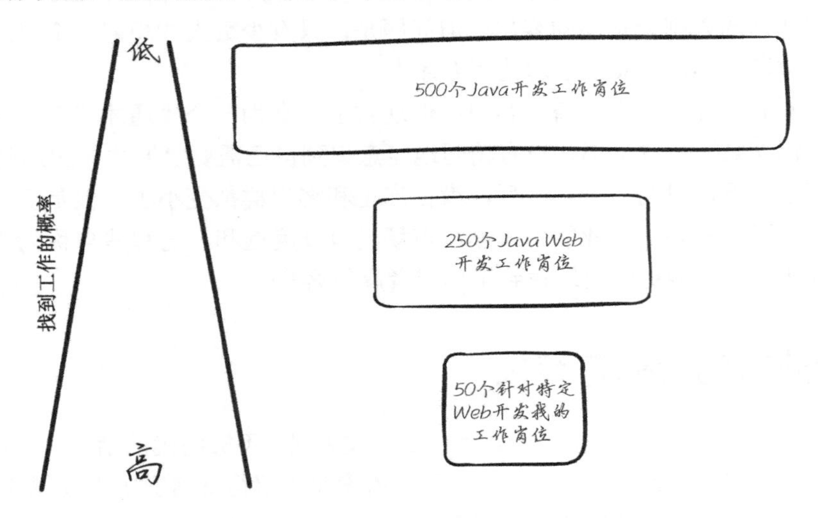

通过有针对性地缩小“工作机会池”，提高被录用的机会

现在你决定更专业化一点，选择专攻 Java Web 开发栈（我们不在这里牵扯过多具体 Java Web 开发栈的细节）。也许这会将你的工作机会降到 50 个，但可供挑选的工作机会依然很多，同时因为你现有的技能和知识都是针对这些工作的，于是你获得这 50 个工作中的某一个的机会增加了。

软件开发人员的专业类别

软件开发人员有很多不同的专业分类。比较明显的分类方法是按照开发语言分类和按照平台分类，但是也可以按照方法论分类、按照技术或业务种类分类。

首先你得弄清楚一件事，自己想从事哪类软件开发工作。你是想做应用程序的前端开发，设计和实现用户界面，想做应用程序的中间件开发，实现业务规则和逻辑，还是想做应用程序的后端数据库或底层操作开发？你甚至可以做到三者通吃，成为传说中的“全栈开发人员”；但是在这种情况下，你还是应该专注于某一特定的技术栈。（例如，一位 Web 网站全栈开发者可能使用 C#和 SQL Server 专门创建 ASP.NET MVC 网站。）

你也可以专攻嵌入式系统开发，与硬件设备紧密相关，写出来的代码运行在某个设备内部的计算机上。嵌入式系统程序员要解决的问题与 Web 开发人员要处理的截然不同。

操作系统是另一个专业领域，尽管对 Web 开发并不是很重要。许多开发人员会针对特定的操作系统（如 Windows、UNIX 或 Mac）来开发应用。

移动应用开发或特定的移动操作系统开发是另一个潜在的专业领域。针对专门为iOS和Android平台开发移动应用的开发人员的需求巨大。

一些开发人员的专业化水平确实很深，已经成为某个具体平台或框架的专家。这些开发人员的潜在客户稀少，但由于他们的专业化水平，他们能够开出非常高的时薪。在那些非常昂贵的软件套件或构架周围，如德国软件行业巨人SAP，你总能发现这些底层开发专业领域。在这些昂贵的软件系统上开发集成化客户解决方案的专家们收入非常高。

专业领域

- Web开发栈。
- 嵌入式系统。
- 特定的操作系统。
- 移动开发。
- 框架。
- 软件系统。

选择你的专业

对于我的专业化观点，大多数软件开发人员表示赞同。但是，我常常被问到如何选择一个专业方向。选择一个专业领域是一项艰巨的任务。

这里有一些技巧来帮你选择自己的专业。

- 在你现在或以前工作的公司里，有哪些主要的痛点？你能成为一名专门解决这些痛点的专家吗？
- 有没有一种特定的工作是无人能做，或者缺乏经验丰富的人？成为这个领域的专家，你就会获得大量业务。
- 在各种会议上和用户组中哪些话题最常出现？
- 无论是针对同事，还是在Stack Overflow这样的网站上，哪类问题你回复的最多？

无论你做什么，首先确保你选定了某些专业方向。市场规模决定了你的方向有多么具体，所以一定要让它尽可能地具体。你会在这个细分市场上更抢手。别担心，如果你需要，随时可以改变你的专业方向。显然，我现在不再专门从事打印机方面的软件开发，我知道许多开发人员即使迁移到不同的专业领域，他们依然大获成功。例如，我的好朋友约翰·帕帕（John Papa），他曾经是微软Silverlight方面的专家。在Silverlight不行了之后，他将自己的专业领域转移到单页应用（Single Page Applications，SPA）。

精通多种语言的程序员该怎么办

每当我谈起“专业化”的话题，我都会遇到一些阻力。我认为在这里很有必要澄清一下：即使我推荐走“专业化”道路，也不代表我认为你不应该同时具备广泛的技能。

这二者看起来似乎是矛盾的，其实并非如此。做一个技术全面、多才多艺的软件开发人员非常棒。能够使用多项技术和多种编程语言，有助于你的职业发展，能让你比那些仅了解一项技术或一种编程语言的软件开发人员更有价值。然而，这种“万金油”式的人才在市场上并不吃香。

团队里有一个全能的开发人员是件好事，但是很少有公司或客户会去寻找这样的人才。即便你各种技术能力惊人，通晓 50 种编程语言，你最好还是选定某个专业领域，哪怕时不时换一下。

学富五车，或者灵活变通并同时仍有所专长让自己卓尔不群。如果你非要二选一，那先从专业化开始，再拓展分支。

采取行动

- 列出你能想到的所有软件开发的专业领域。从广义的范畴将它们逐一细化，看看你能细化到多具体。
- 你当前的专业领域是什么？如果没有的话，想想你会选择专攻哪个领域。
- 去主流的招聘网站上看看自己的专业领域市场行情如何。确定一下，专业化道路是会让自己受益，还是过度限制了自己的选择。

第 9 章

公司与公司是不一样的

作为软件开发人员，你的工作体验会因为你选择的公司类型的不同而迥然不同。为刚起步的小公司工作，还是为资金雄厚的大公司工作，或是为规模介于二者之间的公司工作，这一决定至关重要。

不仅公司规模决定你的工作体验，每个公司都有其独特的文化，深刻地影响着你的整体幸福感、存在感和归属感。

在接受一份工作之前考虑这些是很重要的。从薪资和福利的角度评价一个潜在的工作机会是很容易的，但是从长期发展和工作环境的角度去评价可能对你更为重要。

在本章中，我们将从正反两个方面探讨大、中、小型公司的优缺点，讨论如何决定为哪种类型的公司工作。我们还将讨论工作在两种不同类型的软件公司——开发软件作为其产品的公司和拥有软件开发人员的公司——之间的区别。

小公司和创业公司

大多数小公司都是创业公司，所以它们有着非常独特的“创业心态”。所谓创业心态通常表现为关注快速增长，竭尽所能让公司盈利，或者达成其他一些追切目标。

在这样一家公司工作的软件开发人员，你极有可能要身兼多职，不能只写代码。因为员工数量不多，角色不固定，所以你需要更加灵活多变。如果你只是想坐在桌边写代码，你可能就不喜欢设置服务器或者协助测试。但是，如果你精力充沛、活力四射，喜欢迎接新挑战，那你就会对这种环境着迷。

在一家小公司，你做的事情可能影响更大，可以说是好坏参半。如果你希望寂寂无闻，做好自己的本职工作，那你可能不会喜欢在小公司工作——那就像在雷达的监视下飞行。但是，如果你乐于看到自己的工作成效，那么小公司无疑是最佳场所。因为小公司员工很少，每个人的作用都能被注意到，甚至直接影响到公司收入。这意味着不仅你的功劳会被放大，要是搞砸了也同样如此。

小公司通常没有大公司稳定，但是长远来看，潜在的回报更大。小公司极有可能面临倒闭，或者发不出工资，不得不裁员。但是，如果你能安然度过这些风暴，作为这个成长显著的小公司的第一批员工，回报是巨大的。在大公司里，通过晋升到达总监级别是非常难的，但在小公司你的上升概率要高很多，新进员工都会在你手下。

许多开发人员都在为创业型公司工作，薪水低廉、上班时间长得令人觉得荒唐，就是指望公司上市或被收购，能够靠期权股票发财。但是，我认为这个赌注风险极高。我不建议你为了"中彩票"而选择去创业公司。一旦选择了那条路，你可能耗尽心力却一无所获。选择为小公司或初创公司工作的一个更好的理由是，你喜欢那种快节奏的、令人兴奋的工作环境，也希望构建伟大的产品并见证它的成长。

为小公司或者创业公司工作的好处

- 角色灵活，拥有多个头衔。
- 拥有很高的影响力。
- 高回报潜力。

为小公司或者创业公司工作的弊端

- 可能无法安安静静坐下来全身心编写代码。
- 工作在众目睽睽之下，工作绩效一目了然。
- 稳定性差。

中等规模的公司

大多数公司都是中等规模的。所以你也最有可能为这样的公司工作，或者在这样的公司里结束职业生涯。中等规模的公司通常存在了一段时间，也有盈利业务，但是并不具备冲进财富500强的势头。

在一家中等规模的公司里，角色定义通常很明确，你也会更稳定。我要说的是，中等规模的公司往往要比大公司还稳定，因为大公司往往还有大裁员或者周期性重组。如果你喜欢稳定，那你会发现中等规模的公司最适合你。

在中等规模的公司里工作，你可能会发现工作节奏有点儿慢，但是想不为人知也很难。你的贡献可能不会导致公司业务下滑或波动，但是仍然能被注意到。在中等规模的公司里，缓慢而稳健的做事风格通常能占得先机。创业公司那种快节奏的“不作为毋宁死”的心态通常会促进快速决策、拥抱前沿技术，但是大多数中等规模的公司厌恶风险，行事缓慢。在一家中等规模的公司，如果你喜欢使用前沿技术，就会发现这一套很难受到老板的赏识，因为风险很难评估。

为中等规模的公司工作的好处

- 稳定性高。
- 很少疯狂加班。

为中等规模的公司工作的弊端

- 变更的节奏很慢。
- 可能无法接触到最前沿的技术。

大公司

大公司非常有趣，每家都各不相同。大公司通常都有很深厚的公司文化，渗透到公司各个方面。很多大公司都是上市公司，首席执行官（CEO）也都是社会名流，可望而不可即。

在为一家大公司工作时，你会注意到的最大的事情也许就是那里拥有大量的规范和流程。当你到一家大公司面试时，你需要经过一系列面试，并遵守非常正式的流程。在大公司工作时，你要遵守这里已有的做事方式。鲁莽和“变节者”在这种企业文化里不受欢迎。如果喜欢流程和结构化，那么你可能会很享受为大公司中工作的乐趣。

为大公司工作的一个显而易见的事情就是成长机会。当我为一家财富 500 强的公司工作时，我获得了许多培训机会，各种软件产品供我使用。许多大公司提供职业发展指导，帮助你在组织内部学习和成长。你也可能有机会做一些很酷的东西。中小规模的公司可没有如此庞大的预算去做改变世界的大型项目。但是对许多大公司而言，技术创新是很常见的。你可能无法对这种大规模创新带来显著影响，但是你可以作为团队的一分子，给市场带来真正了不起的产品。

对很多软件开发人员而言，在大公司工作令人沮丧，因为他们感到他们个人的贡献无足轻重。你可能只负责大的代码库的一小部分功能。如果你是那种喜欢负责一个软件系统的各个方面的开发人员，那么你也许并不喜欢在大公司里工作。

在大公司里倒是很容易就隐藏在芸芸众生之中。在我曾供职的几家大公司里，有一些开发人员基本上终日无所事事，除非赶上一轮全公司范围内的大裁员，否则根本不会有人注意到他们。不过，这种自主权也可以被善加利用。你能够去琢磨自认为重要或有趣的项目，无须背负产品压力。

关于大公司我想说的最后一点是办公室政治。大公司通常有着复杂的政治体制，堪比大型政府机构。作为软件开发人员的你可以尽量避开政治，但即便如此，其他人的政治权谋也会以某种方式影响到你。所以，就像我们将在第 10 章探讨的那样，要在大公司晋升，你必须学会如何在复杂的政治气候中独善其身。如果办公室政治不是你的菜，你想要完全置身事外，那最好栖身于扁平化管理结构的小公司。

为大公司工作的好处

- 完备的流程和规范。
- 培训机会多。
- 大型有影响力的项目。

为大公司工作的弊端

- 充斥着官僚主义作风。
- 可能只负责代码库的一小部分。
- 很难获得关注。

软件开发公司与拥有软件开发人员的公司对比

在决定自己要去哪种公司工作的时候，另一个需要考虑的重要因素是下面两类公司之间的区别：一类是软件开发人员只负责内部软件或他们正在生产的部分产品的公司，另一类是生产软件或者做软件开发就是核心业务的公司。

那些并非专注于软件开发业务的公司雇用软件开发人员只是为了开发自己系统的某些方面，对待软件开发人员的方式也与那些主要专注于软件开发业务的公司截然不同。如果公司的业务重心并非软件，那自然也不会给软件开发人员足够的尊重和发展空间。这些公司的软件开发实践极有可能非常松散。

但是，那些以软件开发为生的公司则会更重视自己雇用的软件开发人员的价值。他们的工作环境不一定会更好，但会大不一样。

你可能也发现了，与雇用软件开发人员但核心业务并非软件的公司相比，软件开发公司会使用更为前沿的技术和工具。如果你想研究新技术，你应该直接去找一家软件开发公司。

在推行敏捷软件开发方法的时候，这两类公司之间的差异非常明显。软件为非核心业务的公司在采用敏捷过程中困难重重，这是由于敏捷过程通常是由开发团队驱动的。

敏捷过程需要自上而下地采纳推行，但是仅仅因为一些开发人员认为敏捷是个好主意，就让公司改变自己的做事风格，异常困难。

谨慎选择

这里列出的只是软件开发人员工作的不同公司类型的一些通用准则，但每家公司又截然不同。哪种工作环境适合自己？哪种企业文化适合你？决定权在你自己。在接受工作之前与为这家公司工作的开发人员聊一聊是个好主意，你能够更真切地体会在这家公司工作的感受。

采取行动

- 花点时间思考自己喜欢什么样的工作环境，多大规模的公司符合你自己理想中的工作环境?
- 列出在你所在地区的公司名录，或者你工作过的公司名录，看看它们分别属于哪种类型。

第10章

攀登晋升阶梯

我认识的 IT 行业人士里有不少人似乎从来就没晋升过。年复一年，他们工作在同一岗位上，停留在同一职位上。我不知道他们是否得到过晋升机会。你认识这样的人吗？这事居然出人意料地常见。如果你不想终老在这条死胡同上，就得做点什么。在本章中，我将给你一些如何攀登晋升阶梯的建议，以便你不会停留在同一位置上没有提升。

承担责任

在任何公司里能让你脱颖而出的最重要法宝就是承担更多的责任。

提示 这看起来显而易见，但在你的职业生涯中，你经常会面对更多金钱还是更多责任的选择。至少从长远来看，正确的选择几乎永远是更多责任。

金钱总是追随着责任。有任何机会去承担更多责任时，承担起来！

但是，假如你没有被赋予更多责任呢？怎样靠自己去赢得这样的机会呢？有时候你不得不去主动寻找机会，去负责一项任务，或者牵头一个项目。只要深入挖掘，你总能找到一些被忽视的业务领域去发挥自己的聪明才智。

没有人愿意涉足的领域是搜寻机会最好的地方。可能有一个没人愿意碰的遗留应用，或者代码库里的某个特别令人讨厌的模块。正因为没有人愿意碰，所以你也无须去抢，这些就成为你日益强大的帝国的领地。如果你能把沼泽变为良田，你也就展现了自己的价值。

另一种间接承担责任的方式是成为团队中其他人的导师，自愿帮助新人加速成长，为任何有需要的人提供帮助。通过介入和解决别人的问题，你不仅可以学到更多自己专业之外的知识，而且随着时间的推移，你还能在团队中逐步树立“及时雨”的名声。最终，这样的声誉可能会令你成为团队领导或者其他管理职位，只要你愿意走这条路。

如何能让自己承担更多责任

- 有一个不受重视的项目，你能去负责它吗？
- 你能帮助团队里的新人快速成长吗？
- 你能负责文档制作流程，并保证及时更新这些文档吗？
- 哪项工作是没有人愿意去做，你愿意承担起来，并将其简化或者自动化的？

引人注目

如果你一直默默无闻，你的成就不为人知的话，即使你是团队中最聪明、最努力、最出色的开发人员，那也一文不名。如果找不到方法让你的老板或高层管理人员知道你在做什么，那你的所有努力都是徒劳的。

每当我开始新工作时，我所做的第一件事就是记日志，记录我每天都把时间花在哪儿了，完成了哪些工作。我会将这些信息汇总成周总结，在每个周五发送给我的经理。我把这个叫作“周报”，而且在每个新岗位上发出第一份周报的时候，我都会附上一些信息让我的经理知道：我能理解，知晓自己的直接下属在做什么对管理者来说至关重要，所以我会通过发送周工作总结的方式让他们的工作更轻松。

这份周报确保我每周都能被经理注意到，我可以讨论那一周取得的成果，而不是夸夸其谈。这是获得关注的绝佳方式，我看起来比我的同事工作更加富有成效，只是因为我的经理一直知道我在做什么，而我的经理对其他开发人员在做什么却了解得没那么多。

这份极具价值的周报不仅令我引人注目，在考核临近的时候，它们也是绝佳的资料。通过回顾周报，我能选出自己的年度关键成果。等到填写考核表时，我能准确知道自己一年来的成就，而且还有日期证明。

我当然推荐主动发送周报，不过还有其他许多方式能让你在所在的机构中更加引人注目。其中最好的一种方法就是做一个关于团队当前正面临的主题或者问题的演讲。选一个自己能介绍的主题，然后向团队展示这一主题。你甚至可以做成“午餐+学习”的形式，在午餐时间进行分享，而不占用上班时间。通过这种方法，你获得了关注，也展示了自己在特定领域的博学。此外，要迫使自己学习新东西，没有比让自己在其他人面前做展示更好的方式了。我就是在这种压力下学习了很多东西。

如何令自己引人注目

- 每天都记录自己的活动日志——把这个日志以周报的形式发送你的经理。
- 提供演讲或培训——选择一个对你的团队有用的话题。
- 发表意见——只要在会议上就这么做，或者只要你能得到的机会就这么做。
- 保证“曝光度”——定期与老板会面，确保你经常被注意到。

自学

另一个可以获得提升的非常好的办法就是不断增加自己的技能和知识。在你不断提高自己的教育水平时，很难停滞不前。自学能让升职加薪变得容易，因为你可以很清楚地表明：现在的自己比之前更有价值。

当然，你可以参加一些传统的高等教育课程——特别是如果你的公司会为你获得学位付费的话，但是也有别的方法自学，能够在未来有所回报。你应该不断学习新东西，提升自己的技能。报名参加培训课程，或者考相应的资质证书，都能表明你致力于不断提升自己。

在我职业生涯的早期，我感觉自己上升空间有限，于是决定去考取微软认证证书。我努力学习，通过了所有测试，获得了一个顶级微软认证。这并不容易，但我很快就看到它对我职业生涯的价值。通过这些额外的努力，我向经理表明：我严肃对待自己的职业生涯，于是机会的大门迅速为我打开。

在第三篇中我们会讨论如何快速学东西，这绝对是一项你必须掌握的技能。知识提升得越快，你能掌握的东西就越多，随之而来的机会也越多。

另外，不要只学软件开发。如果你把目标设定为更高级别的岗位甚至是行政岗位，你还需要学习领导力、管理和商科的相关知识。

千万不要忘记分享自己学到的东西。我们已经讨论过，你可以通过演讲的方式分享自己的知识，也可以创建自己的博客、为杂志写文章或者写书，还可以在社区活动或者技术大会上发表演讲。外部曝光有助于你建立自己在该领域的权威地位，也让你看起来对所供职的公司更有价值。

成为解决问题的人

在任何组织中，总是有很多人会告诉你为什么这个想法行不通，为什么那个问题太难。这样的人不胜枚举。千万不要成为他们中的一员。相反，你要成为那个永远能为各种问题找到解决方案的人，要成为勇于执行这些解决方案以获得成果的人。

在任何公司中，最有用的都是那种看似没有克服不了的障碍的人。成为这种人是获得晋升的可靠方法。忘记那些围绕职位晋升展开的办公室政治和惺惺作态——如果你能解决别人无法解决或不愿解决的问题，无论在哪家公司，你都能轻而易举地成为最有价值的人。

地雷：我没有任何晋升的机会

大多数公司都会提供一些晋升机会，不过，也可能你遵循了本章给出的所有建议，却不知道什么原因，你就是看不到前面有任何机会。这时你该怎么办呢?

离职。首先确保还有另一份工作在等着你。但是，有时候只要意识到自己的工作毫无前途，就需要寻找更好的机会。也许你的工作环境很艰苦，残害身心，也许裙带关系盛行，你只能原地踏步。无论什么原因，你可能都需要换工作了。

关于办公室政治

在一篇介绍如何在企业文化中获得晋升的文章中，不可能不提及办公室政治。我把它放到最后，是因为我认为在努力推进职业生涯时候，这个话题是最无关紧要的。并非我太天真，我知道在多数机构中都有办公室政治，你需要对此保持警惕。不过我认为你不应该在玩弄政治游戏上投入太多时间。

当然，你也可以靠着八面玲珑、野心勃勃而获得晋升。但是用这种方式获得晋升时，你更容易跌倒。有些人会不同意我的观点，但我一直认为，脚踏实地成为一个真正有价值的员工要比弄虚作假好得多。

也就是说，你应该对所在组织的政治气候保持警觉。尽管不能完全避开政治，但至少应该知道会发生什么，哪种人需要避开，哪种人永远不要有交集。

采取行动

- 在你当前的工作岗位上，你可以通过何种方式承担更多的职责?
- 对于你的老板和经理，你现在的“曝光度”如何? 下一周，你可以采取何种具体方式来提升自己的“曝光度”?
- 目前你正在自己学习些什么? 确定要自学的最有价值的东西是什么，制订一份下一年的自学计划。

第11章

成为专业人士

在我最喜欢的 *The War of Art* 一书中，史蒂文·普雷斯菲尔德（Steven Pressfield）阐述了“专业”与“外行”之间的区别：

> 成为专业人士是一种心态。如果我们总是与恐惧、自毁、拖延和自我怀疑做斗争，那么问题就是：我们正在像外行那样思考问题。外行毫不起眼，外行废话连篇，外行屈从于逆境。专业人士可不这么想。不管怎样，他引人注目，他恪尽职守，他始终如一。

成为专业人士的全部在于：引人注目，恪尽职守，以及不屈服于挫折。成为专业人士，需要你克服自身的缺点，静下心来创作出尽可能最好的作品。

在本章中，我们将重点分析成为专业人士意味着什么，以及你如何在软件开发工作中成为专业人士，无论你是直接为别人工作，还是为客户生产产品。

作为一名软件开发人员，专业将是你最大的财富。学会像专业人士那样行事和思考，不仅能帮你获得更好的工作和更多的客户，而且能让你在工作中如鱼得水，充满自豪感，后者是获得长期成功的关键部分。

什么是专业人士

简而言之，专业人士会严肃对待自己的责任和事业，愿意做出艰难的选择去做自己认为是正确的事情——往往还要自己承担代价。

例如，想象一下你身处如下情形：你需要降低正常的质量标准，尽可能快地移植一批代码。在这种情况下你的第一反应是什么呢？如果你被反复要求做这样的工作呢？你能挺身而出，坚持真理，甚至可能因此丢掉工作吗？你坚守什么原则？你会为自己的工作设置怎样的个人质量标准？

成为专业人士是我们都应该去努力的目标。专业人士是可以依靠的人，他们恪尽职守，精益求精，也不曲意逢迎。专业人士会让你知道什么事情是不可能的，什么路径是错误的。

专业人士不可能事事皆通，但他一定会潜心钻研匠艺，旨在锤炼自己的技能。专业人士会坦承自己不知道答案，但是你可以信赖他会找到答案。

专业人士最重要的一点，也许就是持续稳定。专业人士为自己的工作设置了很高的质量标准，你可以期待他每一天都持之以恒地坚守标准。当专业人士不露面的时候，你最好打电话给应急调度人员，可能什么地方出岔子了。

专业人士的特点

- 遵守自己的原则。
- 专注于正确完成工作。
- 不惧怕承认自己错了，不会文过饰非。
- 持续稳定。
- 勇于承担责任。

外行的特点

- 让干什么就干什么。
- 专注于完成工作。
- 不懂装懂。
- 无法预测，不可靠。
- 回避责任。

成为专业人士（养成良好习惯）

了解专业人士很容易，但是如何成为一名专业人士呢？如果你的周围和你的工作中充斥着外行，你该如何做到出淤泥而不染？

一切都始于习惯。习惯是成为专业人士的必不可少的部分。我们每天做的很多事情都是习惯性的。起床、上班、完成日常工作，大多数无须思考。如果你想改变自己的人生，那从改变自己的习惯开始。当然，说起来容易做起来难。坏习惯很难被打破，而新习惯又不容易养成。

但是，如果想成为一名专业人士，你需要培养自己的专业习惯。有一次我在一个遵循 Scrum 过程的团队工作时，每天我们都有"每日站立会议"，说明自己已经做了什么、计划做什么、有哪些障碍。有位开发人员很特别，他总是提前写好要说的内容。每天在 Scrum 会议之前，他都会准备好自己的发言，而不是像我们大多数人那样开会时随口说。这是专业开发人员要养成的习惯。

作为一名专业人士，你需要养成的另一个强大的习惯是时间管理技能。目前你擅长管理自己的时间吗？每天在开始工作之前你知道自己要做什么吗？你能很好地掌控日常任务所需的时间吗？每天提前做好计划，就能养成有效管理时间的习惯。专业人士知道每天必须做什么工作，并且能估算出每项工作大约要花多长时间。

这只是对于成为专业的软件开发人员至关重要的习惯的两个例子。为了达到自己在工作中所需的专业化水平，你得明确自己要养成哪种习惯。习惯至关重要，因为它们让你养成持之以恒的品质，而这一品质让你成为值得信赖的人。关于习惯这一主题有一本伟大的书，请查阅 Charles Duhigg 的《习惯的力量》（*The Power of Habit*）。

坚守正道

作为一名软件开发人员，你经常面临许多困难和挑战，技术和道德两个方面的都有。如果你想成为专业人士，你必须能够在这两种情况下都做出正确的选择。通常你面对的技术挑战非常客观，很容易就证明某个方案比其他方案更高明。但是涉及道德挑战时就艰难多了，并不总有清晰的正确答案。

软件开发人员所要面对的最大的道德挑战就是：以他们了解的决策前行是正确的，也符合客户的最大利益，但是这样的决定可能会危及自身福祉或职业稳定。

我最喜欢的软件开发人员之一兼作家 Bob Martin 曾经写过一篇关于"如何说不"的很好的文章，可以解决这个问题。在这篇文章中，Bob 将软件开发人员比作医生。他谈到，让病患告诉医生如何做好治疗工作是何其荒谬。他还举例说，当病人告诉医生"我胳膊受伤了，我需要你把它砍掉"时，医生当然会说"不"。但在许多情况下，当软件开发人员面对类似的情形时，软件开发人员由于担心会触怒大人物而违心地说"是"，然后"砍掉"自己的代码。

一位专业人士需要知道在什么时候说"不"，即使是面对自己的老板。因为，正如 Bob Martin 所说，专业人士有着不可逾越的底线。有时，坚守底线甚至意味着被炒鱿鱼，但这就是你被称为"专业人士"要付出的代价。短期内，这可能是痛苦的，但如果你能持之以恒地选择坚守正道，那么与选择其他路线相比，你的职业生涯会得到更大的回报，并且你也能睡个好觉。[①]

有时候，专业人士必须对工作的优先级做出艰难的抉择。不专业的开发人员经常浪费时间去画蛇添足，因为他们要么不能确定下一步要做什么，要么他们得一直让别人来帮自己设定工作的优先级。专业人士会评估需要完成的工作，判定优先级后再开始工作。

地雷：如果我承担不起说“不”的代价又该如何

对我来说，坐在椅子里告诉你有时一定要说“不”很容易，但是并不是每个人都奢侈到能冒着丢掉工作的风险。我很理解，你当前的情况确实无法让你说“不”，因为这样做会给你的未来带来灾难性后果。

在这种情况下，我的建议是去做你被要求做的吧，但千万不要让自己再次陷入这种境地。当你需要一份工作时，就很容易落入圈套。一旦陷入困境，你就限制了自己的选择，任由他人给你施加压力。

如果你身处这样的情况，请尽快脱身。存一些钱，这样你就不必担心失去工作。你甚至可以考虑找一份新工作，一份不会要求你做很多道德上的抉择的工作，或者一份你的意见更有价值的工作。

当这噩运降临在你身上时，去做你不得不做的事情吧，但你应当尽可能地让自己占据上风，或者至少是旗鼓相当。

追求品质，完善自我

作为一位专业人士，你必须不断改善和提高自己的工作品质。你或许不能一直达到自己期望的工作品质，但随着时间的推移，持之以恒地坚持下去，你终究会达到自己设定的标准。许多软件开发人员犯的一个巨大错误就是，当无法达到标准时，他们不是完善自己、迎接挑战，而是降低标准。

将品质管理应用到你工作的每个细节，而不仅仅是那些看似重要的部分，这一点非常重要。真正的专业人士对自己的工作的所有方面都设定高品质标准，因为他们知道，正如 T. Harv Eker 所说：“你做的每一件事情就是你所做的一切。”（《百万富翁的秘密》，*Secrets of the Millionaire Mind*）如果你在某个领域降低了自己的标准，那么你最终会不经意间在其他领域也降低标准。一旦你越过了底线，选择妥协，就很难再回头。

别忘了，发挥你的长处。你当然可以改善你的弱点，但最好了解自身的强项是什么并且充分发挥自己的优势。专业人士对自己的能力和弱点有着良好、精准而又客观的自我评估。

---

① 这一句对应的英文为“plus you can sleep better at night”，看来“为人不做亏心事，半夜不怕鬼敲门”是中外相通的普世价值观。——译者注

专业人士是通过持续不断的自我完善达到自己所追求的高品质的。如果你也想成为专业人士，就要致力于持续不断地完善自己的技能，学习更多与专业相关的匠艺，确保自己制订并执行了学习计划，拓展自己的技能、学习新东西，这将有助于你做得更好。不要沾沾自喜，永远对努力成为更好的自己心存渴望。

采取行动

- 你认为自己现在是一名专业人士吗？如果是，为什么？如果不是，又为什么？
- 你都有哪些习惯？观察自己的一天，尝试找出尽可能多的习惯。把你的习惯分为好习惯和坏习惯。找出一些你需要养成的好习惯，制订一份好习惯养成计划。
- 上次你说“不”是在什么时候？如果你从来没有遇到过这种情况，想想如果你的老板要求你做一些你明知是错的事情，你会如何应对？

第12章

与老板和同事的相处之道

你可能会诧异，都这个时代了我却还在使用“老板”这么过时的称谓。正式的称呼应该是“管理层”才对。但我这样做是有原因的——这与我们在本章中要讨论的内容息息相关。

你要知道，作为一名软件开发人员，工作中最重要的部分之一并不是写代码，而是与他人的相处。关于这些我们在第 4 章中曾提到过。在本章中，让我们把目光聚焦到工作中你最常面对的人——你的老板和同事。我想给你提供一些实用的建议，帮助你与他们更好地相处。

与老板和同事相处的好坏至关重要，这直接决定了你的工作体验是“乐在其中”（享受着工作环境且步步高升）还是“度日如年”（每天在工位上与惹人讨厌的同事勾心斗角，看不到任何希望，索性躺平）。

谁才是你的老板

你或许还在好奇为什么我用“老板”这个称谓。不如让我们从“老板”这个词开始吧，免得你迫不及待地往后翻找答案了。

软件开发人员在工作中面临的最大问题之一就是不了解公司的商业逻辑和管理链条。实际上，这个问题并不仅仅局限于软件开发人员，在其他行业中也是常见的共性问题，只是在软件开发人员中尤甚，因为“共识驱动”的工作环境在这一行业里太普遍了。

这可能是软件开发人员“不争不抢”的天性造成的。但是问题在于，一群高智商的程序员聚在一起，各有各的想法，是很难达成共识的。每个人都在等待其他人同意自己的看法，这将导致会议停摆、项目延期，进而导致“共识驱动”变成了“折中驱动”。这显然不是解决问题的办法。

最终，得有一个人站出来发号施令，统一思想。可能就此称呼此人为“管理者”或者“管理层”还有点儿不够格。但是，如果这个人掌握了雇你还是炒你的“生杀”大权，还能对你吆五喝六，那这个人就是你的老板了。

明白了这一点并坦然接受，就足以让你的程序员生涯变得轻松愉快了，因为这能让你自觉避免很多撞上南墙的错误（即使你没有意识到）。

即便你天资聪颖并且本领高强，你也只是公司的一名雇员而已。最终往往是公司，或者一个能代表公司意志的人，来决定你该怎么做。

这种局面可不是能让人轻松接受的。可是一旦你接受了，你的工作会变得容易很多，因为你不必再将整个公司的压力和负担扛在肩头，整日执着于如何做出最符合需求的产品。你只需在上级规定好的框框里把任务做到最好就行了。

学会服从上级

我知道这没什么大不了的，但确实是头等重要的大事。工作中有大量的冲突都是由于不服从上级造成的。如果你能学会一边表达自己的观点，一边坦然接受最终的决定，你在职业生涯中就可以避免很多不必要的压力和焦虑。（相信我，本章中提到的每一种坎坷我都经历过。）

这是否意味着你就应该沉默不语，老板让干什么就干什么，即便大错特错，甚至是有违道德也一言不发呢？当然不是。在第 11 章对此我有详细的阐述。重要的是你要有“要么和老板站在一边，要么就走人”的觉悟。与老板的斗争中失败并承担负面后果的往往是你，无论真理是否在你这一边。

地雷：“服从”难道不是懦弱的表现吗？

不，自愿的服从并不是懦弱。恰恰相反，这是你能做的最勇敢的事情之一。当你意识到自己只是个人微言轻的小卒的时候，抑制住自己反抗的本能，转而服从上级确实是需要勇气的。

换个思路想想——每一位杰出的领导都需要一位优秀的追随者。这就好比军队中的指挥链，如果有位高级士官对上级军官下达的每道命令都嗤之以鼻，你会觉得他是一名好士官吗？你会觉得他有能力管好自己的队伍吗？大概不会。

懦弱的行为恰恰指的是尝试除“与老板站一边”和“走人”之外的其他选项——对抗权威意味着你想在不承担自己行为后果的前提下达到自己的目的。

总而言之，只有在你被迫屈从的时候，服从上级才是懦弱的表现。如果你主动选择服从上级，你其实是在维护自己的正当权益。

与那些难缠的老板相处

在你的软件开发生涯中，你可能会遇到各种各样“难缠”的老板。我想或许我能帮你出出主意。

你的老板有可能是一位“微操作大师”，对你工作中的每一个细节都事必躬亲，没有给你任何自主权。也有可能他还是一个急性子，动辄对你破口大骂，甚至有可能干脆就是个外行，你甚至要怀疑他是怎么坐上现在这个位子上的。掌握好的方法有效应对上述这些情况确实很重要。

尽管情况很复杂，但我还是会给你一些与那些难缠的老板相处的普适的建议，让你无论遇到什么困难的情况下都能全身而退。

首先你要明白，与老板打交道的时候，你的主要工作是让你的领导有面子。你可能会说：“约翰，你胡扯些什么？你是让我在那位微操作大师，或者那个外行老板面前拍马屁吗？我才不干呢，我恨不得他被自己那条硕大的领带给勒死呢。”

好吧，我承认我感受到了你的敌意。没关系，这很正常。你看过那部名叫《办公室》（*The Office*）[①]的爆笑喜剧片吗？剧中那位名叫迈克尔·斯科特（Michael Scott）的老板就是个脾气暴躁的白痴，而且，他的管理风格压根儿就不是微操作，因为他基本什么都不管。你明白我在说什么吗？

不管怎么说，作为一档电视节目它的确很有趣，你当然也不会受节目的影响。但我的建议是，你必须把你的工作情景想象成一部喜剧。我知道这听起来很奇怪，但你要意识到，生活中有些东西是你能掌控的，有些是你无法掌控的，你能掌控的东西太少了，而你的态度和看法是为数不多你一直可以掌控的东西。

来看一个例子。有一天你的老板火冒三丈地走进你的办公室，责问你为什么从源代码管理中把源代码里的注释删掉了（这可是发生在我身上的真事）。你耷拉着脸向他解释这些注释是可有可无的，把它放在代码库里是没有意义的。而且，只要你觉得有必要，你还可以使用代码管理工具随时找回这些注释——这可是源代码管理的基本特征。

如果你和老板这么吵下去，输家只可能是你。就算你真的说服了老板，你也必然会被

① 根据大受欢迎的英国同名喜剧《办公室》改编而来的201集美式情景喜剧，美国全国广播公司（National Broadcasting Company，NBC）出品。这部剧用拍摄纪录片的手法，记录了一群办公室白领的日常生活。本章中提到的迈克尔·斯科特是剧中的头号主角。这位新调来的区域经理认为自己是有史以来最幽默、最酷的好老板。遗憾的是，在他下属眼里，他却十分可憎，非常招人厌烦。——译者注

这场冲突搞得心有不甘，还会因为不得不为这样的老板工作而压力重重，惶惶不可终日。

或者，你可以当你的老板是史蒂夫·卡雷尔——在《办公室》中饰演迈克尔·斯科特。你依然可以向领导表达你的看法，但只当这是茶余饭后的谈资。如果老板认为你一定要把这些注释保留在源代码里，你大可以找个小本本把整件事情记录下来，就当是为有朝一日你要表演有关软件开发人员的脱口秀而准备的现成段子。

我的观点是，你不必对每件事都上纲上线，尤其是对你无法掌控的事情。你掌控不了他人的看法。你要是真的很讨厌老板，很不喜欢现在的工作，你可以直接跳槽去找下一份工作。但是，如果你决定在现在这个岗位上继续干下去，你最好还是学乖点。所以，不要在意这些细节了，这些都是小问题。

那些惹人厌的同事该怎么办

你可能在想，本章都过半了，你还没告诉我怎么和那些快把我逼疯的同事相处。其实我们刚刚就已经在讨论这个问题了。与难缠的老板的相处之道同样适用于与惹人厌的同事相处。

我还是用《办公室》来举例子吧，我太爱这部喜剧了。咱们来谈谈德怀特·施鲁特（Dwight Schrute）[①]这个角色吧。你不觉得在现实生活中这家伙就是那种特别惹人厌的同事吗？诚然，节目里的他特别搞笑。但想象一下，如果现实工作中你要面对这样一个傻子，成天嚷嚷着“没人比我更了解这个项目”“我永远正确”“这个办公室缺我就是不行”，你会怎么想？

对此，剧中的吉姆又是怎么做的呢？他乐在其中，把德怀特的每一次捣乱和自以为是都巧妙地包装成了让自己开心工作的恶作剧。每一次他都静静等待德怀特对自己的恶作剧的反应。

请不要误会我的意思。我并不是在建议你跟吉姆一样把同事的订书机放进做果冻的模具里，也不是建议你对同事搞恶作剧。但是，你大可以把那些惹人厌的同事想象成为《办公室》里的某个角色。

当我在惠普公司工作时，有一位同事整日无所事事，在办公室里游荡。你猜我有没有恼羞成怒地打小报告或者当面指责他呢？我并没有这样做。我只是在脑海里给这位同事打上了“漫步者”的标签。他在职场里闲庭信步的样子让我工作的心情更为舒畅。

这就是本章到目前为止我一直想要告诉你的职场生存真谛——泰然处之（levity)。“levity”是我最爱的英语单词之一，还有一个是“机缘凑巧”（serendipity）。

---

① 《办公室》剧中一位自称无所不能的职员。——译者注

与那些面善的老板和同事相处

到目前为止，本章中我都在教你如何与难缠的老板和令人讨厌的同事打交道，因为如果大家都平易近人，你是不需要单独学习“与人相处”的。可是我还是想聊聊如何在工作中与他人建立相互信赖的关系，以及如何让自己避免成为令人讨厌的同事或难缠的老板。

让我们先从“同理心”说起。同理心指的是你设身处地、推己及人地为对方着想，而不只是关切别人的感受。你越有同理心就越能与他人感同身受，也就越不会让他人厌恶你。

惹人厌的同事之所以惹人厌，难缠的老板之所以难缠，都是因为他们缺乏同理心。如果他们有同理心，他们一定会改变做事方式，因为有同理心他们就能察觉到周围人对自己的看法，并且在乎别人的看法。

所以，在职场中广受欢迎的秘诀就是思考自己的行为会让周围的人产生怎样的想法。这并不意味着你要做个受气包，在办公室里跑来跑去讨好他人，只意味着你会顾及他人的想法。

要成为那种会说话的人，即便不同意别人的看法，也能用他人可以接受的方式说出自己的看法；要成为那种乐于助人的人，对同事、老板和任何其他人都愿意施以援手；要成为那种做事情不仅要让自己有面子，还要让别人有面子的人。

与人相处，培养人际交往能力是一件贯穿终身的事情，这有可能是在职场中你需要培养的最重要的一项能力，所以很有必要花时间思考如何与他人（尤其是那些难缠的人）相处，并且让自己的所作所为让他人觉得舒服。当你忍无可忍的时候，记住一个词——泰然处之。

采取行动

- 谁才是那个能炒你鱿鱼的人？答案或许很明显，也可能很难发现。结合组织架构图，把这个人标记出来。
- 想想你的老板有没有做出过你不敢苟同的决定，你是如何应对的。如果有第二次，你的应对方式会有什么不同？
- 假想你工作中的情景发生在一部喜剧（就像《办公室》那样）的片场，每个人是剧中的哪个角色？你扮演什么角色？当工作遇到麻烦、气氛变得沉重时，想象你和你的同事只是在出演一部喜剧就好。

第13章

不要陷入对技术的狂热之中

我不知道你是不是一位有宗教信仰的人。无论你信仰何种宗教，我肯定你会同意我的看法，历史上许多最血腥、最残酷的战争，在某种程度上都是为宗教而战的。

这里我并非在抨击宗教，也并非以某种方式表明某种宗教与生俱来的善与恶。我只是希望你能清楚地意识到，恪守教条的信仰往往有很大的煽动性。

软件开发也是如此。软件开发和技术的虔诚很容易像信仰生命起源或至高无上的神的存在一样。尽管一般我们不会因为某个人喜欢 iOS 超过 Android 就杀死他，但是我们确实有一种倾向，总想在没人注意的时候给对方点颜色看看。

我坚信，如果你能让自己不成为某种技术的信徒，你会在职业生涯之路上走得更远。在本章中，我们将探讨为什么会是这样的情形。

我们都是技术的信徒

这是真的，你还是承认这一点吧。你对某种技术或编程语言存在偏见，认为它是最好的——至少大多数程序员是这样的。这很正常。我们总是对自己做的事情充满热情；只要是有激情、有热情，就很容易变得极度感性。来看看职业运动员。

对技术虔诚的一大问题是，我们中的大多数崇拜某项特定的技术，只是因为自己熟悉这种技术。我们很自然会相信自己选择的是最好的，然而这会让我们经常忽略任何反对意见。我们不可能充分了解现存的所有技术，从而给“哪项技术最好”做出最英明、最睿智的判断，于是我们倾向于选择我们了解的技术并先入为主地认为它是最好的。人生多艰，无暇他顾。

尽管这一行为的起因合理又自然，但其实具有破坏性和局限性。当我们武断地只根据自身经验就固执己见时，很容易只与理念相同的人打交道而排斥其他人，最终我们只会故步自封、墨守成规。我们自以为找到所有答案，却只是裹足不前。

在我职业生涯的相当长的一段时间里，我都是操作系统、编程语言甚至文本编辑器这些技术的忠实信徒。然后我才逐渐意识到，我没必要只是选择最好的而贬低其他的。

天生一物必有用

不是所有的技术都是“伟大的”，但多数被普遍应用的技术至少是“好的”。一样东西如果不好，就不会为人所知或使用，也不会成功。诚然，环境是随着时间而变化的，但重要的是，我们必须认识到：至少在历史的某个时间点，每项技术都被看作那个时代里“好的”甚至是“伟大的”。

有了这样的视角会有助于你理解：在很多情况下，解决问题并不只有一个好的或是最好的方法。同理，最好的编程语言、框架、操作系统，甚至是文本编辑器不会只有一种。你可能会喜欢某项技术多过其他，或者用某种编程语言的效率要高过其他，但是称其最好并无必要。

发生在我身上的转变

让我自己相信这一点经历了一段漫长的艰难时间。我花了无数时间与人争论为什么 Windows 比 Mac 好得多。我为 C#和其他静态类型语言大声疾呼，我认为它们可以把 Perl 或者 Ruby 这些动态语言甩开几条街。现在我讲起来都有些惭愧，我那时甚至会严厉斥责那些不这么认为的开发人员——他们怎么敢相信那些我都从来不用的技术？

令我大开眼界的是在我第一次担当一个 Java 项目的项目组长的时候。在此之前，我一直是.NET 开发人员，专注 C#语言。（好吧，其实也不尽然。在.NET 技术出现以前我是 C++的信徒。）我不能容忍用 Java 语言工作的想法。同优雅的 C#相比，Java 就是不入流。我甚至都不会使用 Lambda 表达式，我怎么可能喜欢用 Java 写代码呢？

最终我还是决定接受这份工作，因为这个机会实在是太好了，而且我认为这不过就是一个合同，我只要忍上区区一年而已。后来，我才发现，接下那份工作是我在职业生涯中所做出的最杰出的决策之一。使用自己一度厌恶的技术工作，让我从不同的视角审视所有的技术。事实证明，Java 一点都不糟糕，我也能够理解为什么有些开发人员喜欢用 Java 而不用 C#。

在做 Java 项目的那几年里，我学到的东西比之前工作中学到的都多。突然之间，我有了一个巨大的装满各式工具的工具箱，能用来解决任何问题，我再也不像以前那样死守着少数几个被过度使用的工具。

从那时起，面对其他编程语言，即使是动态语言，我都会抱有与面对 Java 时一样的开放心态，使用从中学到的任何知识和技能，使自己成为更好的程序员。我也放弃了对操作系统和框架的偏爱，努力尝试新东西之后再做评价。如果没有这段经历，我可能不会写这本书，又或者，我会写一本《为什么 C#是最好的语言，其他语言都糟透了》。

君子不器

君子不器是本章的要点所在。没有理由去强烈坚持自己选择的技术就是最好的，而轻视甚至无视其他技术。如果固执己见，最终受损失的是你自己。

另外，如果你愿意对技术保持开放的心态，而不是固守自己已经了解的技术，声称它是最好的，你会发现有更多的机会为你敞开大门。

采取行动

- 列出你钟爱的所有技术，或者你觉得更胜一筹的技术。
- 针对这张列表里的每一项，想想它为什么吸引你。你都做了哪些比较来确定它确实是“更胜一筹”？你真的使用过它们的竞争对手吗？
- 挑选一门你厌恶的技术，找几个喜欢它的人，开诚布公地讨论为什么他们喜欢这门技术。更进一步，你也试着用用它。

第14章

如何辞职并开始为自己工作

在很长的一段时间里我都梦想着有一天能够辞掉我的工作，为自己工作。我感到自己被困在公司里工作，我知道，如果我能自己离开会做得更好。问题是："怎么离开？"

那时，我并不认识任何一位成功逃出牢笼的人，所以我不知道自己需要做什么。我只知道，为别人工作我完全不快乐。

现在，你可能还不想为自己工作，你可能想继续享受做雇员的好处——这没有什么错。但是，如果你像我一样，一直梦想着为自己工作，成为自己的老板，那么请继续读下去。

明智的处理方式

想知道辞职为自己工作的最简单的方法？明天直接走进你老板的办公室，告诉他你要辞职。就这么简单。这就是你要做的一切。不过，我还是希望你在银行有一点积蓄，因为一旦你这么做了，你就要完全靠自己了。祝你好运。

不过，这可能不是获得自由最明智的方式。这么做容易变得不耐烦，看不到别的出路，所以你可能真的就想这么干——我知道我也这么干过。你可能可以在仅有几个月的积蓄、缺乏坚实的计划的情况下辞掉自己的工作，一头扎进创业或独立咨询的海洋，但冒这样的风险值得吗？

但这真不是一幅美好景象。通常仅仅几个月之后，你就要赤字满天飞了。支票账户透支，信用卡债台高筑，看起来美好且美丽的事情突然间急转直下。脑门上顶着把枪还要去创业的确很困难。当你被恐惧笼罩着时，你无法做出正确的决策。

我说这个可不是要吓唬你——不过，如果你打算冒失行事的话，我还真希望能吓到你，但我希望我说这些能帮你想明白，如果想辞职为自己打工，需要一个切实可行的计划。你必须想方设法积攒够足够多的收入来支撑自己，直到你的新生活步入正轨。

“没有一个切实可行的计划之前，我从不会贸然行事”，如果我这么说，我就是一个伪君子。我以前还真曾经冲动行事，结果一败涂地。最后我学聪明了。我想明白了：如果我真的想跳槽，唯一可能的方法就是，弄明白如何开展我的新业务（维持现有的工作岗位，把这个当作副业），并让它足够成功，这样即便薪水大幅减少，我依然能完成转型。

在考虑辞掉工作之前，你需要有一个切实可行的计划。我强烈推荐先在业余时间启动你想创建的业务，等能从这项业务中产生足以维持生计的收入时，你再转为全职。这种离职的过程漫长而又痛苦，但用这种方式做事非常重要，不仅是经济上的原因。

地雷：我现在已经离职，没有什么积蓄，怎么办？

哎呀。我衷心希望你在把自己的房产做了二次抵押之前读到这一章。如果你已经辞职，身无长物，你就不得不尽快面对现实。

在这种情况下，我的建议是：努力工作，养成高效的好习惯，给自己最好的成功机会。你还要尽可能削减开支，这可能意味着你连有线电视都没得看了。你要尽可能地开源节流。

同时也要现实一些。仔细想想自己还能维持多久，自己能做些什么来维持更久。你要制订一个计划：什么时候你就得认怂，重新做回雇员。你以后总可以东山再起，只要你没有因为巨额信用卡债务，只要你没有把房屋抵押掉，只要你没有从朋友和家人那里到处借钱以影响到自己的未来。

同时，你还应该知道自己并非个例。我自己前两次创业都没有按照明智的办法行事，最后我不得不灰溜溜地爬回去，老老实实当雇员。

准备好为自己工作

为自己工作比想象中要难得多。我们已经谈到了，在正式辞职之前就开始你的新业务（作为副业）非常重要，这样你就不会经济窘迫，但这样做对你而言也许还有更重要的原因：为自己当老板做好准备。

当你每天坐通勤班车去办公室，耗费自己的时间让别人变得富有时，“为自己工作”看起来似乎更加轻松、惬意。其实，在享受到“为自己打工”的收益的同时，你还有相当多的工作要做，特别是在起步阶段。

为自己工作的麻烦在于，没到正式辞职的那一刻，你永远不知道为自己工作是多大的工作量，但是到那时才知道的话已经为时已晚了。这就是为什么我强烈建议先是以副业的方式开始你的创业之旅，小有成就后再全职投入。以副业的方式创业能够让你对未来为自己工作以后每天需要工作多长时间有所了解。许多有抱负的创业者其实也不知道运营业务到底有多难，更遑论处理企业运营的开销和非开发费用到底需要多少额外的工作量。

通过在业余时间创业，同时保有全职工作，你就会知道每天工作很长时间是什么感觉，开始自己的冒险之旅[①]又是什么感觉。你还可以避免患上溃疡或者早生华发的风险，因为你的生计并不依靠创业成功。即使创业失败，你仍然会依靠你的工作以获取收入。

如果你仍然没有被说服，那我再给你一个为何要如此行事的坚实理由——创业，特别是首次创业，很可能会失败。大多数创业型企业莫不如是。可能要屡战屡败几次后，你才能创建成功的企业，让自己丰衣足食。你是愿意倾多年积蓄后期望创业一举成功，还是愿意不断尝试，直到有所斩获？

你真正工作的时间到底有多长

在这儿我得向你坦诚相告，即使在那些我工作过的公司里我都是出色的员工，我每天努力工作时间其实还不到一半。

如果我不开始创业，如果我没开始追踪自己的时间，我永远不会意识到这一点。当我第一次开始为自己工作时，我觉得每天工作 8 小时真不困难。既然我当雇员的时候每周的每个工作日都工作 8～10 小时，那么在为自己工作时，坐下来每天工作 8 小时为什么就这么难呢？为什么我以前 8 小时不到都能完成工作呢？

在仔细度量了自己的时间之后我才发现这个问题的真实答案。我建立了一种机制，每天记录并追踪自己的时间，以便我能了解自己的时间都去哪儿了。在这么做之后，我发现通常自己每天的实际工作时间只有 4 小时左右。这一点要是其他人告诉我的，我很难相信，但是数字不会说谎。也就是说，即使我比以前更努力地工作，我其实每天也只发挥了自己一半的潜力。

我立刻想知道在离职之前，我每天在自己的岗位上到底能做多少事情。我回顾自己以往的工作表现，尽量弄清楚自己是如何花费自己的时间的。

开始的时候我有 8 小时，然后得从这 8 小时中减去 1 小时，通常是用于每天与工作

① 这里英文原文使用的词语是 Venture，可以说是一语双关，既是指“冒险行动”，又是指“风险型创业企业”。翻译时两意并取。——译者注

相关或者不相关的社交活动。一天之中我会陷入各种谈话，通常都是一小段一小段的，但加起来平均1天1小时。这当中当然有些谈话与工作相关，但我不认为这是富有成效的工作。

现在我只剩下7小时，从这7小时中我还得再减去2小时，用于检查和回复电子邮件、阅读简报和备忘录、出席毫无意义的会议。这些会议其实真没什么实质内容，并且真的不需要我到场。

最后，我还花费1小时在我称之为“一般性偷懒”上。我们都会偷懒——时不时看看自己Facebook上的消息，回复私人邮件，等等。不可否认，一天之中这些事情加在一起差不多也是1小时。

那么，我给自己留下多少时间呢？4小时。在一个8小时的工作日里，我们大多数人可能只工作4小时，我相信在有些日子里会更少。不过还有一个因素值得考量。我们在这4小时里有多努力？

我喜欢这样思考问题。想象一下，在马路上慢跑和被吃人的狮子追着玩命狂奔之间的差异。这其实就是为别人工作和为自己工作之间的差异。当你为自己工作时，你会更加努力地工作，因为你只有工作的时候才赚钱。

把这个因素考虑在内，我们可以大概估计出来，在为别人工作时，我们平均每天只有一半时间在努力工作。我还意识到，以前上班时，有可能一天真正勤奋、富有成效的工作时间只有2小时。（有时候我会熬夜，工作10小时。）

告诉你这一点是为了什么呢？我有两个目的。首先，我想让你知道，你为自己工作时会比为别人工作时更努力，尽管投入的时间是一样的——你需要为此做好充分准备，你还得适应这种工作负担。虽然你为自己工作的真实动机可能就是因为你热爱自己正在做的事情，但是不要指望热情可以持续很久。随着时间的流逝，热情往往会变得捉摸不定乃至于消失殆尽。（推荐一本关于这个主题的好书——Cal Newport 的 *So Good They Can't Ignore You*［Business Plus，2012］。）

其次，很重要的一点是，你要认识到，在为自己工作时，你不能计划每个工作日就只有8小时工作时间。当我第一次辞掉自己的工作全职投入原先的副业时，我发现要想把事情做完，每天需要额外的8小时。在我上班的时候，我每天晚上要为自己的副业加班工作3～4小时，这让我以为我可以一天只工作8小时就能完成双倍的工作量。然而，我完全错了，这让我感到很沮丧，几乎要放弃了。

辞掉工作之前，很重要的一点是你对自己实际承担的工作量有一个符合实际的预期，并训练自己提前处理更高强度的工作负荷。在当前工作中，你可以每天追踪自己的时间，看看能不能坚持富有成效地工作6小时。同时，晚上加班做你的那些副业，也会让你做好准备，迎接未来每天8小时或者更长时间的满负荷工作。

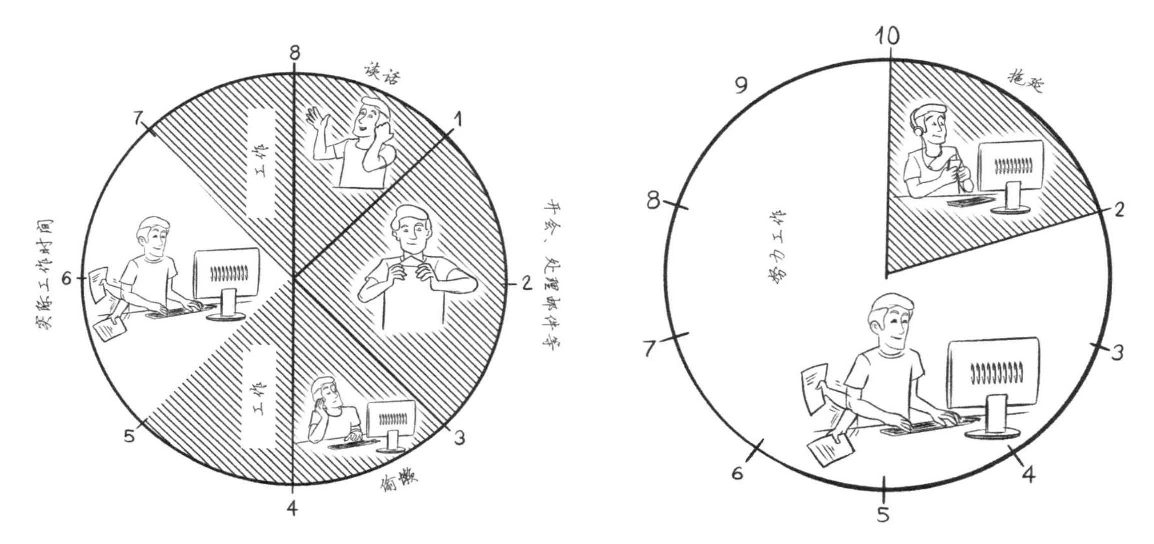

为别人工作与为自己工作

切断脐带

好吧，现在你已经做好决定了。你要独立，你已经厌倦了“为那个人工作”。那么你该怎么做呢？我不能给你一刀切的解决方案，但是可以参考下面这个虚构的案例——软件开发人员如何转变为自主就业。

Joe 是工作了大概十年的软件开发人员。尽管他喜欢自己的工作，但是他还是想成为自由职业者或者为自己工作。他喜欢在挑选客户时具有灵活性和自由度，他也喜欢能够自己决定什么时候做什么事情。

现在，为实现这一跨越，Joe 已经思考了很长一段时间。Joe 要做的第一件事就是开始削减每月开支以积累资金。他希望自己在完成转变之前有喘息的空间，于是攒够了一整年的生活开销，能让他安然度过头一年。

Joe 认为，如果他能在成为自由职业者的第一年让自己生活所需降一半，自己就有足够的积蓄维持两年。这段时间足以让他的新业务正常运转，或者证明此路不通。（注意，Joe 积攒的只是一年的生活费用，而非整年的薪水。他需要的是生存，而不是舒适地生活。他愿意为了追求梦想做出牺牲。）

于是 Joe 开始在保证自己常规工作的同时，每周投入约 15 小时去做自己的事情。每天他花 2 小时做兼职工作。每周他花 5 小时寻求新业务或者做宣传，剩下的 10 小时完成收费工作。Joe 确保在他计划辞职之前的 6 个月就开始这样做，这样他才能保障自己有收入，以便辞职之后也不会有太大压力。

Joe 提前计算好自己离职的确切日期，早在一年多前就在日历上做好标记。当那一天临近的时候，他提前两周递交了离职申请，开始追寻自己的梦想[①]。他从经济上和精神上都为这次转变做好了准备。

地雷：危险的劳动合同

我必须提醒你，本章中的建议可能会让你陷入困境。我见过一些很糟糕的劳动合同，规定你的所有工作成果都属于你服务的公司。

在你开始做兼职项目（最终会成为你的全职工作）之前，你要仔细查看当年入职时你同意了哪些条款。如果劳动合同中规定任何工作成果都属于公司，那你需要与法律人士协商，看看如何妥善解决这种情况。

鉴于我本人并非法律界专业人士，所以我给不了你法律方面的建议。不过针对你要做什么，我会给出自己的看法。首先，如果你的劳动合同中规定你所创造的一切都属于你的公司（哪怕是在自己的业余时间做的），我建议你去询问一下相关条款是否可以删除，或者去找新工作。我不支持奴隶制，对我来说这样的合同实在苛刻。我能理解企业会非常关心你是否利用他们的资源在工作时间创建自己的公司，但我不认为任何雇主可以限制员工在业余时间做什么（以上仅为本人观点）。

如果劳动合同中真有条款规定你在公司的时间或使用公司资源所创造的东西都属于公司，事情可能会变得更加棘手，因为这条规定不够直截了当。在这种情况下，我个人会提前做好准备，列出自己做过的事情，详细记录自己进行兼职项目时所用的时间和资源。如果你有记录表明你完全利用自己的时间和自己的资源，那你会有优势。不过即便如此你还是要谨慎对待此事，找律师介入不会有损失。

如果你认为你和自己的雇主之间会有麻烦，那你可能真的会有麻烦，这是底线。你可以选择对你的副业秘而不宣，也可以选择将其公开，但这两种方式都有自身的风险。综合考虑，我建议最好详细记录自己做兼职项目时的日志，以确保产权没有任何问题。

采取行动

- 确切计算一下，为了维持生计你每个月到底需要赚多少钱。你可能会惊讶地发现还挺高的。如果想更快地获得“自由”，你需要想办法减少开支，这样你对兼职带来收入的需要会降低。
- 追踪每天的工作时间，了解当前你是如何度过每一天的。找出自己每天真正刻苦、高效工作的时间到底有多少，结果可能会让你大吃一惊。

---

① 国内通常需要提前一个月提出离职申请。——译者注

第15章

如何成为自由职业者

开启自己的一片天地开始自己的业务可以通过成为自由职业者或独立咨询师来实现。自由职业者不只为某一个客户工作，而是以固定价格或时薪的方式将自己“出租”给多个客户。

对软件开发人员来说，成为自由职业者极具吸引力，但是迈出这一步很艰难。在我的职业生涯中，做雇员时我总是梦想着成为一名自由职业者，但是我一直不知道如何完成这个转变。我知道许多开发人员都以自由职业者的身份谋生，但是我不知道他们是如何设法找到客户并推广自己的服务。

在本章中，我会给你一些建议。真心希望在我刚起步时有人给我这样的建议。我还会给你一个切实可行的计划，告诉你如何成为一名自由职业者，如何提高你的业务量。

开始

如果你已经阅读了第 14 章有关辞职的内容，你会知道，我推荐在全职从事新业务之前先做一段时间的兼职副业。这尤其适用于自由职业者，因为自由职业者在起步阶段，很难获得源源不断的业务。

自由职业者的一大担忧是接不到工作，于是也就没有报酬。如果没有足够的工作填满自己的时间，或者在完成一个客户的工作之后你不得不积极寻求更多的客户，你的压力会很大。最好的情形是工作任务已经提前安排妥当，或者处于工作太多不得不推掉一些的状态。

要达到这一目标的唯一方法，就是随着时间流逝不断增强业务能力。你需要有长期客户，以此来确保未来的业务量，同时你也需要有稳定的新客户上门。挂出招牌之后就等着这两件好事从天而降，几乎不可能。你需要假以时日，精心培养这两类客户。

问问你认识的人

你该如何开始呢？你该怎样得到你的第一个客户呢？获得客户的最佳方式是通过你已经认识的人。熟悉你的人更容易信任你，特别是在启动阶段。还没有辞职的时候，你就要在自己的社交网络上发布消息，让你的朋友和熟人知道你将要成为自由职业者，正在寻找业务。务必让他们明确知晓你到底能为他们做什么，你能解决怎样的问题。（在这里“专业化”将派上大用场，参见第 8 章。）

列出所有你认识的并且可能会对你的业务感兴趣的人员名单，给他们发私人邮件，让他们明确知晓你能为他们做什么，以及他们为什么要雇用你做这项工作。你的潜在客户越多，找到业务的可能性越大。找到业务基本上就是一个数字游戏。不要害怕经常发邮件让别人随时了解你的服务。随着时间的推移，这种勤奋总归会有回报的。

你的目标应该是让自己达到这样一个点：你为这份副业分配的时间已经饱和，无法再接受其他工作，不得不回绝掉一些人。如果你在做兼职工作的时候做不到这一点，那你就不要想着去做全职了。填满每周 40 小时的工作量远比填满 10～20 小时艰难。

获得客户的最佳途径

你也许会发现，只有你的朋友和熟人才需要你的服务，你甚至可能会发现，你连这些人都不需要。别担心，除通过熟人介绍以外，还有其他一些获得客户的方法。

很多自由职业者会在各种职位公告板上推广自己的服务，甚至使用付费广告来获得客户。我要告诉你一个更简单同时更节约成本的方法，它唯一的缺点就是：需要耐心和勤勉的工作。

你真正要关注的是所谓的**吸引式营销**（inbound marketing）（在第二篇中会更详细地讨论这一点）。“吸引式营销”基本上就是让潜在的客户主动送上门，而不是你去找他们。你要做的事情就是免费提供有价值的东西。

大多数开发人员都应该有一个博客，这一点我已经喋喋不休好多遍了。因为你能够在博客发表文章吸引人们来阅读，所以博客也是吸引式营销的绝佳途径。通过在博客文章的结尾或网站的导航栏提供咨询服务，一旦有潜在客户阅读你的博客内容，你就可以试着直接将他们转化为客户。或者你也可以通过为他们提供别的有价值的东西来换取他们的邮件列表。

电子邮件营销是推广产品或服务的最佳和最有效的方法。一旦你能够将对你能提供的服务感兴趣的人集结成一份名单，你就可以慢慢地给他们提供更多的信息——关于你自己、关于你能为他们做什么，最终将其转换为你的客户。

“吸引式营销”的方法多种多样，例如，你也可以做免费的网络课程、写书、在大会上做演讲、做客播客节目、制作自己的播客等，不一而足。通过这些方法，为大家提供与自己的服务相关的有价值的（但大多是免费的）内容。

“吸引式营销”唯一的问题是起效时间略长。你必须有足够丰富的内容来吸引足够多的潜在客户来充实自己的工作渠道。这也是现在就开始着手暂时别辞职的好理由。长远来看，吸引式营销能给你带来更多的业务，也能让你更容易提高自己的时薪，我们将会在下一节讨论这个问题。

“吸引式营销”的方式

怎么收费

好了，现在你已经有了一些客户，他们对你的服务很感兴趣，或者你已经为客户做了一些工作，那么你该怎么收费呢？

除获取客户之外，这是自由职业者要面对的最大的难题之一。大多数自由职业者都大大低估了他们能够向客户收费的金额以及他们需要向客户收费的金额。

首先，让我们谈谈你需要向客户收取多少费用。我们假设你当前工作（作为员工）的薪水是每小时 50 美元。在美国这是一个相当不错的工资，但是作为一个自由职业者，要想维持以前的生活水准，你不能收取同样的费用。让我来解释一下。

作为一名员工，除每小时 50 美元的薪金之外，你可能还会有其他的一些福利。你也许会有医疗福利和带薪假期。另外，在美国，如果你为自己工作，你必须支付所谓的“自主就业税”——是的，这是政府因为你为自己工作而额外征收的费用。（其实这并不完全准确。现在是你的雇主为你缴纳此税，所以无关紧要。）把上面说的这些全都算上，做雇员时的每小时 50 美元相当于做自由职业者的每小时 65 美元。

现在，让我们再来看看商业运作方面的开销。做雇员的时候，电费、电脑设备、网络等都由雇主支付费用。但是作为自由职业者，你必须自己支付所有这些费用。你可能还需要聘请会计师或者记账员，也许还要支付法律方面的费用，以及经营小微企业所涉及的其他费用。把这一切统统都算到一起，你需要赚更多的钱来支付这些开销。

最后，让我们来谈谈工作任务编排吧。你做雇员的时候，通常每周工作 40 小时——在美国是这样的。你其实并不担心如何填满你的时间，因为无论是否有具体的工作任务，只要你在办公桌前坐着，你就会领到一份薪水。但是自由职业者不是这样的。作为自由职业者，你可能每年（甚至每周）都会有停工期。此外，你不能因为查看和回复电子邮件、给你的计算机安装操作系统或者别的日常工作向客户收取费用，因为这些都不是直接收费工作。

把上面所说的所有这些都加到一起，你会发现，作为自由职业者，你大概需要收取每小时 75～100 美元的费用才能在净收入方面等同于你做员工时每小时 50 美元的薪水。许多自由职业者对此不明就里，还是按照做员工时的计算方式收费，或者稍稍高一点，然后就发现自己现在的收入只能勉强糊口。直到按照我列出的方法重新算一遍，他们才茅塞顿开。

通用的规则是，成为自由职业者之后，你的时薪水平应该是做全职雇员时的两倍。但遗憾的是，很多人并没有这样收费。

全职雇员的薪酬

50 美元/小时−0＝50 美元/小时

自由职业者的薪酬

100 美元/小时−自主就业税−办公设备−会计或者记账员−非计费时间＝50 美元/小时

你看，你不能根据你认为你需要赚的钱数想当然地丢出一个薪酬标准，然后等人自动买单。相反，你的收费标准是由市场决定的。这也是我反复强调吸引式营销的一大原因。你在业界的名气越大，你的客户就越多，你能收取的服务费也就越高。

事实上，我的一位朋友布伦南·邓恩（他经营着一家名为Double Your Freelancing的公司）建议说：尽管大多数自由职业者都是根据他人的收费来设定收费标准的，但你应该根据你为客户提供的价值来设定收费标准。

你还需要知道你要按什么价码收费才能谋生，你需要根据市场来判断定价——或者更高一点。这么做的重点不在收费标准本身，而是你的工作对你的客户而言是否物有所值。你可以把自己的工作看作商品，也可以把它看作能够增加客户盈利能力的服务。如果你决定把自己的工作看作商品，为了工作你就不得不跟其他开发人员竞价了，这些人中很多人的出价是很低的。在这种情况下，市场将推动买方接受出价最低的自由职业者。

但是，如果你的营销策略是基于自己的服务可以为客户节省大笔开支或者提高他们的业务，你就可以根据自己的服务为客户带来的价值来定价。这就是“专业性”如此重要的原因。

我来给你举一个例子。我提供的咨询服务中有一项是关于创建自动化测试框架的。当我和潜在客户就这项服务议价的时候，我会列出构建自动化测试框架需要多少钱，也会说明如果软件出错的话修复的成本有多高昂。然后，我会讲自己在构建自动化测试框架方面的丰富经验，并且我确切知道要做什么。

我还会向潜在客户展示，如果以每小时300美元的价格雇用我其实要比雇用一个以前没有写过自动化测试框架的普通开发人员便宜得多。我会告诉他们，我1小时的指导可以节省他们20小时的也许是南辕北辙的工作。

我没有撒谎。投标之所以如此高效，是因为我真的相信这是真的。关键点在于，我强调自己的服务完全值这个价钱，并且我的服务物超所值。因此让潜在客户们做出雇用我而非其他只会从技术角度谈论他或她能做什么的廉价竞争者这样的决定，也就非常容易了。

以下两种表述方式你认为哪一种更好？

“我可以为你的业务设计出全新的网站。我非常擅长HTML5、CSS以及网页设计，并成功地为许多与贵公司类似的公司创建了网站。”

“你当前的网站能够给你带来足够的点击量，并且将这些点击量有效地转换成为客户吗？贵公司可能和大多数小企业一样，答案是‘不能’。不过不用担心，我可以帮你创建一个顶级的定制化网站，专门来提高你的流量和转化率。我已经帮许多其他的小企业提高了两倍甚至三倍的客户，我也可以帮你做到。”

关于如何收费的最后一条建议是，如果没有任何潜在客户跟你讲“不行”或者“你的收费太贵了”，马上提高收费标准！不断给你的收费加码，直到你听到“不行”为止。客户愿意为你的服务付的价格可能会让你大吃一惊。我知道有些自由职业者通过使用这种方法，配合使用吸引式营销和根据自己能为客户带来的价值来调整价格，让自己的收费提升了不止一倍。

采取行动

- 整理一份名单，列出谁有可能会使用你的服务，或者谁知道谁会使用你的服务。
- 制作一个电子邮件模板，使用该模板给上面那份名单里的每一个人发邮件（记得一定要谈论你会给他们带来怎样的价值，而不仅仅只是从技术的角度告诉他们你能做什么）。
- 在社交媒体上发布消息，给名单上的一小部分人发送邮件，看看会有什么反馈。一旦得到反馈，更新你的邮件模板，发送给更多人。

第16章

如何成为一名企业家

作为一名软件开发人员，你拥有成为一名企业家得天独厚的优势，不仅能提出概念或新想法，还能自己把它创造出来。正是出于这个原因，许多开发人员选择创业、选择自己创造产品，而别的企业家不得不雇用他人来实现自己的想法。正如你所知，开发定制软件可是价格不菲。

作为软件开发人员，你不仅能够开发软件产品，还可以开发书籍和视频这样的信息产品。

在本章中，我会帮助你了解，创建自己的第一个产品，并开始漫长而又崎岖的创业之路你需要知道的。不过我要警告你，你即将踏上的这条道路坎坷不断。

找到受众

许多软件开发人员一开始就深陷创业者最常犯的错误之中——在为产品找到客户之前就构建好产品。从构建产品开始可能有些道理，不过你要避免落入这个陷阱之中，否则你只是冒险为一个不存在的问题创造了一个解决方案。

人类创造出的每个产品（包括这本书在内）都是为了解决某个特定的问题。没有要解决的问题的产品毫无意义，毫无意义的产品自然也就不会有用户，也就意味着你不会赚到钱。有些产品专门解决一些特殊群体遇到的特定问题。例如，一款能够帮助牙医管理自己的病人的软件产品，或者一本能帮助软件开发人员学会如何使用.NET Unity 框架的书。还有一些产品解决普遍的问题，例如，无聊——娱乐产品（如电视节目和视频游戏）可归入此类。无论一个产品要解决何种问题，以及哪些人群有这个问题，必须在创建产品之前就要明确识别。

如果你想开发出一款产品，第一步应该是筛选出一组特定的受众，他们也是你的解决方案的目标用户。针对这些人你要解决的问题是什么，你可能已经有了总体概念。不过在很多情况下，你要多做一些调研，找出要么没被解决的问题，要么没有被很好解决的问题。

去目标客户常去的地方，与用户参与的社区交流，了解一下普遍存在哪些问题。你能从中看到的痛点有哪些。

我开始注意到这样一个趋势——软件开发人员向我咨询如何打造业界声誉，如何提高自己的曝光率，或者如何增加关注度。许多访问我博客的软件开发人员也会问我相关的问题。我看到这里有一个实际问题——软件开发人员有学习自我营销的需要。（在这个案例中，我的受众是直接通过我的博客告诉我他们的问题的，所以事情就变得简单了。这是要拥有博客的另一个原因。）

我决定创建新产品来解决这一问题。我创建了一个名为“软件开发人员如何自我营销”（How to Market Yourself as a Software Developer）的课程。由于这个产品解决了我的目标客户一个非常具体的问题，所以在我投入时间进行创建之前我就知道它一定会成功。（我还有另外一种可以提前验证产品是否成功的方法，稍后会谈到。）

而许多开发人员是反着来的。他们在尚未有受众的时候就创建产品，然后再四处推销，努力寻找受众。当你以这样的方式做事情时，你要冒很大的风险，因为执果索因往往更加困难。

在我创建这个课程时，我的受众已经事先找到我，并告诉我他们的问题。要想让产品轻松卖出去，这是一个非常好的启动方法；构建产品再找受众，则与之相反。我们会在第二篇讨论如何自我营销。如果你利用其中提及的方法让自己成名，被粉丝围绕，并产出被追捧的内容，你会发现你已经拥有了愿意购买你创建的任何产品的客户。

许多名流使用这种方法创建和销售产品。他们在发布产品以前，已经拥有了一大群受众，并且对受众的需求和问题了然于胸。当他们面向受众发布新产品的时候，自然就会成功。以凯莉·詹娜[①]为例。她在 21 岁时成为最年轻的白手起家的亿万富翁。这可是一项惊人的成就，她拥有超强的商业头脑。但是，你认为她在商业上的成功是因为她旗下的那些化妆品和美容产品，还是她通过在社交媒体和电视真人秀节目上的频繁曝光已经建立了庞大的观众群，使她的公司势不可挡，产品销售节节攀升？

如果你想让自己的产品也同样成功（虽然也许在规模上达不到），首先打造一个成功的博客，用播客、演讲、视频和其他媒体来发展自己的受众。接下来，一旦你有了受众，

---

① 凯莉·詹娜（Kylie Jenner），1997 年 8 月出生于加利福尼亚州洛杉矶，美国演员、模特、企业家和社交媒体名人，是著名的社交名媛卡戴珊姐妹的同母异父的妹妹。拥有 Kylie Cosmetics 公司 100%的股权。2020 年 3 月 16 日，凯莉·詹娜以 75 亿美元财富位列 2020 胡润全球白手起家女富豪榜第 87 位。——译者注

你就能够向这些受众销售自己的产品。你之所以购买这本书可能就是因为你已经是我博客的粉丝，或者因为关注我的其他工作而无意中发现这本书，或者你之前听过我的播客。这就是发展自己的受众的威力。

测试市场

一旦你明确了产品的受众，并明确了如何用它解决用户的问题，在开发产品之前你还有一步工作需要完成。你应该通过测试市场来验证你的产品，看看你的潜在客户是否真的愿意为它买单。

记得在上一节我讲过，在创建“软件开发人员如何自我营销”这个产品之前，我还采用了另一种方法验证自己的成功。这是一个小秘密：甚至在我正式开始这项工作之前，已经有人为其付费了。

你可能会问我是怎么做到的。简单说就是：我要求他们这么做的。在我计划创建这个产品的时候，我决定在投入数月时间做这件事情之前就广而告之——我将要创建一个什么样的产品，并且为产品还没创建之前就付费的用户提供大幅折扣。这看似有点儿疯狂（在某种程度上说还真是这样），不过要想在投入全部时间开发产品之前，证明是否会有人真的愿意为它付费，这是个好办法。我还知道，如果我能让软件开发人员（我的目标客户）提前 3 个月（或更早）付费，那等产品正式上线时，销路就不成问题。

所以你可以这么做：创建一个简单的销售网页，讲述你将要创建的产品以及它将解决什么问题，讲述你的产品会包含哪些内容以及产品上市的确切时间，给个折扣价让感兴趣的人可以提前预订产品，保证产品一发布他们就能拿到。你还要提供退款保证，让潜在客户知道如果你的产品不能如期交付或者不能令他们满意，他们可以得到退款。

但是如果预订数量有限怎么办？碰到这种情况，你可以决定是否要修改产品或者作品，因为你不是在解决正确的问题，或者你可以直接退款给那几位预订者，向他们道歉，告诉他们感兴趣的人不多。这不是一件有趣的事儿，但总比花了 3 个月或更长的时间做好产品之后才发现没有人愿意买要强得多。

在我把预售网页上线的第一天，我的生意就开张了，卖出了 7 份程序副本。这给了我足够的信心，我知道自己可以继续前行，也知道自己并不是在浪费时间。我也有一群非常有兴趣的客户，我经常向他们征求反馈意见以帮助自己提升正在开发的产品。

从小处着手

我反复强调不要贸然辞职，踏上创业之路，但是我要再啰唆一次：从小处着手。太多崭露头角的创业者为自己的第一个产品设置了非常激进的目标，不顾一切地追求新的梦想。

你必须明白并意识到，自己的首次创业可能会失败，很可能第二次、第三次也是如此。直到经过足够多的失败，你才可能真正成功。如果你倾尽所有投入创业，如果你为一次创业成功赌上自己的整个未来，你可能会把自己置于绝境——没有资源，甚至没有意志再去尝试一次。所以别这么做。从小处着手，作为副业开发你的第一个产品。

如果你想尽可能缩短自己的学习曲线，你就需要尽量缩短开始行动到看到成果之间的周期。大型产品的问题就在于，如果你没有走得很远，没有在开发产品上投入相当的精力，你就不可能看到实际的成果。

开始

也许本章的所有内容听上去都不错，但是你还是不知道如何开始。别担心，我在开发自己的第一个产品的时候，我也有相同困境。当时的我对自己应该如何创建我能创建的产品，以及如何销售我的产品毫无头绪。

我不说谎，我告诉你这其实很简单。你有相当多的东西要去学习，但是非常容易上手。如今，在线销售比以往更容易，并且还有大把的资源帮得上你。

我是通过阅读该主题的几本书开始的。你可以查看我创建的关于如何创业的完整免费入门课程。

我还建议你去读读 Eric Ries 的《精益创业》(*The Lean Startup*)，从中获取一些关于如何创建小企业，以及如何起步的想法。

不过大量的创业技能最终还要通过尝试和失败获得。某种程度上，你必须去做自己认为正确的，找出为什么它不管用，然后再去尝试不同的东西。大多数创造出成功产品的创业者也是这样做的。

采取行动

- 整理出一批能够为自己将要创建的产品进行调研的目标受众。
- 从这些受众中挑选出一位用户，看看他参加了哪些集会（无论是线上的还是线下的）。加入他们的社区，倾听他们的问题。看看你能不能从中挑选出一两个潜在领域去开发产品，解决他们的痛点。
- 排查是否有人已经解决了这个问题，你并不想进入一个竞争已经白热化的市场。

第17章

如何开始创业

对许多软件开发人员而言，最引人入胜的梦想之一莫过于自己创业。创业拥有巨大的潜在回报，但也极其危险。我认识不少软件开发人员，在创业项目上投入很多年，除失败之外一无所获，境遇比他们刚开始创业时还要糟糕。

但是，如果你已经有了一个好点子，更为重要的是，有了让自己坚持到底的激情和干劲，你会发现冒着风险白手起家还是值得的。

在本章中，我们将深入探索创业到底意味着什么，如何去创业，以及作为创始人（初创企业的创建者的专属称号）必定要面对的潜在风险和回报。

创业的基础

一家创业公司就是一家新成立的公司，试图找到成功的商业模式并将其规模化，最终成为具有赢利能力的中型或大型公司。如果你现在创立一家新公司，本质上就是一家创业型公司。

现在，尽管从技术上讲，任何一家新成立的公司都被认为是一家创业公司，但是实际上还是存在两类不同的创业型公司。第一类创业公司在成立伊始就试图以获得外部投资者的投资来刺激公司快速成长。这类创业公司可能是我们最常听说的那类。许多成功的大型科技公司在开始创业的时候拿到投资人的资金，获得成长，并最终成功。与创业有关的术语和讨论实际上指的就是这类公司。

第二类创业就是自力更生创业。自力更生创业完全由其创始人提供资金支持。如果你创立了自力更生型公司，你不需要从投资人那里募集资金，也不在乎公司能否立刻做大。这类公司通常规模比引入投资人的创业公司小，但是失败的可能性也更低，因为他们通常开销更小，同时由于没有放弃公司的多数股权，创始人在业务上也更有控制权。

鉴于本书已经有相当篇幅讨论了如何开创自己的自力更生型企业，所以这里我们主要谈的是试图获取外部投资来得到成长的创业公司。从现在开始，我说到“创业”的时候，指的都是旨在吸引外部投资的创业公司。

不做大，毋宁回家

大多数创业者的目标就是把公司做大，吸引外部投资的全部原因也就是希冀公司规模能够快速扩张。多数创业公司的创始人都有所谓的退出策略。典型的退出策略就是说，当公司成长到一定规模的时候希望公司被人收购，这样，创始人和投资者都可以获得丰厚的回报，公司未来发展所要面临的风险可以在很大程度上得到规避。

在公司初创的时候就要缜密思考公司的未来，这是极其重要的。你可能想要创建一个能够长期持有的公司，但是你必须认识到，愿意向你的公司注资的投资人都希望能够最终套现获利，得到属于他们的投资回报。

还有，被收购并非获得高额回报的唯一途径。另一个常见的退出策略是上市。当公司上市时，向公众出售公司的股权。出售股票也可以让创始人和投资者获得巨额回报。

无论你的整体退出策略是什么，了解这一点非常重要——获得外部投资的创业公司通常都抱有希望未来有一天可以获得巨额回报的目的。所以，如果你为人保守，你并不适合创立这类公司。创业型公司通常就是为了等待“全垒打[①]”的机会。

你可以想象，抱有这种心态可能会有巨大的回报潜力，但随之而来的也会有巨大的风险。大多数创业公司都失败了。有一些估计表明，在获得了外部投资的创业公司中，有高达 75%的公司以失败告终。不知你怎么看，我觉得非常可怕。在创业之前，你需要谨慎思考。有可能在投入多年的辛苦生活和艰辛劳作之后，最后无奈关门，除了那些血淋淋的经验教训，你两手空空。

创业的典型周期

创业已经成为亚文化现象，关于如何创业的书也是汗牛充栋，我在这短短的一章中

---

① 全垒打：棒球运动中，全垒打是一种打者可环绕所有垒包一周的安打。除打者跑到终点本垒时可以得到一分之外，所有已经在垒包上的跑者每人皆可得到一分。棒球进攻队伍的球员必须依序经过四个垒包才能得分，在其他情况下，打者上垒成为跑者之后，必须藉由其他队友的帮助推进才能得分。但是若击出全垒打，计分板上分数立刻就增加了，因此全垒打一向是棒球运动中最为人津津乐道的一环，当然也比较罕见。以上摘自维基百科。——译者注

只能是蜻蜓点水。不过在本节中，我会尽力循序渐进地为你呈现关于典型的创业过程的最佳概述。

通常，当你着手创建一家创业公司的时候，你对自己要创建怎样的公司已经有了想法。通常，这家公司要有些独一无二的知识产权，使得它的那些规模更大的竞争对手难以进入并简单地复制你正在做的。很好的创业候选是能够申请专利或受保护的新技术和新方法，而糟糕的创业候选则包括餐厅或其他缺乏独创、很容易被复制的服务。好的创业项目要有规模扩张的潜力——想想 Twitter、Dropbox 和 Facebook 等。

一旦你有了一个想法，你必须决定是做一个单独的创始人还是希望作为联合创始人。尽管二者各有优缺点，但总的来说，大多数创业企业都至少两个联合创始人。如果你想加入创业加速器或者孵化器（接下来我们会讨论），你可能需要至少一位联合创始人。

创业加速器

要想在创业启动时获得额外的帮助，申请加入创业加速器计划是个好方法。加速器是帮助创业型企业启动项目的计划，通过向创业公司注入小额资金来换取公司的一些股份。最受欢迎的创业加速器计划是 Y Combinator。Y Combinator 帮助过许多著名的创业型企业，如 Dropbox。

通常，申请加入创业孵化器计划要经历一个漫长的过程，但它非常值得一试。加速器项目是一个强度非常高的项目，通常只持续几个月，旨在帮助创业型企业渡过启动阶段的难关。大多数加速器是由成功的企业家创设的，他们已经创办了一到两个自己的创业公司，可以为刚起步的创业者提供良好的建议和指导。加速器通常也帮助创业公司准备为投资者做路演以获得资金，他们还经常为自己旗下的创业公司安排演示日。在演示日，创业者有机会向潜在的投资者演示自己的项目。

就我个人而言，如果没有被加速器项目接受，我至今也不可能开始创业。竞争太激烈了，而且与完全依靠自己单打独斗相比，加入孵化器计划的优势巨大。我曾经是一家创业公司的联合创始人，公司也加入了几个加速器计划，但经过一番深思熟虑，我决定退出公司，因为我发现我还没到创业的时候，还不想经受残酷的创业生活的洗礼。

获得投资

无论你是否加入创业加速器计划，对创业公司而言，第一个重要里程碑就是获得第一笔资金，可以说这是创业生死攸关的大事。第一笔资金通常被称为种子资金，一般天使投资人会投给早期创业者。天使投资人通常是个人投资者，他们在公司的早期阶段注资。这种投资风险很高，但是也可以带来高额回报。现在，天使投资人不会不图回报地给你的公司投资，他们通常会要求拥有公司的部分股权。

地雷：我该如何处理股权

涉及放弃新公司的股权时，请你务必要小心。股权是你创业的命脉。没有股权，你的辛勤工作就无法获得回报，你也无法回报投资者。对于要对让出多少股权、让给谁这样的问题，你要非常谨慎。

许多创业公司的创始人发现，把股权出让给不思进取的合伙人后，自己就面临一个大烂摊子，后者不仅对公司毫无贡献，还榨取公司的宝贵资产。

所以在做与股权相关的决策时，请务必谨慎。你要明白，当你出让公司股权的时候，自己放弃了什么。出让股权不可避免，你多少总会出让一些，但是你必须确保在出让之前已经深思熟虑。

一旦创业公司获得了种子基金，便是启动之时。实际上，你应该在此之前就已经启动了。不过一旦获得了种子基金，你就可以雇用一些员工，开始扩张。可以预见的是，大多数创业企业在这个阶段并不能实现盈利。事实上，当你烧光了最初的种子资金，建立你的商业模式并证明这种商业模式时，你可能会深陷泥潭。

一旦创业公司拥有了一笔种子资金，就应该开张营业了。事实上，你可能在此之前就已开始创业活动了，但只有当你有了种子资金之后你才可能去雇佣一批员工，并开始扩大规模。在这个阶段的大多数创业公司都不会盈利。事实上，当你耗尽最初的种子资金建立并改进你的商业模式时，你很可能会陷得很深。

一旦你烧光了种子基金，如果你的项目仍然可行，那将会引来一次重大投资。种子轮[①]之后的第一轮融资通常被称为 A 轮融资，风险资本通常会在这一轮介入。如果你听说过“见风投”，它通常是指把自己的公司推销给风险投资人（VC，以下简称“风投”），希望从他们那里得到一大笔投资，使公司得到成长。风投通常会向创业公司注入大笔资金以换取公司的大量股份。不必惊讶，A 轮融资过后，风投持有的公司股份可能比你还多，特别是当你公司的联合创始人不止一位的时候。

A 轮融资完成后，大多数创业公司还需要经过几轮融资，因为它们的初始资金几近耗尽，艰难地实现盈利和扩张。基本上你就是在不断重复这个过程以获得更多投资，直到再也得不到更多的投资，最后成功实现盈利，或者被收购。

当然，这只是一个简化了的过程，不过还是希望本章能让你对创建创业型公司有一个良好的认识。

---

① 种子轮也被称为天使轮。——译者注

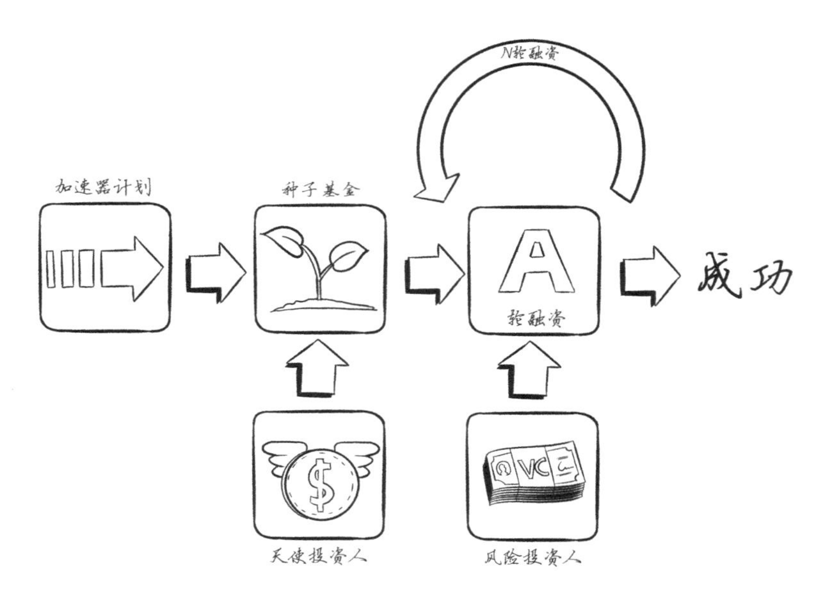

获得资金的几个阶段

采取行动

- 研究一下一两家你心仪的创业公司的历史。注意它们是如何开始以及如何获得融资的。
- 这些公司创立时是一个创始人还是多个创始人?
- 这些公司的创始人还成功创立过其他公司吗?
- 这些公司什么时候获得融资的?它们获得了多少资金?
- 这些公司启动的时候是否加入了加速器计划?

第18章 远程工作

今天，越来越多的软件开发团队允许它们的开发人员在自己家里远程办公。有些团队甚至完全是虚拟团队，连真正的办公室都没有。如果你决定成为一名独立咨询师或者创业者，可能你会发现自己也是独自在家办公的状态。

虽然远程工作看起来可能像是一个梦想成真的故事，但是穿着睡衣工作的现实或许并不像想象中那么令人向往。在家办公的人必须面对许多困难和挑战。在本章中，你会对在家办公是什么样子，以及如何处理在家办公要面对的问题，如孤立无援、形单影只和自我激励等，有一个更为清晰的了解。

做“隐士”面临的挑战

得到第一份在家办公的工作时，我激动异常。我想象不出有比这更好的事情——一大早从床上爬起来，穿过客厅，坐在舒适的椅子上工作。尽管我仍然认为在家办公很棒，但是很快我就发现在家办公有许多自己没有想到的挑战。

挑战 1：时间管理

首先，我们面临的最明显的挑战就是时间管理。在家办公的时候，你会面临各种各样在办公室里不会遇到的干扰：如果你打开自己的 Facebook 页面，在上面耗一整天，也不会有人注意到；快递员上门送来包裹，你会想“嗯，也许我应该吃点东西”；你的孩子或配偶找你问一个问题，或者从你这里窃取“就一分钟”。在意识到这些之前，你的一整天就这样过去，毫无产出。

许多刚刚开始在家办公的人都觉得他们可以在零散的时间工作并且在他们可以工作的时候把事情做完，从而解决这一问题。他们觉得自己可以在白天享受美好生活，把工作放在晚上完成。这种想法无疑就是灾难，因为每当夜幕降临时，总有新的东西令你分心，或者你已经精疲力竭，不想再坐到电脑前了。

真正解决这个问题需要缜密的时间管理。你可以在你想工作的任何时间再去工作，但是你必须设定每周的日程表并且坚持下去。日程表越有规律、越是规划得当越好。我的家人和朋友们经常跟我开玩笑，问我都已经在家为自己工作了，为什么还要坚持“朝九晚五”的典型工作模式，不过这份日程表确实能够保证我专注、严肃地对待自己的工作。我们不能过分相信自己可以不受外界干扰或者能够智慧地管理时间。我们需要提前做好计划，否则会屡屡经受不住诱惑。相信我，我了解这一点，我自己就经受过一长串的失败。

挑战 2：自我激励

这里我只想说说自我激励的方式。如果你总是无法做到自律和自控，你也许应该重新考虑是否要在家办公。在做好时间管理之后，自我激励也许就是在家办公的人面对的最大“杀手”。这个与时间管理密切相关，但是即使你能有效地管理自己的时间，迟早也会有不想做任何工作的倦怠感。

当你在办公室工作的时候，一旦陷入这种情绪，一想到被“炒鱿鱼”的威胁，你马上就不治自愈。如果被老板发现你在工作时间趴在桌子上睡觉或者在手机上玩游戏，你可能立刻就得抱着纸箱走人。但你在家里工作的时候可没有一双窥探的眼睛时刻监督着你。你肩负着自我激励和自律的责任，当你的所有激励都不管用的时候，“自律”会让你继续工作。（要更好地了解激励，可以查看丹尼尔•平克（Daniel Pink）的《驱动力》（*Drive*）一书。）

就像我之前说的那样，如果你缺乏自律，我真的认为你将注定失败。我可以教你所有自我激励的技巧，但是打开电视、玩游戏、浏览一整天 Facebook 的诱惑实在太大。此外，如果你有一些自律精神，那么继续阅读。如果你愿意付出努力，还有可能处理好自我激励的问题的。

当你感到倦怠时，日程表和常规是非常重要的倚靠。前面已经讲过，我就不再赘述，不过一定要确保你已经建立了日程表和常规。当你不想工作的时候，有一个必须工作的固定时段可以帮你保持足够的激情去完成工作。常规也是一样的。如果可以，你培养一些常规。当激情不再的时候，习惯可以帮到你。有许多次我感觉太累了，晚上都不想去刷牙，可是习惯迫使我一定要刷了牙再睡觉。

你还要尽可能排除干扰和诱惑，让它们远离你的工作环境。如果电视机就摆在你身旁，当你觉得无聊的时候，“打开看看吧”的诱惑会格外强大。别想着靠意志力去战胜诱惑，这个教训适用于生活的许多方面。相反，排除诱惑，你会生活得更轻松自如。（更多内容我们会在第六篇中谈到。）

当你感到实在没有动力的时候，有一种我常用的简单方法（事实上，我没有告诉任何人，但我现在一直在用）——坐下来，设定一个15分钟的计时器，开始工作。在这15分钟里，你必须工作。你不能让自己分心，必须专注于手头的任务。15分钟纯粹且专注的工作结束后，你可能会发现继续下去变得容易些了。事实证明，一旦我们专心致志地工作一段时间，我们就会沉浸其中，也有动力继续。我把这称为冲量效应[①]。

挑战3：孤独感

刚开始在家办公的时候，我觉得就像是一种解脱。没人打扰你，你可以安静地坐在那里做自己的工作。这是真的。我刚开始在家办公的时候，我马上发现以前在办公室工作的时候那些无意义的对话浪费了自己多少时间。当我学会在家专注地工作之后，我发现我可以在更短的时间里完成很多工作。

但是，过了一段时间之后，那份寂静与安宁令人焦躁不安。你可能会发现自己一直紧盯着窗外，寻找任何生命的迹象。“哦，看，一个人正在遛狗，也许我应该跑出去和她谈谈。”（别忘了先穿上裤子哦……我可不会说这是我的经验之谈。）好吧，也许我这么说是有点儿悲剧色彩，但是当你日复一日、周复一周孤独地坐在自己的办公桌前的时候，这一定会对你产生负面影响。

大多数在家办公的软件开发人员并没有意识到，长期缺乏社交会使自己变得孤独。毕竟不管怎么说，作为一个群体，我们过的是一种隐居式的生活。请相信我，如果不能在一年左右的时间里找到社交生活，你一定会感到自己要疯掉了。

想想吧，监狱里惩处罪犯的最严厉的手段——关禁闭。对任何人来说，单独隔离一两天真的是一项残酷的刑罚，因为人毕竟是社会型生物。

那么怎样才能治愈这种孤独感呢？这里我有一个简单的答案：走出去！确保你每周都能走出家门，让自己有机会去认识除配偶和孩子以外的其他人。试着加入本地的软件开发者小组，每周或者每月参加他们的聚会。换个场景，到咖啡馆去工作。我每周去健身房三次，我当然还会推荐一些健身活动。我还发现，参加会议和其他社交活动让我有

---

① 此处原文为“momentum”，译为“冲量”是因为高中物理课本告诉我们，冲量等于作用力乘以时间。这里用“冲量”比喻专心工作一刻钟就会产生继续工作下去的动力。——译者注

机会面对有兴趣的参加者侃侃而谈极客话题。这种倾诉的欲望通常都积累了好几个月呢。

你还可以利用其他一些资源来帮助你不至于脱离社会太久。Skype 电话和 Google Hangouts 能够让你与自己的同事轻松交谈，甚至见面。

如果你能克服以上三项挑战，你就会成为一名成功的远程工作者，但是如果不能克服，你得再考虑一下自己是否适合在家办公。一些不能有效处理上述问题的远程工作者选择利用所谓的“联合办公空间”来找出解决方案。你可以把这些空间看作小型办公室，里面坐的都是远程工作的人和创业者。这有点像在普通的办公环境下工作，只是你的同事并不是真的和你在一起工作。

地雷：我想做远程工作者，但是我找不到远程工作的岗位

很长时间里，我一直想找一份能让自己在家办公的工作，但就是找不到。它们不会那么轻而易举得到，通常要经过激烈的竞争。如果你正在寻找一份远程工作但是一无所获，我建议你做以下两件事。

（1）你可以看看你当前的工作是否可以变成远程工作。也许值得一试。你可以问问，每周是否可以在家办公一到两天。你要找个好理由，比如你可以完成更多工作，也能更专注。如果你有此机会，一定要真正展现出在家办公的效率更高。

（2）你可以开始关注允许远程工作的公司，或者完全分布式工作的团队，开始与这些公司建立联系。这需要花一些时间，但是如果你专注于那些你知道的允许远程工作的公司，就可以增加在这些企业获得工作的机会。认识在那里工作的开发人员，与招聘经理聊聊，表达出你对他们公司的兴趣，当有岗位空缺时，马上申请。

采取行动

- 对自己做一个客观的评估，针对上面描述的内容，想想你自己该怎样应对时间管理、自我激励和孤独感这三项挑战?
- 如果你已经在家办公或者计划在家办公，制订一个你每周都会坚持的时间表。你要决定自己的工作时长以及哪天是工作日。

第二篇 自我营销

营销就是一场争夺人们注意力的竞赛。

——赛斯·高汀[①]

在软件开发行业，营销的名声并不好。一般人提起营销人员都会皱眉头，因为很多营销人员会急功近利地使用不诚信的手段。似乎每天都有无良的营销人员为了一己私利而兜售新骗局。

其实在现实生活中，营销本身并没有那么糟糕。你的营销手段决定了你的营销对象是受益还是受损。营销需要人们的关注，以便让人们关注你，关注你的产品。优秀的营销会将人们的需要或者期待与能够满足此愿望的产品或服务关联起来。所以，营销追求的是“实现价值在先，要求回报在后”。

① 赛斯•高汀（Seth Godin），前雅虎营销副总裁，被美国工商界尊为当今观察力最敏锐、最直观的营销大师，《快速公司》杂志专栏作家和编辑。著有《部落》《小就是大》《营销人都是大骗子》《释放创意病毒》等畅销书。他同时还是著名的演讲家。以上摘自百度知道。——译者注

第19章

自我营销基础课

你有去过酒吧夜店看过驻场乐队的演出吗？那些乐队的演唱水平丝毫不亚于原唱的艺术家们。你有没有想过，为什么这些乐队就只能在小小的夜店里做驻唱演出，而有些音乐才华并不比他们高多少的流行乐队就可以在全世界巡回演出，创造着一个又一个白金唱片？

很明显，两个乐队都很有才华，但是在生活中，仅仅拥有才华是远远不够的。伟大的音乐家和超级巨星之间的真正区别无非就是营销而已。对有才华的人来说，营销就是一个“乘数效应”——你的营销越好，你的才华才能发挥得越发淋漓尽致。这就是对软件开发人员来说，学习营销技能至关重要的原因。

自我营销意味着什么

营销的核心在于将一些人所需要的所期待的产品或者服务与产品或服务本身连接起来。所以“自我营销”也就是把希望得到你提供的产品或者服务的人和你自己连接起来。尽管营销经常声誉不佳，但如果你能以正确的方式营销自己并没有错。

自我营销的正确方式就是为他人提供价值。我们会在第 23 章对此进行深入的讨论。这里，你需要了解，成功进行自我营销的关键在于：如果想让别人喜欢你，想和你一起工作，你就必须要为他们提供价值。想想看，像斯科特 • 汉塞尔曼[1]这样的牛人是怎么做的。斯科特通过他自己的博客、演讲和播客为开发人员提供了相当多有价值的东西。在我们进入细节讨论之前，

① 斯科特 • 汉塞尔曼（Scott Hanselman），业界知名的 Web 技术专家，曾担任在线金融系统提供商 Corillian 的首席架构师，目前在微软工作。以上这段描述摘自他的个人博客。另外，斯科特还为本书第 1 版作序。——译者注

我们先从实践的角度谈谈自我营销是什么。作为一名软件开发人员，你怎样自我营销？

无论你是否意识到，其实你每时每刻都在营销自己。当你试图说服他人接受你的想法时，本质上，你就是在把自己的想法推销给他们。正如我们在关于人际关系的第 4 章中讨论过的，我们知道如何包装一个想法往往比想法本身更重要。

当你申请一份工作时，从本质上讲，你的简历就是推销自己服务的一份广告。甚至于，你在社交媒体或自己的博客上发布的内容（如果你有的话），其实也是在为你自己和你提供的服务和产品在做某种推销。

问题在于，即使我们都在推销自己，我们中大多数人并不是有意识地在做这件事情。我们将机会拱手相让，任由他人和环境来定义我们。

自我营销无非就是学习如何控制好自己要传达的信息，塑造好自己的形象，扩展信息送达的人群。当你营销自己的时候，你就是在积极地管理自己的职业生涯，有目的地选择好如何塑造自己，以及将塑造好的自己主动推送给那些对你感兴趣的人。这些人或者想听到你的想法，或者想雇用你，或者想购买你提供的产品或服务。

想想一部新拍的电影大片是如何策划广告宣传的。通常，各种爆料漫天飞舞在各种广告媒体上。电影预告片描绘了一幅具体且清晰的画面，传达着特定的信息。这一信息又通过各种广告渠道被不断传播放大。

自我营销为何如此重要

在本章的第一个例子里我讲到了，音乐才华相当的两支乐队，一支在酒吧驻场而另一支是流行巨星，他们之间的成就差别为何如此悬殊？我将产生这种差异的原因归咎为营销。成就巨大的摇滚乐队通常在营销上要比酒吧驻场乐队做得更好。

当然，我们无法确定酒吧驻场乐队在“自我营销”方面到底做得怎么样，但是如果我们假设音乐才华都差不得的话，那么排除掉纯粹运气的因素，决定他们成就高低的只能是其他因素了。所以，自我营销并不能确保你一定成功，但是它却是你可控的重要元素。

你也可以在其他领域找到相同的模式。以专业厨师为例，许多才华横溢的厨师烹饪出的菜肴非比寻常，而他们中的大多数人都默默无闻。但是也有像戈登·拉姆齐[①]和蕾切尔·雷[②]这样的明星大厨赚得百万美金，这并不是因为他们比别的大厨更有天赋，而是因为他们深谙营销之道，通过营销来充分发挥自己的优势。

① 戈登·拉姆齐（Gordon Ramsay），出生于格拉斯哥，堪称英国乃至世界的顶级厨神，因其在各种名人烹饪节目的粗鲁与严格，以及追求完美的风格，而被媒体称为“地狱厨师”。以上摘自必应搜索。——译者注

② 蕾切尔·雷（Rachel Ray），出生于纽约，美国电视名人、商人、名厨和作者。她主持了 3 个美食系列电视节目——《30 分钟大餐》《蕾切尔·雷美味游记》和《一天 40 美元》，还推出了推出一本美食杂志《蕾切尔·雷的每一天》。在 2006 年，雷的电视节目赢得了 3 个艾美奖。以上摘自维基百科。——译者注

别以为软件开发领域有什么不同。你也许是世界上最有天赋的软件开发人员，但是如果没有人知道你的存在，你也只不过是浮云一片。当然，你总能找到工作，但永远不会发挥出你的全部潜力，除非你能学会“如何自我营销”的技能。

在你职业生涯的某个时刻，你可能发现自己的技术水平已经能够与顶级开发人员并驾齐驱。其实许多软件开发人员经过大约10年的职业生涯都能达到这个水平。一旦达到这一水平，要想再提升会变得异常困难，因为你已经“泯然众人矣”。你的个人才智已经变得无关紧要，因为与你竞争的软件开发人员水平基本相当。

但是有一个办法可以让你脱颖而出。学习“如何自我营销”你就能够一鸣惊人，就像摇滚明星或者知名大厨一样，不仅收入更高，还能拥有更多的机会。

地雷：我真的不是什么专家，我没有什么东西可以营销

即便你不认为自己是专家，也并不妨碍你现在就开始自我营销。事实上，试图找出自我营销的方法，可以让你成为专家，专门从事某一特定领域的软件开发工作。

基本上每一个开发人员都是有些能耐的——可能你观察事物的视角比较独特，或者可能你与其他软件开发人员的背景不尽相同，又或者你的兴趣爱好与客户或者其他软件开发人员相似。只要营销得法，即便是“菜鸟”或者“业余爱好者”的身份都是你的优势所在——很多人都喜欢向只比自己稍微优秀一点点的人学习，因为这些人才是可望而又可即的。

关键是，不要让“不是专家”成为放弃自我营销的借口。无论你身处自己职业生涯的哪个阶段，你都可以从营造和传播自己的品牌中获益匪浅。

如何自我营销

我希望我已经让你相信自我营销至关重要，现在你可能想知道该如何自我营销呢？你怎样才能成为软件开发界的Gordon Ramsay？

我不会骗你说这很容易。成功从来就不是一蹴而就的，那样即使“成功”也无法长久。但是，“自我营销”确实是每一个开发人员都能做得到的——“天下事有难易乎？为之，则难者亦易矣”。在这里我将扼要介绍一下所有的关键概念，在下面的章节中，我们会一个接一个地详细论述。

自我营销要从打造能代表你自己的个人品牌做起。你不可能将所有的东西全部呈现出来，因此，对于自己成为怎样的人、给世界呈现怎样的形象，你要谨慎决定。如果你也想在有人多次接触你或者你的产品时营造出一种亲切感，个人品牌能帮到你。

一旦你拥有了自己的品牌风格，也知道要传达怎样的信息，你就需要找到传达上述信息的方式。尽管有多种媒介可供你使用，但对于软件开发人员，最突出也是我个人推荐的还是博客。我认为博客就是你在互联网上的大本营。这是一个你完全能够控制信息的地方，不像在其他的平台上你还要仰人鼻息。

我当时采用了帕特 • 弗林（Pat Flynn）的策略。帕特是我非常推崇的企业家，他有一个策略叫作“无处不在”。该策略的基本思想就是，无论你身在何处都要营销。无论何时都要让你的目标受众轻轻一扫就有机会看到你。你可能会出现在他们的 Twitter 时间线上，他们也可能在听你的播客，又或者他们看到了你的在线视频。他们目光所及，总能与你相遇。

自我营销的方式有以下几种。

- 博客：你自己的博客，以及你在别人的博客上发表的特邀文章。
- 播客：创建自己的播客频道，同时接受其他播客频道的访谈。
- 视频：在 YouTube 这样的视频网站上上传自己的分享内容和课程主题视频。
- 给杂志投稿：给软件开发相关的杂志写文章。
- 书籍：著书或者自出版。
- 代码营：大多数代码营都允许参加者自由发言。
- 技术会议：拓展社交网络的好方法，如果能在研讨会上发言尤佳。

这个策略需要时间，需要持之以恒。随着时间的推移，你写的每一篇博客，你采访的每一期播客，还有你写下的每一本书、每一篇文章，都有助于营销自己，提升你的个人品牌的认知度。最终你在这个领域就成了权威，拥有了追随者。这些声望转化为更好的机会，最终成就你的事业。

我在前面提到过，将在后续章节中更深入地讨论这个话题。这里，我想强调的是：所有这一切都取决于你的能力——能给其他人带来怎样的价值。自我营销的基本机制是，要想让人们追随你、倾听你，你就要带给他们价值：你能为他们的问题提供答案，甚至是给他们带去欢乐。如果你在持续自我提升的同时并没有给他人带来价值，那么你终究不会走得太远，因为每个人都会离你而去。

附注：即使你正确地推销自己，任何形式的自我推销都会遇到一些抱有成见的人。你得学会应对他们。

采取行动

- 如果你还没有博客，开通一个吧。想想看，你会专注在哪些主题上？
- 给你的新博客至少想出 20 篇文章的主题。
- 现在做一个时间表，列出你开通博客的确切时间，为博客创建内容。
- 别忘了还有 YouTube 频道呢。如果你更喜欢它，那就开通一个 YouTube 频道，做好上述三件事情。
- 列出作为软件开发人员你可以自我营销的所有方式。

第20章

如何打造个人品牌

品牌无处不在。无论身在何处，你总能看到百事、麦当劳、星巴克、惠普、微软……不胜枚举。

品牌不仅仅是形象。大多数人会把品牌与商标联系起来，比如说，麦当劳那个著名的“金拱门”商标。但品牌不只是商标，更是一项承诺。品牌树立了客户对你的期望，而且这些期望也必须能够实现。

在本章中，我们将讨论构成品牌的要素有哪些。我还将展示怎样创建自己的品牌，从而让你的营销成果引人注目。

什么是品牌

我们来谈一谈当今的流行品牌吧。我们以星巴克为例。星巴克是一个为大众所熟知的知名品牌，第一眼看上去，那个众所周知的商标图案似乎就是“星巴克”的品牌，但事实远非如此。星巴克的商标图案只是其品牌的视觉符号而已，并非品牌本身。

当你走进星巴克的时候，你希望看到什么、听到什么？你期望光线是什么样的？你期望的室内陈设和家具又是什么样的？现在你不妨闭上眼睛想想星巴克的店内布局，你的感觉又如何？

当你走向柜台点一杯饮品的时候，你期望咖啡师的形象是什么样的？你期望咖啡师通过什么方式和你打招呼并问你哪些问题？你熟悉他们的菜单吗？你对他们的定价和饮品的品质有预期吗？

现在，你明白了，品牌并不只是商标。品牌是对产品或服务的一整套预期。商标仅仅是品牌的视觉符号而已。品牌的关键并不在于视觉元素，而是品牌带给你的感受，是你与品牌互动时的预期。品牌即承诺：承诺按照你预期的方式交付你所预期的价值。

构成品牌的要素有哪些

要打造一个品牌，你需要四个要素——品牌所要传递的信息、品牌的视觉符号、品牌的一致性和品牌的曝光率。要构建成功的品牌，这四大要素缺一不可。我们将逐个介绍，以便让你了解如何使用这些概念来打造个人品牌。

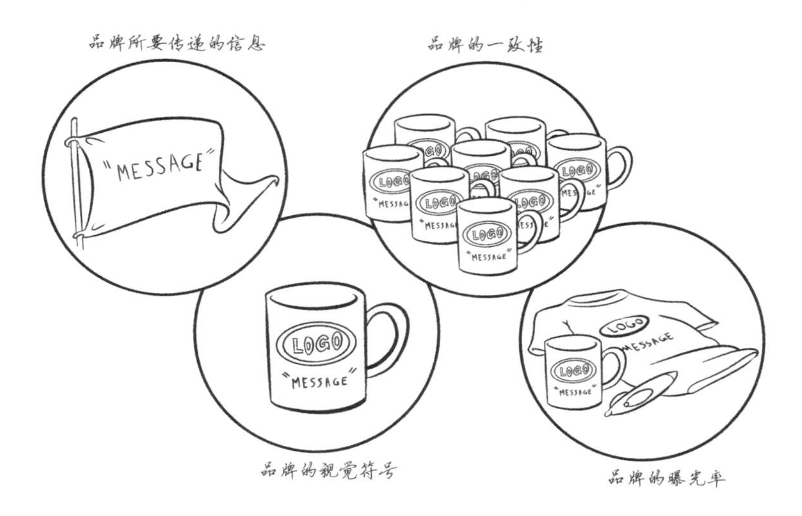

品牌的四要素

首先，而且也是最重要的，就是品牌所传递的信息。缺乏信息的品牌也就没有了目的性。信息就是你想传达的，以及品牌所承载的情感诉求。在你创立个人品牌时，你需要一条能代表品牌的核心信息。你的品牌是干什么的？你是干什么的？例如，我的个人品牌 Simple Programmer（简单程序员）是围绕着“化繁为简”这个信息做文章：我把各种复杂的概念分解后，转化为人人可以理解的简单概念。

其次，品牌需要视觉符号。尽管视觉符号不是品牌本身，但它对品牌非常重要。显而易见，一个品牌应该有一个标识，即能够代表品牌的简单的视觉符号。好的品牌会让自己的视觉符号无处不在。一套能够代表品牌的色彩和风格有助于提升品牌辨识度，加速品牌信息的传播。

即使你用自己的名字作为品牌，你也可以为它创建个引人注目的标识。事实上，人们使用自己的名字作为品牌标识是一件司空见惯的事情。如果你在网上搜索“个人品牌标识”（personal branding logo），你会找到很多优秀的案例，并可以从中获得灵感。

再次，品牌要有一致性。品牌所包含的信息、品牌的视觉形象固然非常重要，但是一旦失去了一致性，就无法构建品牌认知度，或者更糟，你在不断地背离品牌。假设你走进了麦当劳，结果每个地方的菜单和价格都不一样，麦当劳的品牌价值将会消失殆尽。在你走进麦当劳的时候，你对自己的体验是有预期的。如果这种体验一直在变，不能保持一致，那品牌也就变得毫无意义。

许多开发人员在创立个人品牌的时候都犯了缺乏一致性的错误。他们要么不能传递一致的信息，要么在传递信息的方式上缺乏一致性。个人品牌的一致性越强，就越能被更多人关注，也更容易被记住。

最后一个要素——品牌曝光度。假设其他三个要素你做得都很好，但有的人只见过一次你的品牌，对你也没有太多意义。即使你的标识再好看、再吸引眼球，但人们只能看到一次，对你而言又有何用？品牌的核心在于建立一套预期，在人们看到你的标识或听到你的名字的时候，他们就能马上知道你是谁、你代表着什么。

通过写博客、写文章、发表演讲、创建视频分享、做播客内容等一切手段，你需要竭尽所能传播你的信息，扩大你的知名度。你的品牌传播的频率越高、传播的范围越广，目标人群记住它的概率才会越高，你被人们记住的概率才会越大。

创建属于自己的品牌

当你着手创建自己的专属品牌时，第一步就是要定义你想传达的信息。要想明确品牌所要传递的信息，你需要决定自己希望呈现什么。你不可能覆盖所有人群，因此需要缩小自己的受众范围，选择自己的细分市场。这与第 8 章提及的专业化概念非常相近。基本上，你需要选择一个规模更小的目标市场，或者非常符合你的品牌的独特领域。

在这方面我最佩服的软件开发人员之一当数马西•罗比亚尔（Marcie Robillard），又名“数据报表女孩”（DataGrid Girl）。Marcie 选择 ASP.NET DataGrid（数据报表）控件为其细分市场，并以“数据报表女孩”作为自己的品牌来推广。这一细分市场非常窄但又充分聚焦，非常适合她。她做了很多次演讲，也在.NET Rocks 这样的流行播客频道上传内容。我敢肯定，她还占据了关于 ASP.NET DataGrid 控件话题的大量搜索流量。

选择某个细分市场，然后以它为核心建立你的品牌，越有针对性越好。如果能充分聚焦，你就可以直接向受众传达信息，也能更轻松地建立品牌的认知度。

确定细分市场并非易事。你可以选择最令自己有激情的领域，然而激情可能会随着时间消退。通常，从战略角度出发是做出决策的最佳方式。在开拓某个细分市场的时候，你有何优势？花点儿时间想一想。如果需要更换细分市场，也不要犹豫。

创建品牌的步骤

- 明确要传达的品牌信息。
- 挑选细分市场。
- 创建品牌口号。
- 创建电梯内销售概要[①]。
- 创建视觉符号（即标识）。

一旦你确定了自己的细分市场，就可以打磨要传达的信息了。你也需要创建一个口号，言简意赅地描述自己的品牌。例如，我的口号就是“化繁为简”。看到我的这句口号的人能迅速理解我是做什么的。

接下来，你应该创建所谓“电梯内销售概要”。电梯内销售概要是一段能够快速描述你是谁、能做什么的宣传文字，乘坐电梯的工夫就可以浏览完毕。想想在晚宴上，或者就在电梯里，当有人问起来“你是做什么的”的时候你该怎样回答人家。

为了打造你的“电梯内销售概要”，你得好好想想自己能提供什么价值。你有哪些独一无二的特质？大家可以预期从你这里获得什么？在你的“电梯内销售概要”里你一定要讲明你是做什么的、你能带来的独特价值是什么。

有了这个经过深思熟虑的“电梯内销售概要”，将会保证你与自己的品牌保持一致，并能够保证在与他人谈及自己的品牌时，你一直传递着相同的信息，或者不论你使用何种媒介推广个人品牌，你都在呈现自己的品牌。

只有在明确了自己品牌的核心内容之后，你才可以创建品牌的视觉符号。你创建的视觉符号应该代表目前为止你为自己的品牌所定义的一切。视觉符号有助于传递品牌信息，并作为你的品牌所代表的视觉提示。

你没有必要花一大笔钱为自己的品牌设计视觉符号，但我也不建议你自己做这件事，除非你具有出色的图形设计能力。我为自己的多个产品和服务创建了品牌，借助我个人非常喜欢的服务 Fiverr，我以每个 5 美元的价格搞定了其中几个品牌的标识。能以如此低价获得如此服务，着实令人吃惊。你也可以使用 oDesk 这样的服务，找自由职业者来为你搞定这项工作。我已经成功使用这两种方法以低廉的价格完成了标识设计和其他设计工作。

大致的过程就是这样。如果你在前期花了些时间创建了一个清晰、一致的品牌，并且这个品牌高度聚焦在某个细分领域、承载着经过深思熟虑的信息，你就会在竞争中遥

① “电梯内销售概要”是指用两到三句话概括一个产品、一个提案或一个项目，以便于在很短的时间里（乘坐电梯的工夫），向潜在的买家或赞助人做介绍。以上摘自百度百科。——译者注

遥领先。但就像我之前说的，只有品牌信息和视觉标识是远远不够的。你需要坚持提升品牌的一致性和曝光率来打造一个有影响力的品牌。在接下来的几章中我们将一起了解如何给品牌增加一致性，以及如何通过博客、YouTube 频道、社交网络、演讲以及其他各种媒介传播品牌信息。

采取行动

- 列出一些你熟悉的流行品牌，选择 1～2 个进行深入研究，试着确定一下这些品牌传递的信息是什么，看看它们是如何使用商标和其他视觉元素来传达该信息的。
- 使用头脑风暴的方法为自己的个人品牌列出细分想法。先列出至少 10～15 个想法，然后再缩小到 2～3 个，最后选定一个作为你的个人品牌。

第21章

如何创建大获成功的博客

作为一名软件开发人员，可以用来推销自己的最佳媒介之一就是博客。我坚信每一个在乎自己职业生涯的软件开发人员都应该投资创建一个博客。

使用面对面的直接交往方式，你只能遇到有限的人，所以你需要另一种方式来推销自己，拓展自己的社交圈子。想想自己在过去的一年里认识了多少技术行业的专才。这一数字可能接近几百甚至上千，然而一个成功的博客能让数十万人认识你。

博客是推销自己的一种既廉价又简单的方式，对于让自己声名鹊起极具价值。成功的博客每天能够吸引数百甚至数千的访客，这可以给你带来很多机会，从工作岗位到咨询项目，甚至是产品销售的目标客户。

坦白地讲，我职业生涯的大部分成功要归功于我的博客。如果我没有创建一个博客并且使它成功，你也不可能读到这本书。

为什么博客如此重要

当你申请一份工作的时候，你的简历通常大概只有两页的篇幅。当你接受面试的时候，你通常会跟面试官聊上一两个小时。以如此简短的简历和如此短暂的面试来评估一名软件开发人员的技能非常困难，所以雇主以此判定某个人是否适合某个工作岗位也颇具难度。

然而试想一下，如果一位软件开发人员拥有一个定期更新的博客会怎么样。他的博客可能包含了丰富的相关信息，包括代码示例，还有对软件开发各个方面的深入分析。

与任何其他方式相比，阅读一位软件开发人员的博客能让我对他了解更多。

即便这是创建并维护博客的唯一理由，这理由也足够了。但并非仅仅如此。拥有博客不仅能帮你找到一份不错的工作，还能让你成为更好的软件开发人员和传道者，能带给你许多意想不到的机会。

想想那些技术牛人，像斯科特·汉塞尔曼、“鲍勃大叔”罗伯特·马丁，还有肯特·贝克，他们都有博客。

如果你是一名自由职业者，或者你有兴趣做兼职（参见第15章），你会发现，一个成功的博客可以给你带来很多客户，比你自己不得不外出找到的客户多得多。自己主动上门的客户，更愿意付你更高的薪酬，也更容易给你工作。

如果你博客的流量足够大，你就可以把它作为推销自己产品的平台（参见第16章）。如果有稳定的博客访问用户，那你不妨围绕他们的兴趣开发产品，将流量直接转化为客户。

不要忘记一个成功的博客为你带来的业界声望。许多著名的软件开发人员直接靠成功的博客赢得口碑。杰夫·阿特伍德（Jeff Atwood）是个绝佳范例。他是Stack Overflow和Stack Exchange的创始人之一。他的博客“Coding Horror”（编码的荣耀）大获成功，他收获了大量受众，这也直接促成了Stack Overflow的成功。他还通过自己的博客结识了自己的合作伙伴——另一位成功的博主乔尔·斯波尔斯基（Joel Spolsky）。

即使你对上面提及的博客能带给你的所有好处都打了折扣，有一个好处是你无法轻易抹杀的——提高你的沟通技巧。组织自己的思想，并将其转化为文字，是一项颇具难度却也极具价值的技能。定期写作能帮助你打磨此技能，有了很好的沟通能力会让你在生活的诸多领域受益。此外，如果你能约束自己定期更新博客，你也就在持续刷新自己的技能，保证自己处于自己所在专业领域的前沿。

作为软件开发人员，学习如何写博客实际上都能帮你写出更好的代码，因为你能更轻松地传达自己的意图。博客还能帮你更好地传达自己的想法，令想法更有说服力。

创建博客

你已经相信自己需要博客了吧？太好了。那么下一个问题就是如何开始。

当下搞个博客很容易。使用Wordpress或Blogger这样的免费服务，5分钟之内你就可以创建一个博客。但是，在签约同意接受这些服务之前，你还需要思考几件事情。

免费服务是搭建博客最简单、最便宜的方法，但未必是最好的方法。免费服务的一个典型问题就是，你无法更灵活地掌控自己博客的主题和布局。你可以做一些定制，但无法给博客添加付费广告、购物车或别的功能。这些功能目前对你而言可能不是很重要，但是随着你的博客越来越有名，你或许希望能给博客增加一些从免费服务无法获得的功能。

幸运的是，有一种很方便的方式来替代这种完全免费的托管平台。你可以找到许多付费服务，它们能够托管基于主流的 Wordpress.org 软件搭建的博客，每月仅需 8～10 美元。（顺便说一句，我强烈推荐你使用 Wordpress.org 搭建自己的博客。它被广泛使用，拥有庞大的生态系统。如果你选择 Wordpress.org，你很容易就能够找到各种的插件来扩展你的博客，找到主题定制博客的外观。）这些付费的托管服务以低廉的价格，让你享受更多的灵活性。

你可能一开始会用免费的 Wordpress.com 服务来搭建博客。（切勿把它与 Wordpress.org 混淆。后者是你搭建可托管在付费托管服务上的博客的真实软件。）在开始的一段时间内，把博客建在 Wordpress.com 还是不错的，但是最终你还是会希望通过添加插件来定制你的博客，也希望能增加广告。可能最终你还是不得不迁移到付费托管平台。这一过程有点儿麻烦，所以还不如一开始就使用便宜的付费托管服务。

如果你决定采用付费的托管服务，你可以找到很多提供一键安装 Wordpress.org 软件的服务，几分钟内就可以搭好运行了。与免费服务相比，没难多少，但你能有更多的权限去定制自己的博客。

你也可以将自己的博客托管在虚拟专用服务器（virtual private server，VPS）上。VPS 基本上就是一个能托管博客的完整的云端操作系统。在所有的付费服务中它是最便宜的，但也是难度最大的。我目前就将自己的博客 Simple Programmer 托管在 VPS 上。但是如果你刚刚起步，我不建议你这么做。

如果你还是决定用免费的托管服务，我有一条忠告：务必注册自己的域名。免费的托管服务默认会给你的博客分配一个地址，但这个地址是他们的域名的一部分。你应该注册自己的域名并以此来代替默认的博客域名，即使这样你需要支付额外的费用。因为，你的博客流量的很大一部分可能是来自 Google 这样的搜索引擎。

Google 给特定网页和域名进行“网页排名”时，主要依据是有多少网站链接到该域名。如果你计划未来把自己的博客切换到付费托管服务上，你需要先确保你能够把搜索引擎的相关性（即网页排名）一起带走，所以一定要确保一开始就有自己的定制域名。（你也可以以后再解决这个问题，但是不值得这么折腾。一开始就正确地做事要容易得多。）

创建博客的步骤

- 决定要使用哪种托管服务：免费的、付费的还是 VPS。
- 设置或安装博客软件。
- 配置或者自定义所有主题。
- 开始写博客吧！

打造成功博客的秘诀

好吧，现在你已经设置好自己的博客，也写了几篇文章，接下来怎么办呢？要是没什么人读你的博客，那也是无济于事，所以你应该了解如何获得流量。毕竟，本章不就是论述如何打造成功博客嘛。

打造成功博客的最大秘诀有且仅有一个——持之以恒。我和许多成功的博主都谈论过，他们都有一个共同点——写了很多博客。我认识的一些最成功的博主每天都要写博客，而且已经坚持了许多年。

别担心，你其实不必每天都写博客（刚开始的时候，一周写上两三篇博客也无妨）。最重要的是，定好一个计划，然后坚持不懈。博客更新的频率将决定你的博客成功的速度。我强烈建议以每周至少一篇的速度更新博客。以这个频率，你每年就会增加52篇博客。这非常关键，因为正如我前文所说，你的博客流量的很大一部分（甚至是绝大部分）都来自Google这样的搜索引擎。博客文章写得越多，来自互联网搜索的流量也就越多（只要文章看起来像那么回事儿，而不是一大堆词汇的随机堆砌）。

我敢肯定，如果你每天写一篇博客且坚持好几年，想不成功都难。尽管如此，只是持之以恒还不足以使你的博客大获成功，你还应该确保你写的都是高质量内容。为什么要重视博客内容的品质？原因有两个。第一个也许也是最重要的一个原因是，博客内容的质量越高，越能吸引人持续浏览你的博客，或者通过RSS和电子邮件订阅阅读。在你给读者提供更多有价值的信息的同时，你也就成功积累了自己的目标客户。

重视博客内容品质的另一个重要原因是为你的博客提供更有价值的链接。大多数搜索引擎判断网页品质时都是基于有多少其他页面链接到这个页面上。网站内容的品质越高，就越有可能被社交媒体分享，并被从其他网站链接到该网站上。链接到你博客的网站越多，能给你的博客带来的流量越多——道理就是这么简单明了。你也希望能写出让别人愿意阅读并分享的内容。

在你被这一切吓倒之前，我要强调一点：别担心。你的博客不需要完美。在起步之初，你的博客很可能会很糟糕。但是，随着不断尝试贡献出优秀的内容，而不是将自己脑子里的东西随意丢到网页上，不考虑格式和结构还有一大堆拼写错误，你终会成功。每周只发布高质量的内容，随着时间的推移，你的博客的品质会越来越高。

有价值的内容可以以不同的形式呈现。分享你的经验也许能帮助阅读你博客的人，而一个有趣的故事也许能让他们感到些许快乐。

持之以恒地坚持写作，坚持不懈地产生高品质的内容，如果你做到了这两点，基本上你就成功了。我是怎么知道的呢？因为我一直都在给软件开发人员做演讲，每当我问软件开发人员“谁开了博客并且坚持每周更新的请举手”时，一屋子100个开发者，运气好的时候我只能看到一个人举手。持之以恒地撰写优质内容，能让你轻松跻身开发人员的前 1%之列，至少在自我营销这方面。

地雷：可是我真的不知道该写些什么

许多想要开博客的人要么从来就没有开过，要么开了之后不久就很快放弃了，因为他们要么不知道该写什么，要么发现自己实在没什么可写。

解决这个问题的最好方法是提前头脑风暴出各种不同的想法，随时更新可能的博客主题的清单，这样你总是保持一堆话题可供选择。

同时，不要太担心你的文笔如何，不要太在意别人的想法。有时候你只是要写一篇博客让自己的博客有内容，并不知道这篇博客会是自己点击量最高的文章。我写过不少自己觉得很差的文章，却成为最热门的文章。

要想弄清写什么，还有一个技巧，就是与别人就某个话题展开对话，甚至辩论。我经常发现自己写得最好的文章一般是先前曾与别人讨论过的。找一位朋友，就某个话题展开辩论，你会发现这个话题得写好几页。

当然，还有一些其他的方法可以让你的博客成功。接下来我们来讨论这些方法。

提升访问量

刚开始开博客的时候，基本上就是无人问津。你无法从搜索引擎获得更多的流量，也没有哪个网站会链接到你的博客上。你该怎么做呢？

我要推荐的第一个策略就是开始评论其他人的博客。找到撰写类似主题的博客的开发人员，在他们的博客写下有意义的评论，只要有机会就链接到自己的博客上（通常在为了评论而进行注册时，你的个人主页会包含你的博客链接，所以你甚至都不用亲自在评论中链接到自己的博客。）

要想让这一策略奏效，你需要付出不少努力，但是这种方式也能帮你与欣赏你的评论的博主建立联系。（请不要做出只包含你博客链接的垃圾评论，那不会给对话增加任何实际价值。）坚持每天都在不同的博客上发表评论，假以时日，你就能看到来自你访问并留下评论的博客的流量了。你的评论越有见地，人们越有兴趣查看你在自己博客上所说的。（你也可以撰写博客文章，作为对别人的某篇博客文章的回应。这是获得流量非常有效的一个策略，特别是，如果他们也添加了你的博客链接的话。）

另外一些在初始阶段获得流量的好办法就是：在社交网络上分享你的博客文章，在你的电子邮件签名的底部以及所有的在线个人主页中添加你的博客链接。这种方法可能不会产生如你预期的流量，但仍然值得一试。

你还应该让分享内容的方式更简单，以方便其他人分享你的内容。如果你使用 Wordpress.org，可以使用各种插件给自己的内容添加分享按钮。Wordpress.org 软件甚至内置了一些分享功能。你甚至可以在博客底部添加一个“一键式”按钮，让你的博客的读者直接分享博客的内容或者订阅你的博客。

最后，如果你足够勇敢并且认为自己的文章足够优秀或者富有争议，可以把自己的文章提交（或者请别人提交）到 Reddit 或者 Hacker News 这样的社交新闻网站。当然最后还要提醒一句：有些挂在这些网站的人纯粹心怀不善。我曾经把自己的文章分享到 Hacker News，差点被怒气冲冲的评论员们生吞活剥，他们就是故意找茬儿。你得脸皮够厚，承受得起这类恶毒的辱骂。但是，如果某天你的一篇文章在这些网站大热，那你每天都能收到数万的访问和回链。总的来说，还是值得的。

我可不能保证你能一鸣惊人

我很想说“如果你遵循本章中我教你的每一件事，我保证你会成功”，但是很不幸，我无法做这样的保证。我只能说：“如果你遵循这些建议，你更有可能获得成功。”让你的博客大获成功，需要一点运气和时机，但是一个博主没有持续写出高水平的内容就能获得成功，这几乎闻所未闻。

请记住：开通博客只是自我营销的路径之一。我之所以推荐它是因为我觉得博客的性价比是最高的——入门门槛很低，在自我营销方面又可以为你带来巨大的回报。YouTube、播客、演讲、写书和写文章，以及其他形式的媒介都可以是你的选择。我们将在第 22 章讨论 YouTube。

采取行动

- 你喜欢的开发人员博客有哪些？看一看你读的这些博客，试着列出这些博客的更新频率和每篇文章的平均长度。
- 如果你现在还没有博客，马上行动。今天就注册一个，然后创建你的第一篇文章。制订一个时间表，强迫自己将来坚持写博客。
- 承诺自己会坚持写博客至少一年时间。要实现目标需要时间和努力。大多数人坚持一年左右的时间就会看到相应的效果。
- 创建一个流动的博客文章主题列表。每当有新想法，就把它添加到这个列表中。在需要写新博文的时候，文章主题就能够信手拈来。

第22章

在 YouTube 上创立自己的专栏

对大多数的软件开发人员来说，我会建议他们开通博客来营销自己。但是，如果你准备迎接更大的挑战，有一种更有效、更直接的方式可以帮你在人群中脱颖而出。

你要知道，人人都可以开通博客写东西，但是要制作成功的视频和视频教程来分享知识需要一套技能和更高水平的投入。

在本章中，我们将探讨为什么 YouTube 和视频是吸引受众和营销自己的绝佳选择。我也会给你提供一些具体的建议，来帮助你决定应该创建的频道种类和使用方式。最后，我还会将我的独家秘籍传授给你，告诉你如何快速输出内容，提高拍摄水平，这样你就能迅速吸粉，声名鹊起。

为什么 YouTube 和视频是树立个人品牌的绝佳选择

在直截了当地告诉你该怎么做之前，让我们先聊聊 YouTube 是树立个人品牌的绝佳选择的原因。

作为一名软件开发人员，你其实有很多种方式可以营销自己。在第 21 章中我们讨论过写博客。我想说的是，尽管写博客是我首先推荐的自我营销的方式，但是在某些情况下我仍然认为视频是更好的方式。

视频最大的优势是传递方式。视频能够让你更贴近受众，这是其他媒介做不到的。当别人在看你的视频时，你就像是电视里的明星一样。你成为了他们脑海里的名人。这种潜意识里的名人效应对树立个人品牌是非常有效的。

视频还能让你更好地展示自己的才华，并且能实际展示你写代码的能力。它也会让人觉得更个性化。你可以通过你富有磁性的声音和在屏幕上显示的内容，在制作的视频（哪怕只是一个教程）中添加更多个性化的东西。

最后，录视频也绝非易事。物以稀为贵，门槛越高意味着竞争越少。因为做视频的人少，所以更有可能脱颖而出。坐在镜头前是很可怕的，学习创作和剪辑视频也很不容易，并且很费工夫。以上种种都意味着只要你足够专注，并愿意做这项工作，就可以享受“高处不胜寒，起舞弄清影”的感觉。

所以，如果你已经准备好接受挑战了，就让我们开始吧！

找准定位

创建 YouTube 专栏要做的第一件事是想好自己想要服务的受众，即定位（niche）[①]。你很有可能想在自己的频道里分享你所知晓的有关软件开发的方方面面，最后弄成一个大杂烩，但其实找准自己的定位能让你收获更大的成功，越精准越好。

如果你看 YouTube，想一想你订阅的那些频道。总有那么一些频道，在我看视频的时候会跳出来，因为这些频道的内容正好是我感兴趣的主题。

你应该找准自己的定位，这个定位要足够聚焦，这样可以确保自己在这个特定的领域能够做到无人能及。在别的章节中我多次提到过要找准定位，我就不在这里赘述了，但是我要强调的是，这一点对于录制 YouTube 视频尤其重要，因为你的特点越鲜明，YouTube 的推荐算法就越有可能有利于你。

过去 YouTube 的推荐算法主要靠搜索次数驱动，可是现在，YouTube 上大多数的浏览量来自推荐的内容。这就是说，在 YouTube 上看视频时，YouTube 会精准地向观看者推荐其他他们最可能感兴趣的视频。YouTube 有一套复杂的机器学习算法，能够对频道和内容进行分类，然后判定观看者感兴趣的是可能哪一个类内容。

这就意味着，让自己的内容尽可能地明确，让 YouTube 能做出明确的分类，以便向最有可能观看你的视频的人推荐你的视频，这一点非常重要。

可创建的频道类型

选好定位是一个很好的开始，但还远远不够。一旦你已经确定了自己视频内容的主题，那么下一步就是确定要创建的视频内容的类型。

---

① niche 也可理解为是指针对企业的优势细分出来的市场，这个市场不大，而且没有得到令人满意的服务。针对性、专业性很强的产品推进这个市场，有盈利的基础。在这里特指你的 YouTube 内容所面向的受众群体。——译者注

YouTube 频道里的视频有许多种不同的主题。有的人喜欢讨论时事热点话题，他们把镜头对准自己的脸，像一位新闻编辑一样侃侃而谈；有的人会像记者那样正襟危坐，在自己的小众群体里播报最新的新闻；还有的人会在频道里录教程，专门展示如何使用特定语言或技术编程，或通过示例解决某些技术问题。

你甚至可以当一位搞笑博主，把编程这件事都编辑成各种搞笑段子；或者做一个专门采访技术名人的专栏。当然还有一种选择采用混合的方法，把不同的主题组合在一起。

重要的是你要花时间思考自己的频道的种类，以及你想要输出的内容的类型，这样一来你就可以为生产你想做的内容制订一个好的计划，也能保持内容的一致性。

创建你的 YouTube 频道

现在你已经明确了你要服务的目标观众和将要创建的内容的类型，是时候开始创建你的 YouTube 频道了。

首先你需要给自己的频道起一个耳熟能详的名字。好名字往往能让人一听就明白这个频道是关于什么的。我不建议取花里胡哨或者自以为是的名字，取一个简单、好记、能明确告诉潜在订阅者期望在你的频道看到什么内容的名字就好。

下一步，你应该为自己的新频道创作一个标志与品牌，给观众带来一致性的感觉。你需要为你的频道准备一些封面视频，以及放在每一个视频的开头的一组介绍性镜头。

确定了这些基础要素之后，你就可以构思视频的内容，然后就可以开始拍摄了。千万别想太多，最重要的是单刀直入开始创建内容。我指导过的很多想要创建 YouTube 频道的开发人员都是因为太苛求完美，导致制作视频的梦想无疾而终。这是很普遍的现象。在接下来的两节中，我将告诉你一些能帮你走上正轨的小窍门。

创建一张内容清单

为了确保你的 YouTube 频道大获成功，你能做的最重要的事情之一就是建立一张内容清单。有了这张内容清单你就可以事半功倍地产出高质量的内容。

很多 YouTube 博主在起步阶段就没有规划好他们的内容和呈现方式。这是大错特错的，这会让他们录视频的过程变得费时费力。

首先你要创建一张属于自己的内容清单，把你所有内容方面的想法列在一张长长的单子上。开始的时候可以先试着写 30 个视频主题（不需要把具体标题写出来），这对收集想法很有帮助。在做视频的时候你只需要从内容清单中挑一个出来就可以，而不用在确定下一个视频的内容上浪费大量的时间。

同样重要的是，制订一个实际操作计划，说明创建一个视频从头到尾的详细步骤。现在，很明显，第一次创建视频时你还对这个过程知之甚少，但是在你创建视频的过程中，记下创建视频的全过程并使其条理更清楚，这样做将确保你不会忘掉其中任何重要的步骤，能帮助你快速高效创建视频，从而变得更加高产。它还有助于你最终雇人来完成视频的制作过程，而你不用事必躬亲。

创建视频内容的基本过程大致如下：

- 选择要录的视频主题；
- 写好视频的脚本或提纲；
- 录视频；
- 剪辑；
- 把视频上传到 YouTube 上；
- 给视频想一个标题，写好视频的简介，给视频打好标签；
- 定好视频的发布时间；
- 把发布的视频分享到社交媒体。

具体的过程可能根据你的喜好和实际适当增补。

成为拍摄达人

本章最后让我们讨论一个让许多潜在的 YouTube 主播望而却步的因素：摄影技巧。

你可能觉得打开摄像头、对准自己开始录像是一件很简单的事情，但事实并非如此。实际上，并不是所有人天生都拥有良好的镜头感。大多数人录的第一条视频都……糟透了。

相信我，你可以到我的 YouTube 频道里做些“考古”工作，看看我最早期录的视频（现在那个频道叫“Bulldog Mindset”），你会发现在那条视频里我就像个神经病，喋喋不休，嗓音尖锐，脸甚至都根本没在镜头里出现。

但是我后期的视频为什么能够越做越好呢？答案很简单：我做得多了。我一直在拍摄视频，剪辑视频，再拍摄，再剪辑，直到我开始适应镜头。我并没有期望每次都尽善尽美。我允许自己上传的视频里还留有瑕疵，因为我知道只有这样做，我的视频才会越来越好。

我可以向你保证，如果你采用了这套方法，你一定会掌握摄影技巧，甚至可以在你拍摄的视频里尽情展现自己的个性。对了，还有一个小贴士：你可以随时剪辑你上传的视频，所以不要担心出错，你不需要全部删掉重新来过。录视频的时候如果出错了，继续说下去就好，后期剪辑的时候可以把错误的地方剪掉。祝你拍摄顺利，收视长红！

额外的几个小窍门

或许你还想知道一些其他的小窍门，例如该用什么样的拍摄设备之类的。让我们从拍摄设备开始说起吧。

老实说，现在你用智能手机就足够了——你甚至不需要外接麦克风。我没开玩笑，我是认真的。我用自己的手机录制了大量的视频，有很多人还请教我是怎么拍出这么好的视频的。现在我买了一个很贵的摄像机，还有补光灯和麦克风，但这些对刚起步的你来说都不是必要的。如果你正在录屏或制作教程，那你只需要一个录屏软件就够了。我个人推荐 Camtasia。

还有什么知识需要了解的吗？说真的，YouTube 的世界里无奇不有，了解一些相关知识可也无妨。我的朋友肖恩•坎内尔（Sean Cannell），在 YouTube 上专门开了一个叫“Think Media”的频道，那上面有一些有用的内容，能帮助你快速入门 YouTube。他还出版了一本名为 *YouTube Secrets* 的书，值得一读。但我真是建议你尽早开始，这样你就可以在拍摄和剪辑实践中知道自己需要学习哪方面的知识，这才是最佳的学习方式。

采取行动

- 花点儿时间想想并研究一下，如果你创建一个 Youtube 频道，你对自己频道的定位是什么。给自己的频道起个名字，划定受众群体，涵盖主题的范围，以及你将制作的视频类型。
- 创建你的频道并上传一个视频。我知道这对你来说不是一件容易的事情，但这是起步的最好方式——单刀直入。所以，选定要录制的主题，然后加油干吧。

第23章

为何为他人增加价值非常重要

不要努力成为一个成功的人，而要努力成为一个有价值的人。

——阿尔伯特·爱因斯坦

到目前为止，我们已经讨论了自我营销的各种形式，现在让我们来讨论一下你需要制作怎样的内容。当你营销自己的时候，如果你所做的一切都只是为了自己的利益而不给别人带来真正的价值，那么即使你所做的都正确无误，那也无济于事。你可以写博客、在社交媒体上分享自己的内容、在大会发言、著书立说，尽你所能来推广自己，但是，如果你表达的和你传递的信息不能帮到其他人，那么每个人都将会无视你。

人们最关心的还是自己。没人想听到你的成功故事，也不想知道为什么他们要帮你获得成功，但是他们肯定想听到你会怎样帮他们获得成功。所以，要想让自我营销的所有努力奏效，基本的方法就是帮助他人获得成功。

齐格勒·齐格（Zig Ziglar）说得好："如果你能帮助足够多的人们得到他们想要的东西，你就会得到自己想要的东西。"这是一个基本的策略，你应该将其用于自我营销。它比其他任何方法都更有效。

给人们想要的东西

要想给人们想要的东西，要先知道他们想要什么。但是这并非易事，因为如果你问他们，他们可能会撒谎。他们并非故意撒谎，而是他们也只有一个模糊的概念，并不确切地知道自己想要什么。就像新娘在找心目中的完美婚纱时，只有切实看到了才会知道“这就是我想要的”。

想要弄明白他们的真实想法，你得全凭自己。你必须要学会通过现象看本质，然后找到方法来提供自己的价值。如果你已经深谙此道，对你来说这个就是驾轻就熟。但是，如果你还疏于此道，那么你要去探究一下人们对什么感兴趣。在网络论坛上与你选定的细分领域相关的话题有哪些？你认为行业的整体趋势是什么？以及，或许是最重要的，人们都在害怕什么，对此你又该如何应对？

你提供的内容应该直接瞄准你所选定的研究领域，为该领域带来价值。你可能会对某一构架或者某一技术的某个方面特别感兴趣，但是如果你的受众对此并不感兴趣，那也是白搭。另外，你通过自己的博客或其他你创建的内容触动了别人的神经，你很快就能发现受众的兴趣点。如果你能通过自己产生的内容解决一个真实的问题，或者能让别人关注你文章的内容，那你就会为他人创造真正的价值。你也就会给他们想要的。

把你的工作成果的 90%做成免费的

有些人心存疑虑，为什么我将我提供的所有内容都设置成免费的。我每周写三篇博客，发布一个 YouTube 视频、两个播客还有其他一些内容，这些都是完全免费的。我坚信你提供的所有内容，90%应该完全免费。为自己的辛勤工作收费，无可厚非。但是你会发现，当你免费给人们提供实际价值时，回报更大。

免费内容比付费内容更容易被分享。你撰写博客、制作视频或者播客，然后将这些内容免费提供，与收费内容相比，人们更可能会分享和传播这些免费的内容。分享免费内容就跟在 Twitter 上发链接或发邮件一样简单。与付费内容相比，免费内容能让你触及更多的目标受众。

通过提供免费内容，你让人们有机会无须投入资金就能了解你生产的内容多么有价值。你可能暂时没有收费的打算，但是一旦有此计划，你很容易说服人们去付费，因为他们早已通过你提供的免费内容知道你提供高品质的内容。免费还会让人们对你心生感激之情，他们也希望能通过购买你开发的产品或服务来回报你。

虽然免费做这些事情看起来是在浪费时间，但是你要把它视为对未来的一项投资。通过为人们创造价值并且免费提供这种方式自我营销，你就赢得了为他人提供价值的声誉，也为自己的未来创造了机会。这种声誉的价值是无法衡量的。它能帮你赢得更好、更高薪水的工作，获得更多的客户，或者成功地发布一款产品。

奔向成功的快车道

每次当你开始着手做某件事情的时候，无论是创建博客、截屏视频还是别的活动，你应该从它是如何为他人创造价值的角度来看待它。正如我坐在这里写这本书的时候，我时常都在想，我写下的每个字是否能让你获益。我该如何向你传递这些对你有益的信息？我如何才能为你提供价值？

你很容易落入这样的陷阱：一直谈论自己并试图证明自己价值连城。然而，你会发现，能解决他人的问题，真正能够帮到他人，你更容易获得成功。跟别人唠叨为什么自己是世界上最好的 Android 开发者，对你并无益处，但是如果你能帮助别人解决他在开发 Android 应用时遇到的问题，他就会认为你很棒。

你应该把这种态度应用在所有自我营销的媒介上。在前几章中，我们讨论了写博客和开设 YouTube 频道；在下面几章中，我们还将讨论如何利用多种媒介来营销自己。但是，如果你不知道如何通过为他人解决问题和提供价值来把自己与目标客户关联起来，你就不会成功。

赠人玫瑰，手有余香

也许你会认为，应用“思利及人”的做事方式就可以获得成功是值得质疑的。但是，事实证明，最富有创造力的人也是最乐于助人的人。为什么呢？我个人认为这是多种因素组合的结果。你帮助别人越多，面对的问题和情况越多，就能结交的人也越多。总是帮助他人解决问题的人，在解决他们自己的问题的时候会是更加轻松自如，而当他们真遇到障碍的时候，总是会有好多人伸出援手。

相信这一点的人并非只有我一个。我读过一篇有趣的文章，讲述沃顿商学院一位 31 岁教授的故事。他极为高产，也乐于助人，在自己的研究领域——组织心理学方面建树颇丰。他所做的大量研究表明：帮助他人实际上就是在帮助自己获得成功。

采取行动

- 什么样的内容会让你觉得最有价值？有没有哪个特别的博客会让你每周都去阅读，或者哪个播客的内容如此有价值让你欲罢不能，以至于一集都不想落下？
- 你可以提供给自己的受众或你的细分市场的最大价值是什么？你认为什么样的内容对你的受众群体而言是最有价值的？

第24章

善于运用社交媒体提升自己的品牌

如今，社交媒体在人类生活中占据很大的比重。Facebook、Twitter、Instagram 以及 LinkedIn 成为人与人之间重要的联系纽带，也是共享信息的重要手段。身为希望营销自己的软件开发人员，你需要在这些社交网络上占有一席之地，你需要学会如何通过分享的内容和分享的方式塑造自己的形象。

最近，“通过社交媒体进行品牌营销的重要性”成为社交媒体专家的讨论热点。尽管我也认同其重要性，但是我并不认为它像某些人对你宣扬的那么有效。不管怎样，如果你想在受众面前最大限度地提升曝光度和参与度，那你就需要了解使用社交媒体来推广自己品牌的基础知识。

在本章中，我会帮助你梳理社交媒体的使用策略，带你领略一个个主流社交网络，并且展示一些运用社交媒体传播自己信息的方法。

培育你的社交网络

要想用好社交媒体，首先你要给自己积累足够多的粉丝，或者至少是让人们进入你的社交网络。如果周围没有人听你说话，你就算站在角落里用扩音器大声呼喊也无济于事。

有多种不同的策略来帮助你构建你的社交网络，你要根据具体的社交网络来决定自己该怎么做。不过对大多数社交网络来说，最容易做到的就是关注他人，或者邀请他人加入你的网络。方法很浅显，但大多数开发人员还是守株待兔，等着其他人来关注和互动。记住，如果你对别人感兴趣，他们会对你更感兴趣。

你也可以把自己社交网络的个人主页的链接放在你的在线介绍、博客文章的结尾或者邮件的签名档中，通过这些方式获得关注。简化人们联系你的方式，人们就会联系你。你也不要害怕去主动邀请别人。在博客文章的结尾呼吁人们在 Twitter 上关注你，无伤大雅。

要构建大型的社交网络肯定会需要一些时间，所以不要急于求成。那些宣称“可以在几天之内大幅度增加你的粉丝数量”的黑幕服务看起来很有诱惑力，但是，大多数情况下花钱买“伪粉”结果都是打水漂。这些“伪粉” 实在是不值一提，因为他们并不代表真正的人群。

有效地运用社交媒体

你的社交媒体应用策略应该主要聚焦于构建稳定的受众群体，并逐步提升活跃度。你应该想方设法让人们从关注者变为粉丝，这样他们就会更加关注你的内容，会与别人分享，也会积极地推荐你。这也是你打造业界声望的方法。那么，你该怎么做呢？

我依旧将这个方法归结为“提供价值”。 如果你持续不断地在自己的社交媒体上给别人分享和提供有价值的内容，那你必定会赢得尊重和声誉。但是，如果你总是发布不适宜的、攻击性的内容，又或者都是一些只与你自己相关的类似“早餐吃了什么样的鸡蛋”这样毫无营养的内容，那就等于是把人赶走。

那么，你应该在社交网络上发布什么内容来为他人带来价值呢？答案很简单：你认为有用或有趣的。你自己觉得有价值的东西，在很大概率上别人也会认同。要确保你发布的内容一直保持在较高的水准上。如果你以“江湖百晓生”而闻名，特别是在某个细分领域，那么人们自然会更多关注你在社交媒体上的分享，并且更愿意分享你的内容。

每周我都会把自认为有用的信息整理为一份内容集锦，借此吸引人们在社交网络上关注我。这份集锦通常包括博客文章、新闻报道、励志名言、与软件开发相关的小技巧等，同时我还会提出一些问题来挑战我的关注者，促使他们与我对话。

下面是通过社交媒体分享的内容。

- 博客文章：转帖一些博客文章，或者自己的博客。
- 新闻报道：转载一些有趣的文章，尽量与你的细分领域有关，或者与软件开发相关。
- 励志名言：名人名言，特别是鼓舞人心、非常流行的名言警句。
- 技巧、小窍门：任何你所了解的特殊技巧或者知识，别人会很欣赏。
- 幽默故事：发一点儿幽默故事挺不错的，但是一定要确保确实好笑，另外千万别冒犯别人。
- 吸引人的问题：这是一个很棒的吸引你的听众并和他们互动的方法。

- 自己的一些推广活动：别太多，并且跟其他内容混合在一起。

显然你要一直发布新博客文章或者自己的其他内容。不过如果你要销售书或别的产品，或者自己提供的咨询服务，你要谨慎地在自己的社交媒体上发布。正如你要把自己的产品/服务90%免费一样，你分享给自己的关注者的90%也应该是有价值的内容而非你的广告。

保持活跃度

社会媒体面临的一大挑战就是保持活跃度。如果你不能持续不断地在你的社交媒体上保持足够的活跃度，你将会丢掉大量粉丝。但是，保持活跃也会成为一种负担——每天都要管理和维护自己的 Twitter、Facebook、Instagram 和 LinkedIn 以及其他各种社交媒体，同时还得从事现实生活中的实际工作。

除非你愿意每天都投入大量的时间，否则你不可能在所有的社会化媒体平台都保持很高的活跃度。那么，最有可能的情况就是，选择一到两个作为你最心仪的平台。

就我个人而言，其实我并不喜欢在社交媒体投入大量的时间。我觉得它很容易就把我每天的时间蚕食掉，所以我尽量对它退避三舍。但是我仍然需要保持活跃，那该怎么做呢？

我目前使用 Buffer 这一工具，当然能做同样事情的类似工具还有很多。Buffer 能够让我一次性安排好我的社交媒体更新计划。当新的一周开始的时候，我会浏览所有我希望分享到自己的社交媒体上的各种内容，再创建一个各种内容的集锦。我会计划好在这一周内的不同时间发布这些内容。当我发现一些有趣的值得分享的东西时，我可能会临时增加内容，不过每周我都确保自己每天在每个社交网络至少发布两篇内容。同时我还设置：当我发表新的博客文章或 YouTube 视频时，这些内容被自动分享到我的所有社交网络上。

我强烈推荐你采用类似的方法来管理自己的社交网络，这样你每天就不用为了面面俱到而浪费大把的时间。我现在每周花在社交媒体上的时间不到一小时，确实相当高效。

不同的社交网络，不一样的功能划分

作为一名潜心钻研“自我营销”的软件开发人员，你应该在各大主流社交网络上占有一席之地，特别是更偏重技术和职业发展的社交网站。你可能也想要创建个人页面或个人主页，以便直接展示自己的品牌。要想同时维护好自己的个人账号和职业账号，工作量相当巨大。

我的首选推荐是 Twitter，因为许多开发人员都在使用 Twitter，它是一种能让你结识用别的方法认识不了的人的极好方式。你可以在一条推文中提及别人，甚至是相当有名的人，并且有较高的概率获得回复，因为 Twitter 使用起来很方便。某人可能会忽略你发给他的电子邮件，但是他会只花几秒来回复你的推文。我还发现，Twitter 也是分享博客文章和科技相关新闻的好地方。Twitter 对字数的限制能保持对话简短又切题。

接下来，我会推荐 LinkedIn。很显然，鉴于 LinkedIn 是面向专业人士的社交网络，你应该在 LinkedIn 上创建个人主页。在 LinkedIn 上你可以创建自己的在线简历，与其他专业人士建立联系。它是社交和专业内容的优质渠道，你的博客文章能够准确直达目标受众。你还能使用 LinkedIn 的群组功能直接与你的目标群体建立联系，他们要么对你的细分市场感兴趣，要么自己早已参与其中。

LinkedIn 最为人津津乐道的功能就是你可以邀请联系人为自己的能力背书。这项功能很棒，你一定要善加利用。对于列在 LinkedIn 个人主页上的每一项工作，请务必找前同事或者经理为它们背书。这可能会让你觉得有点儿不自在，不过 LinkedIn 页面上的背书可能会与你原来的认知相去甚远。背书提供了社会证明，这对于塑造个人形象是一个强有力的工具。想想你最近一次在亚马逊上买东西的经历。你有没有阅读产品评论，找到评价最高的产品？那是我在网上购物的基本方法，我还知道很多人也是这样在网上购物的。

Facebook 和 Instagram 的重要性都不及 Twitter 和 LinkedIn，但我还是建议在上面都开一个账户。对于这些平台中的任意一个，你可以使用个人账号，也可以创建一个页面用作业务介绍或品牌介绍。在 Facebook 上你也可以找到有价值的群组，可以与你的目标受众保持联络，也能向有兴趣的人直接分享特定的编程语言或技术。

采取行动

- 你当前是如何使用社交媒体的？看看你使用社交媒体的时间线，找出别人根据你在社交媒体上的分享，对你和你的品牌产生的印象。
- 制订一份社交媒体改进计划。确定有哪些内容需要分享在不同的社交媒体上，把它们整合在一起形成一套每周内容分享策略。关注哪类分享最为流行。

第25章

演讲、培训和报告

演讲和举办某种形式的培训是连接普罗大众和自我营销的最有效的方式之一。虽然这一方式在扩散速度上不及其他媒介，但是站在目标受众面前，直接面对他们侃侃而谈，却是最能打动他们的方式。

就我自己而言，再也没有比走上讲台发表演讲更让我兴奋不已的事情了。这种面对面地与听众直接交流、直接获取反馈的方式拥有特殊的魔力，是其他方式所不能比的。

即使你没有机会走上讲台上发表演讲，在工作中举办一些讲座对你的职业生涯也大有裨益。你可以创造绝佳的机会展示你的高效沟通能力，充分表达自己的想法，从而打动你的同事甚至你的老板。

唯一的问题在于，开口讲话并不那么容易。开始的时候你大概还会很踌躇——“我没有经验啊”“我很紧张很害怕啊”。走上讲台在公众面前开口讲话，确实不轻松，尤其是在你从来没有这样做过的时候。

在本章中，我将告诉你，为什么演讲和培训这类事情对你的职业生涯非常重要，我还会给出一些具体的操作性建议：如果你从来没做过，我会告诉你如何开始；如果你已经做过了，我将告诉你如何更上一层楼。

为什么现场演讲如此有力

你听过摇滚音乐会，看过乐队的现场演出吗？为什么非要去现场呢？完全可以买张唱片在家里悠哉悠哉地听上一曲啊。没准儿用你自己的耳机聆听 CD 的音效会更好呢。

去听歌剧、看戏剧也是如此。为什么不能换成看电影？

要想解释清楚有些困难，在你参加现场活动的时候，你建立了非常个性化的链接，而这种感受无法通过听录音或者看录像获得。同理，让听众在现场聆听演讲会比其他媒介更能打动他们，即使它们的内容完全一样。

听过你演讲的人更容易记住你，也会觉得与你建立了某种个人关系。这就好比我们能够记住去看自己心仪的乐队现场演出的次数，但是记不住听他们唱片的次数。

演讲也是一种互动媒介，或者至少你能将其作为媒介使用。当你在大会发言时，你能够直接回答现场听众的问题，让他们参与到你的演讲当中。这种交互方式能够迅速建立起人群对你的大量信任感，能帮你收获粉丝，促进信息的传播。无巧不成书，在我撰写本章内容的时候，我看到有一位开发者正在发推文。他曾经参加过我组织的“如何自我营销”的讲座，现在他不遗余力地把我和我的博客推荐给别人。我想，要是他没有听过我的演讲，他是不会主动做这件事的。

许多你早有耳闻的知名软件开发人员也是通过演讲拓展他们的职业生涯的。我的朋友约翰·帕帕就是一个很好的例子。开始的时候他只是在小型会议上发表演讲，现在他穿梭于世界各地，畅谈各种技术。通过成为“演说家”而为人所知，进而给他自己创造了很多机会。

开始演讲

好了，现在我应该是已经说服你了，演讲是如此重要，值得一试。不过你可能还在疑惑该如何开始，因为这还真有点儿棘手。

首先我要提醒你，如果你先前从来没有做过公开演讲，也没有建立起自己的名声，那你不可能去重要的大会上发表演说。不过你也没必要以这种方式起步。最好从小规模的场合做起，逐渐完善你的演讲技能。要想能在公众面前从容自如地发表演说，需要很长时间的刻苦练习。

一开始最好是在自己的工作场合做讲座。大多数公司都欢迎自己的员工分享各种话题，特别是与当前工作直接相关的内容。你可以介绍自己的团队正在使用的技术，或者给团队进行一些相关领域的培训。你无须把自己包装成为专家，只是热心希望通过分享自己所学而对他人有所帮助。（事实上，你会发现，你应该经常采用这种方法。太多人希望被包装成为“专家”，从此不再真诚谦逊。而作为一个脚踏实地、有缺点和弱点的真实的人，花更长时间与公众建立信任，也会让你看起来不那么古怪。）

另一条成为“演说家”的路径是代码训练营[1]和用户组举办讲座。大多数大城市里都

---

① “代码训练营”是一种非正式的全免费社区组织，通常是按照地区来组建的。按照社区成员的建议，代码训练营不定期的举办讲座。讲座的主持人也是代码营的成员。最初的代码训练营由微软倡导组建。——译者注

有各种软件开发人员组成的用户组，加入离自己近的用户组并不难。在加入用户组一段时间后，你可以询问组织者是否可以就某个特定的话题做一次讲座。大多数用户组都欢迎新人分享，因此只要你的话题有趣，就有机会出场。这样的机会非常好。你面对的是一个较小规模但是更宽容的听众群体。此外，这也是向当地的公司和招聘人员推销自己的好机会。

除了用户组，每年世界各地还有各种代码训练营。大多数代码训练营允许任何人就他们选定的主题发表演讲，不拘能力经验水平。抓住这样的机会，每年至少在一场代码训练营上演讲。因为参加这些活动是免费的，所以这种场合下演讲者的压力很小。你大可以放松，即使搞砸了也没什么大不了的。

最后，一旦你拥有了一些演讲经验，就可以向各种开发者大会提交演讲申请。当然，在这一领域会有一些竞争，往往还会经过一个“老男孩”系统的筛选[①]，但是一旦你获得认可，每年你就可以获得很多演讲机会。而且，大多数这种会议，会为你全额报销差旅和其他费用。（我认识的许多软件开发人员都穿梭于世界各地参加这种大会。他们可能不会因为演讲而获得酬劳，但是他们能够去他们没有去过的地方，扩展自己的受众群体。如果你是自由职业者，这样的大场合也是拓展业务的好地方。）

地雷：我对在公众面前演讲怀有恐惧

没事的，很多人都有此症。公共演讲恐惧症是最常见的一种恐惧症。对此你可以做什么呢？好的，有像 Toastmasters 这样的组织，帮你在舒适的氛围中克服对公共演讲的恐惧，你可以加入他们。你也可以从较小规模场合的演讲做起，比如在会议上站起来发言，或者在一小群你熟知的人面前做讲座。当你对此越来越感到轻车熟路的时候，你就可以到更令人生畏的地方公开演讲了。

你要记住，作为人类，我们拥有良好的适应能力。只要你把一件事情重复足够多次，你自然就会接纳它。伞兵们第一次跳出机舱的时候都很害怕，但是经过多次成功跳伞之后，恐惧最终都会消失。如果你一直坚持在公共场合发表演说，你一定会应付自如，恐惧感终将消散。

做培训怎么样

做培训，不论是现场培训或录制培训，都是建立自己的声誉的另一种很棒的方式，甚至还能赚点钱。我本人正是通过提供网上课程取得了相当大的成功的。培训不仅能够给我带来收入，还让我获得了“行业专家”的美誉。

在过去，成为职业的培训讲师或是获得讲课机会，都挺难的。现在，几乎每个人都

① 暗指要经过经验和技能考察。——译者注

可以提供某种形式的在线培训课程。当然，你也可以坚持做传统的课堂培训，但是对大多数开发人员来说，由于不打算以此为职业，因而网上视频培训是一个更简单也更灵活的解决方案。

刚开始的时候，最好的方式是在免费视频网站（如 YouTube）上通过创建截屏视频的方式做分享。截屏视频就是在你演示如何操作的时候录制你的计算机屏幕。如果你能通过这些截屏视频一板一眼地教会其他开发人员某个概念，你就可以轻松赢得“精通某某领域的专家”的美誉。这种声誉可以帮你赢得更好的工作，如果你是自由职业者，“专家”的美誉还能带给你客户。

即使开始的时候你提供的是免费的培训课程——如前所述，提供免费培训是提升自己品牌的绝佳方式——最终你也可能想为自己创建的内容收费。关于如何针对你的视频培训内容收费，有多种方案可供选择。

首先，可以与 Pluralsight 这样的专业为开发者提供培训的公司合作。我的大部分在线培训视频都是为 Pluralsight 制作的。不过也有其他公司会付费请你去制作内容，将部分利润以版税的形式付给你作为酬劳。（事实上，许多图书出版社也有视频内容部门。）这与写书类似。当你为这类公司制作内容的时候，你通常只负责制作内容，无须为市场和销售操心，因为你的内容会被整合进它们现有的课程体系中。通常情况下，这类网站都会有某种形式的试讲环节，因此并不能保证你一定会被接受，但是试一试总没有坏处吧。

如果你想走更为激进的“单飞”路线，那可以试着自己创建内容并直接销售。在这方面我已经获得了成功，一直在自己的网站上直接销售“软件开发人员如何自我营销”系列课程。这种方法的唯一困难在于，你不得不亲自完成所有的营销工作，你必须要找出内容发行的方法和相应的收款方式。

还有一种混合方式就是与线教育公司 Udemy 开展合作。Udemy 允许任何人在他们的托管平台上发布内容，但是他们会抽取利润中的很大一部分。你主要负责做自己的营销，为自己赢得客户。我知道有几位软件开发人员已经在此平台上获得成功。

采取行动

- 列出你所在地区的所有用户组清单，同时列出你能去发表演讲的代码训练营清单。挑选一个自己觉得比较有把握的专题发表一次演讲。
- 找出网上提供的那些针对软件开发人员的培训课程，无论是付费的还是免费的，关注并记录找出成功的培训师是怎么做的。
- 试着以截屏视频的形式创建自己的短时培训课程，然后在 YouTube 等网站发布。
- 创建一个列表，列出所有你可以发表演讲的主题。

第26章

著书立说

如果你想要在写作方面有所建树，就必须要与你的读者建立密切的联系。衷心希望，你在阅读这些文字，能够感受到我与你在一起——这正是我想要做到的。我本可以以另一种截然不同的方式开始本章，但是我没有，因为我希望能通过直接对话的方式强化我们之间的联系。

如果我所做的一切都正确无误，在你阅读这些文字的此刻，你应该感到我正在与你谈话，而不是说教。文字不只是信息。文字就像一块功能强大的画布，将你的心声传递给其他人。有时，在你阅读我写的文字的时候，这种感觉可能会比我对你所讲的同样的话语更为真实。通过文字，你能传达自己的心声；如果你的心声很有趣，能够吸引到读者的注意，给他们提供价值，那他们就会与你建立联系，你终将征服他们。

为什么著书立说如此重要

你有没有听过“关于这个主题，他写过一本书”这样的话？书籍为它的作者带来非凡的影响力。一个人通过写书可以收获极大的信赖。如果你也想被看作业界值得信赖的人，你也应该写本书。同样，在软件开发的相关杂志上发表文章也是如此。大多数人都认为，如果某个人就某一特定主题写过书或者发表过文章，那么他们就可能是这方面的专家。如果你打算营销自己，被视为专家当然无任何坏处。

除了能让自己的大名出现在装订成册的书脊上，一本书就像是一辆满载的货车，可以以非常具有针对性的、聚焦的方式传达你的信息。当人们坐下来读你写的书的时候，你会长期被他们关注。读完一本书通常需要10～15小时。你很难再找到别的媒介，能让人投入这么长的时间去倾听你的信息。通过一本书，你能将自己想要表达的信息完整无误地呈现给你的读者。

尽管杂志上的文章无法让你向读者传递和书籍一样多的内容，但它同样能让你花相当长的时间来传达你的信息——通常比博客文章多——而且有可观的发行量。

书籍和杂志都不赚钱

许多软件开发人员误解了写书的原因。他们想当然地认为大多数图书和杂志作者能够通过写作赚大钱。但是，事实很简单，你不会为了赚钱而去写书。写书是为了提高自己的声誉。

通过一本书可以获得一笔可观的收入是很罕见的，而且通常作者只能获得收益的一小部分。大多数杂志只会为每篇文章支付少量的酬劳，而撰写和编辑这篇文章本身可能需要很长的时间。所以，不要指望可以直接通过写书或发表杂志文章致富，除非你碰巧非常非常幸运，轻松写出一本畅销书。

但是，没有直接收益并不意味着出书没有回报。正如我之前提到的，写书或在杂志发表文章的真正好处在于，通过出版，你能获得更广泛的知名度和声望。出版业类似于守门员，为内容的质量把关。如果你能突破守门员进球，你会发现这些已经出版的内容间接地带来了各种各样其他的赚钱机会。

那些出版过专著的作者会发现自己更容易获邀在各种会议发表演讲，能够建立自己在某一学科的权威地位，这些都能为你带来更多的客户和更好的工作机会。

具有讽刺意味的是，在我修订这本书时，这本书的第1版已经非常成功，我在这本书上赚的钱远远超过了我的预期。我还自出版了一本《软技能 2：软件开发者职业生涯指南》（*The Complete Software Developer's Career Guide*），这本书目前让我每月获利约1万美元。所以，虽然我所说的基本上是正确的，但如果你有大量的读者，并且知道如何正确地推广你的书，那么写书本身也可以变得非常有利可图，这也是投资建立读者群的另一个原因。

获得出版机会

我不得不承认，这本书是我的第一本以传统方式出版的书籍。经过与其他许多作者的交流，我了解到出版书籍并非易事，尤其是出版你的第一本书。许多出版商并不愿意冒风险与完全不熟知的作者合作，作者无法如期交稿的风险很大，毕竟写书不是件轻轻松松的事。

要想让自己有机会出书，最好的办法就是明确一个有市场需求的主题，同时也能够充分展示你作为该领域专家的学识。如果你已经为自己的品牌确定了细分市场，由于你已经拥有了自己的专业领域，并且没有太多竞争，你更容易做成这件事。你的主题越聚焦、越专注，越容易证明你的专业能力，但同时你的潜在受众群体也会越小，所以你需要找到适当的平衡点以吸引出版商。

你也应该提前做功课从而让自己在市场上立足。我建议你开设博客，给一些较小的杂志投稿。随着你在自己的专业领域树立起自己的声望，你可以积累更大的出版物。出版社和杂志社都愿意和拥有众多粉丝的作者合作，因为这意味着他们的名气就是发行量的保证。你的粉丝有多多，你对出版商的吸引力就有多大。

最后，你应当准备一份翔实的写作提纲（如果你要写一篇杂志文章，那你需要准备一篇摘要，即文章的简短摘要），清晰地概括自己的写作目的，明确本书的目标读者，以及你为何认为这本书会成功，为何你是写作这本书的最佳人选。你的提纲写得越好，它被出版商接受的可能性就越大。

地雷：可是我并不擅长写作

我也不行，可我还是写作了本书。我在学校学习的那段岁月里，最差的科目一直都是英文。我的数学、科学甚至是历史都名列前茅，但是我的英文就是勉强中等。我从来没有想过到，自己职业生涯的大部分时间居然是在写作，就像我现在做的这样。

发生了什么呢？嗯，我也就是每天坚持写作而已。开始的时候主要就是写些博客文章。我最初的博客文章写得极差，但最终我越写越好。虽然我仍然没有成为海明威那样的大作家，但是我现在可以用自己写下的文字有效地传达我的想法和意见，至少大部分时候如此。

我的观点是：别担心自己不擅长写作。现在写作能力不行，这并不打紧。要紧的是，你现在就开始写并坚持下去，随着时间的推移你的写作技能终将会得到提高。

自出版

传统的出版方式并不是你的唯一选择。越来越多的作者发现可以通过自出版的方式获得成功，尤其是自身已经拥有粉丝群体的作者。我自己自出版了好几本书，完全能靠自己销售得很好。尽管我没有大型出版商的资源和发行渠道，但我也没有他们的各种开销。我能够将写书赚到的收益几乎全数收入囊中。

自出版是非常棒的起步方式，你完全可以凭一己之力完成，很容易做到。如果你打算写一本书，但是还没有找到合适的出版商（当然既没有签订合同，也没有确定书稿的最后交稿日期），自出版也是一个好办法，能让你确定写什么专题更合适。

有很多种服务能够帮你出版自己的书，其中在程序员中广为流行的一个是 Leanpub。这项服务让你能使用 Markdown 这一简单的格式化语言进行写作，Leanpub 将书籍做好格式转换后上架销售，并收取相关费用。他们收取的费用仅占书的总价的很小一部分。

你也可以通过亚马逊的 Kindle Direct Publishing（Kindle 直接出版）计划将自己的书直接在亚马逊上出售，或者使用 Smashwords、BookBaby 这样的服务来将自己的书发行到多个市场。这些服务甚至可以帮你将你的书转换为电子书格式。

我有两位好朋友都是自出版书籍的作者，他们每年都能从图书销售中获得 10 000～20 000 美元的收入。这算是一笔不错的额外收入，也是让你声名鹊起、提升声望的绝妙方法。当然，对于后者，传统出版方式的分量更重。

采取行动

- 查看亚马逊上与软件开发相关的畅销书列表，找出哪种类型的书销量最好。
- 在写长篇大作之前，先从杂志文章这样的短篇着手。找出一些发行量不高的软件开发类杂志，提交一篇文章摘要。

第三篇

学习

教育就是当一个人把在学校所学全部忘光之后剩下的东西。

——阿尔伯特·爱因斯坦

软件开发的世界是不断变化的。每一天都会有一门新的技术出现，昨天你学到的东西今天可能就毫无意义了。

在这个飞速变化的世界里，学习的能力是至关重要的。软件开发人员如果选择故步自封，忽视自己的技能发展，那么他们很快就会落在后面，错失未来，只能被派去维护过去遗留下来的系统。如果想摆脱这种宿命，你就需要学会如何学习。

在这一篇中，我的目标就是教你如何自学。我将带你了解我开发的快速掌握新技术的“十步学习法”。我使用这一方法在一年时间内开发出超过30个适合开发人员的长期培训课程。我还会给你一些靠谱的建议，帮你寻找导师，指导别人，以及如何释放自己的内在潜力像海绵一样地吸收知识。

第27章

学习怎样学习

走进学校，接受良好教育，没有任何问题。但是如果你毕业后就停滞不前不再学习，那么你将在生活中处于非常不利的境地。事实上，如果你一直依赖他人来教你，从来没有掌握自学技能，这会严重限制你提升自己的知识和技能的机会。

软件开发人员可以学到的最重要的一项技能就是自学能力。在这个新技术发展日新月异的世界里，就连初级职位的 Web 开发人员都需要掌握至少三种编程语言，所以自学是一项必不可少的技能。

如果想成为最好的软件开发人员，你就必须学会如何自学。很不幸，学校并不会教你自学这项技能。你可以轻松反驳说教育体系的设计初衷是针对群体而非个人。无论如何，学会学习是自学的核心技能。

剖析学习过程

你是否思考过自己是如何学习的？学习的真正含义是什么？我们几乎都是下意识地倾向于学习自己感兴趣的东西。当别人给我讲一个精彩纷呈的故事时，我们通常不会做笔记，也不会记住确切情节；然而我们中大多数人在听到故事后，不费吹灰之力就能将它复述出来。

这也同样适用于我们做的事情。如果我告诉你该怎么做，你可能会忘掉，但如果你自己动手做一次，你可能就记住了。如果你能将自己所学的东西教给别人，你不仅能记住，还能理解得更深刻。尽管每个人的学习风格千差万别，但是通过动手实践和教会他人，我们能学得更好。与其他学习方式相比，主动学习是效率更高的方式。

> 教育的首要目标，并不在于“知”而在于“行”。
>
> ——赫伯特·斯宾塞

可以换个角度思考一下这个问题：你可能看遍了教你如何正确骑车的书，也可能看过别人骑自行车的视频，我也可以给你培训正确骑车的机械原理，但是，如果你从来没有骑过自行车，那么当你第一次骑的时候你一定会摔倒。你可能对自行车无所不知，熟悉骑车的机械原理，知道哪种自行车最好，但是直到你将自己所学的东西用于实践，你才算真正学会了骑自行车。

同理，许多软件开发人员拿起一本关于编程语言或框架的技术书，从头到尾地读上一遍，就想奢望他们能够吸收其中的所有信息吗？最好的情况可能是借助这种方法，你能快速积累该主题的全部信息，但你仍然没有真正学会它。

自学

如果你想学习一些东西，你应该做什么？好了，刚才我们讲过了，最好的方法就是付诸实践，如果你也能承担将自己所学的内容教给别人的任务，那么你会理解得更深刻。所以，你在自学方面的努力，应该聚焦在如何让自己切实参与，并且尽早付诸实践。

我觉得学习知识的最好方式就是立即将其用于实践，即使你还不知道自己在做什么。如果关于某个主题你能够获得足够的知识能够操作，你就可以发挥自己心灵深处强大的创造力和好奇心。当我们能够在一件事情上尽情发挥的时候，我们的内心就更倾向于吸收更多的信息，思考更有意义的问题。

这似乎有些奇怪，但事实的确如此。玩耍是一项强大的学习机制，这一点我们在整个动物王国都看得到。动物的幼崽总是贪玩，通过玩耍，它们学会了许多赖以生存的重要技能。你看过小猫学捉老鼠的过程吗？人类也是通过玩耍、主动操作来学习的，即使在对我们所做的一无所知的时候。

再举一个例子。在我小的时候，我经常玩一种名叫“万智牌”的集换式卡牌对战。我被它深深吸引，乐此不疲。在游戏中，为了击败对手，你需要综合自己的智慧、运气和创造力，这让我非常着迷。

就凭这一点，我记住了游戏中出现的成千上万张卡牌。你随便抽一张牌，我都可以告诉你这张牌有什么属性、派什么用场。（就算到现在，我依然可以说出大多数牌的信息。）你以为我是在那里正襟危坐，努力背下这成千上万张牌吗？不，我不需要那么做。我只是玩，并且乐在其中。这种自然的探索和好奇心帮助我轻而易举地记住了那么多的信息。

通过发挥这样的能力，玩儿成为一种你可以大加利用的强大武器。它不仅能激励你，还能大大加快你的学习步伐。在你阅读某个主题的书之前，大致浏览后就开始实践。不用担心自己是否知道自己在做什么。乐在其中，你就会发现随着自己的实验和探索，自己在哪些方面发现了问题。

一旦你已经实践过，并积累了各式各样的问题，立刻回到书本当中。当你回去重读这些参考资料的时候，你有强烈的冲动去消化吸收其中的内容。因为你已经积攒了很多想要找到答案的问题，你对哪些内容更重要早已了然于胸。

然后，你可以把自己学到的新知识重新应用于实践。看看你学到的新方法是否能解决你已有的问题。你可以继续探索新领域，发现需要解决的新问题。以解决实践过程中发现的问题为目标，在向着知识前进的道路上重复这个循环，周而复始。通过这种方式获得的信息对你才是有意义的——“纸上得来终觉浅”啊。

最后，你可以将自己所学的打包教给别人。这一点是画龙点睛之笔，你应该随时准备与有兴趣倾听的人分享你新学到的知识，你会为自己的发现激动不已——玩儿的力量就是这么巨大。教导他人也很容易，它可以简单到你与配偶之间就自己学到的新东西进行的一次对话，也可以是写一篇博客文章。关键在于，你要用自己的语言将这些信息组织起来，把你的思想表述给别人。

这就是我发明的“十步学习法”背后的逻辑。在接下来的几章中我将就此展开详细的介绍。我增加了一些正式步骤，也引入了预备步骤来帮你在开始之前就让学习系统化。不过本方法的关键指导原则是通过玩儿、探索以及将自己所学教给他人来学习。这一简便易行的方法更符合我们的天性——在某种程度上，抛弃了“填鸭式教学”的自主学习才是最简单和最纯粹的学习方式。

采取行动

- 你最近一次自学了什么？你的学习过程是怎样的？
- 你上一次对兴趣爱好感到激动是在什么时候？你对此兴趣爱好了解多少？你是经过刻苦学习才培养此兴趣的，还是通过玩耍自然而然地就学会了？

第28章

我的“十步学习法”

多年以来，我都承受着巨大的压力：快速学习新技术、新编程语言、新框架和其他能力。通常，这种压力是我自己造成的，我总是投入新事物，结果力不从心。但是，即便不考虑压力来源，这也迫使我开发出一个可重复使用的自学体系。

在接下来的几章里，我会带你了解我自创的进行快速学习的“十步学习法”。让我们先从了解这个体系的确切含义及其工作原理开始。

体系背后的逻辑

在我职业生涯的早年间，我学习知识的主要途径就是“从封面到封底”仔细阅读专著。只有通读全书后我才会将自己学到的知识应用于实践。使用这个方法，我发现，我确实能学到东西，但是效率很低，我还得经常回顾书的内容，来弥补自己在该学科方面存在的知识短板。

当我拥有足够的时间，且没有一个真实具体的目标的时候，这种学习方法很好。我最终学会了我想要学习的东西，而且从头到尾地读书学东西也并不难，只是要花时间。随着我开始有更紧迫的理由需要快速学习，我发现自己原来的方法就无法奏效了。通常，我并没有时间通读全书，而且我也发现书本里的很多内容更适合作为参考资料，而不适合实际学习。

于是，我迫使自己去寻找更好的自学方法，能在有限的时间内掌握所需内容。有些时候，我只有一周甚至更少的时间去吸收足够的信息以教给别人。我发现在这种情况下，我很自然会先明确需要掌握哪些内容，再去寻找我能获得这些信息的最佳资源，同时也会忽略那些并非达成目标所必需的其他信息。

我发现，为了能够掌握一门技术，我需要了解以下三个要点。

- 如何开始——要想开始使用自己所学的，我需要掌握哪些基本知识？
- 学科范围——我现在学的东西有多宏大？我应该怎么做？在开始阶段，我不需要了解每个细节，但是如果我能对该学科的轮廓有大致的了解，那么将来我就能发现更多细节。
- 基础知识——不止在开始阶段，要想使用一项特定的技术，我需要了解基本的用户案例和最常见的问题，也需要知道自己学的哪 20%能满足 80%的日常应用。

熟知了这三个关键点后，我可以高效地学习一门技术，无须通晓全部细节。我发现，如果我了解三项主题——如何开始，我能做什么，以及相关基础知识，那么我就能随着学习深入学会所需的其他知识。如果我想提前掌握所有知识，那只是在浪费时间，因为真正重要的内容会湮没在那些细枝末节中。这种新方法能让我关注重点。当我确实需要了解更多细节时，我可以利用参考资料来弥补这些不足。有多少次你从头到尾仔细阅读一本技术书籍，却发现自己实际用到的也只是书里介绍的技术的一小部分？

使用这种方法，我在很短的时间内学会了 Go 语言——仅仅几个星期而已。我专注于学习如何尽快用 Go 语言写代码。很快我就对这门编程语言以及它有哪些可用的库有了一个大致的了解。我希望对这门语言能做什么能有一个整体的了解。最后，我完成并掌握了基础知识。当我需要深入了解时，我只需要在这些基础知识的基础上进行扩展。

十步学习法体系

事实证明，掌握这三大要点可不像看上去那么轻松。学会“如何开始学习一门技术”可以说是一项挑战，而且往往很难找出那些所谓的“篇幅只占 20%、然而有效性却达到 80%”的内容。另外，我经常发现，要总结出一门技术的应用广泛程度的简短描述，是很难的。通常你需要阅读一整本甚至几本不同的书籍之后才能获得此信息。

为了解决这些问题，我又提前做功课，确保自己能够找出自己所需的信息，并以最合理的方式将它们组织起来，实施落地。

“十步学习法”的基本思想就是：要对自己要学的内容有个基本的了解——了解自己不知道什么就足矣。然后，利用这些信息勾勒出学习的范围，即需要学哪些内容，以及学成之后又会获得什么。依靠这些知识，你可以找出各种资源（不局限于书）来帮助自己学习。最后，你可以创建自己的学习计划，列出要去学习哪些相关课程，筛选学习材料，只保留能帮助自己达成目标的优质内容。

一旦完成这些工作，你对自己要学什么和怎样学都了然于胸，你就可以把控自己的学习计划中的每个关键点，通过“学习—实践—掌握—教授”（Learning, Doing, Learning and Teaching，LDLT）的过程，获得对该学科的深刻理解，同时你也向着自己的目标前进。

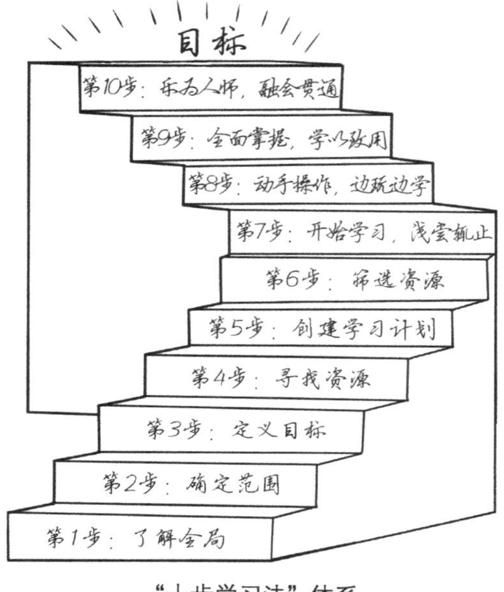

“十步学习法”体系

“十步学习法”的第一部分是研究，它是一次性完成的。但是从第 7 步到第 10 步则是重复的过程，贯穿于你的学习计划的各个模块。这个方法非常奏效，因为它迫使你提前明确自己的学习目标，也持续不断的激励你通过实践（而不仅仅是读书或听讲座）向着目标前进。

这是快速学习的唯一途径吗？这是一种魔法系统吗？不，不是的。它只是通过“聚焦学习范围，让你关注重点内容”来学习的一种快速学习方法，它迫使你通过“自我探索”和“主动教学”的方式将真正重要的内容印刻在自己的大脑中。接下来的几章，我们将介绍该方法的实际操作步骤。你可以根据自己的情况对该方法进行裁剪，去掉你不喜欢或者认为无效的部分，保留对你有用的部分。最终，你一定会找到适合自己的自学方法，而你的未来将仰仗于它。

采取行动

挑选一项你已经烂熟于胸的技术，看看你能否明确以下几点。

- 如何开始用它？
- 该技术的应用广度如何？
- 利用你需要知道的 20%发挥出 80%功效。

第29章

第1步到第6步：这些步骤只做一次

对于“十步学习法”的前六个步骤，你需要集中精力完成足够多的前期调研，确保自己明确知道要学哪些内容，以及如何确认自己已达成目标。你还将学到如何挑选最好的资源来帮自己实现目标、制订学习计划。

这六个步骤只需要针对你想学的每个主题做一次。第7步到第10步则要针对在第5步所制订的学习计划中的每个模块循环往复。尽管第1步到第6步只需做一次，但是它们却是最重要的步骤，因为它们将对你未来的成败起决定性作用。在这六个步骤中，你要为自己实际的学习主题做好一切准备工作。“不积跬步无以至千里”，基础打得越牢固，目标越容易实现。

第1步：了解全局

学习始终是一项棘手的任务，因为在开始学习某些东西的时候，你对自己到底要学什么理解得并不透彻。美国前国防部部长唐纳德·拉姆斯菲尔德曾说过“未知之未知”（unknown unknowns），即你根本不知道自己不知道。

大多数开发人员在打开一本新书开始阅读的时候，他们对自己所不知的一无所知。他们将“未知之未知”留到后面去发现。这一方法的问题在于，你要么学非所需，要么力所不及。在深入探究某个主题之前至少要对其有所了解，这一点非常重要。这样你才能弄清自己到底要学什么，找出最好的学习方式。

在这一步，你要做的就是了解自己将要学习的主题的全局。这个主题宏观上什么样？

你能从中学到足够丰富的知识以了解自己所不知道的吗？以及自己所不知道的有多少？

假设你想学习数码摄影。你可能会先在网上搜索与这个主题相关的内容，浏览与数码摄影有关的博客和文章。短短几小时之内你就能对这个主题的全局及现有的子课题有一个清晰的认识。

要完成这一步，你需要对自己想要学的课题做一些基础性研究。通常你可以使用网络搜索来完成大部分研究。如果你碰巧有一本关于该主题的书，那么你就可以只读一下其中的介绍性章节，粗略浏览一下内容，但是不要在这一步上花费太多时间。记住，我们在这一步的目的不是要掌握该主题，只是对这一主题的相关内容有一个全局性的了解。

第 2 步：确定范围

现在，你至少对自己的学习主题及其全局有了一个大致的了解。下一步就是集中精力去明确自己到底要学什么。在任何项目中，明确项目的范围都是至关重要的，唯有这样才能了解项目的全局，做好相应的准备工作。与此相比，学习并没有什么不同。

让我们继续你要学数码摄影这一例子。此时，你想要理解的是“这一主题到底有多大”，以及“如何将其分解为更小的范围”。在一定的时间内，你不可能掌握关于数码摄影的一切知识，所以你需要决定学习的重点和学习的范围。如果你想了解如何拍摄人像照片，那这就是你的学习范围。

在学习过程中，大家很容易犯的一个错误就是试图解决太大的问题而把自己搞得不堪重负。例如，试图全面掌握物理学是不切实际的，因为这一主题太过庞大，也不够聚焦。你不可能在有限的时间里学会与物理学有关的一切——穷尽一生也不可能。因此，你要明确自己的学习范围。为此，你需要运用自己在上一步中获得的信息，让自己的关注点落脚到更小也更可控的范围。

让我们看一下如何将庞大的主题分解为小而聚焦的主题。

初始的主题与范围适当的主题的对比

- 学习 C#：学习 C#语言的基础知识，掌握如何创建一个简单的控制台程序。
- 学习摄影：掌握针对人像拍摄的数码摄影知识。
- 学习 Linux：了解如何设置和安装 Ubuntu Linux，以及如何使用它的基本特性。

请注意，在上面的例子中，是如何将类似“学习 C#”这样的宏大主题缩小并聚焦到一个特定范围内的。我们从一个几乎无边界的主题中明确了一个清晰且聚焦的范围。你还会注意到，在这一步中，我们还为学习添加了一个理由，从而将其限定在一个范围明确的主题内。例如，你想学摄影，特别是学数码摄影，目的是能够拍摄人像。阐述学习的理由能够帮你明确学习范围，因为人们通常是为一些特殊的理由才去学一些东西的。

在这一步中，你可以充分利用自己在第 1 步中收集到的信息，找出自己的学习范围。同时也可以借助自己的学习理由来决定学习的范围。

在此过程中，你可能会受到诱惑，为了学习该主题下的不同子主题，你可能会扩张你的学习范围而不够聚焦，但是请务必抵制住这个诱惑，尽可能地保持专注。你一次只能学一样东西。你可以稍后再回头学习别的分支领域，但就目前而言，选择一个专注而聚焦的范围，潜心学习吧。

最后，在这一步中一定要注意：明确学习范围的时候要考虑时间因素。如果你只有一周时间，你需要本着实事求是的态度确定自己能在这段时间内学到什么。如果你有几个月的时间，你也许能攻克一个更大的主题。你的学习范围务必大小适当，既能符合你的学习理由，又能符合你的时间限制。

第 3 步：定义目标

在全力以赴启动之前，明确“成功”的含义极为重要。如果不知道成功是什么样子，很难找准目标，也很难知道自己什么时候已经真正达到目标。在尝试学习任何东西之前，你都应该在自己脑海中清晰地描绘出成功的样子。当你知道自己的目标是什么的时候，你就可以更轻松地使用倒推的方式，明确实现目标所需的步骤。

现在，我们依然使用刚才那个学习数码摄影的例子。你可能已经明确成功的标准包括掌握数码相机的所有功能，能够清晰地描述这些功能是什么，并且了解何时以及为什么使用每一项功能。

这一步的目标是形成一份简明清晰的陈述，勾勒出你勤奋学习后的成功图景。根据不同的学习内容，这份陈述也各不相同。但是要确保其中包含具体的成功标准，从而能让你用来充分评估自己是否已经达成学习目标。

好的成功标准应该是具体的、无二义性的。不要对自己想要完成的任务进行含糊不清的描述。相反，要列出某一特定的结果，或者一旦实现自己所能达到的目标你应该能够做到的事情。下面展示了一些示例。

不好的成功标准

- 我可以用我的数码相机拍出好照片。
- 我学习了关于 C#语言的基础知识。
- 我知道如何使用 HTML 去构建一个网页。

好的成功标准

- 我可以使用我的数码相机里的所有功能，能够清晰地描述这些功能是什么，并且知道何时何地使用各功能。

- 我可以利用 C#语言的主要功能写出一个小的应用程序。
- 我可以使用 HTML5 在网上为我自己创建一个主页，展示我的简历和我的代表性工作。

你想从自己的学习经历中获得什么决定了你的成功标准是什么。请确保你能借此在学习结束后评估自己是否达成了目标。好的成功标准也能让你向着既定目标不断前进。

第 4 步：寻找资源

还记得学生时代会针对某个特定主题写报告吗？如果你写好了报告却只有一条参考文献，譬如你所有的信息都来自一本书，结果会怎样？你可能会拿到一个大大的“鸭蛋”。为什么现在很多人学东西的时候却与那时如出一辙？关于一个主题我们只读一本书，或者所有的研究只使用一个资源。

继续以数码摄影为例。你可能会从阅读相机的用户手册开始，但是不会就此止步。你可能还会查找各种专业的数码摄影的网站，甚至是自己所用的相机的网站。你也可能会在亚马逊网站上搜索数码摄影的相关图书，最后可能找到能寻求建议的专家。

要尝试收集到多种多样的资源以帮助你学习，而不是只读一本关于这一主题的书。资源可以是多种多样的，不局限于书籍。事实上，如今，随着互联网的广泛应用，各种类型的内容随处可见，你几乎可以针对自己感兴趣的任何主题，找到大量的资源。

在这一步中，你会想找到尽可能多的与自己所选主题相关的资源。此时你无须考虑这些资源的质量。这一步与头脑风暴类似。稍后你会对你找到的这些资源进行过滤，去伪存真，但是目前还是想先获得尽可能多的不同类型的资源。

要做到这一点，最好的方法就是迅速打开电脑，开始搜索与自己的主题相关的信息。我通常会从亚马逊开始，看看能从中找到多少相关图书；然后我会用 Google 搜索，看看能不能找到视频、博客文章、播客和其他有用的内容。你甚至可以像“老派人”那样去拜访图书馆。重点就是你要找到各种不同的资源。你不想因为单一来源的信息而产生偏见，更愿意尽可能获取各种各样的信息。

信息来源

- 图书。
- 博客文章。
- 在线视频。
- 专家，或者对你所想要学习的内容已经熟知的人。
- 播客。
- 源代码。

- 示例项目。
- 在线文档。

第 5 步：创建学习计划

你有没有注意过，大多数书籍都被分解成若干章，各章在内容上又层层推进？好的技术书都遵循这样的规律：打好基础，做好铺垫，然后逐个展开每一章的论述。

现在你已经掌握了一些资源，你可以借助这些资源对自己要学什么、以什么顺序进行有了想法。现在你应该对数码摄影到底要学什么有了很好的认识。你需要通览已有的数码摄影的相关资料，找到一种方法将这个主题分解成更小的部分。

对于大多数学科而言，学习是一个自然的过程。从 A 开始，前进到 B，最后到达 Z。这个顺序对你掌握随机的碎片化知识价值不大。你需要找出在最短的时间内从 A 到 Z 的正确路径，并且到达沿途的重要地标。

在这一步，你需要创建自己的学习路径。把它看作自己写书时候的大纲。事实上，当你大功告成的时候，你会发现自己的学习路径可能与一本书的目录非常相似。你基本上就是完成一系列的模块，直到最后达成目标。

打造自己的学习计划，一个好方法就是观察别人是如何教你感兴趣的主题的。就我自己而言，在这一步我通常会翻看自己在第 4 步中找来的图书的目录。如果五位不同的作者都把内容都分解为相同的模块和顺序，那我就会遵循这样的方法制订自己的学习计划。

这并不意味着你只要复制一本书的目录就可以称其为自己的学习计划了。有的书的内容超出你的需求，有的书的结构很差劲儿。通览你收集到的全部资源，你就对自己需要哪些内容以及如何组合这些内容有更清晰的认识。

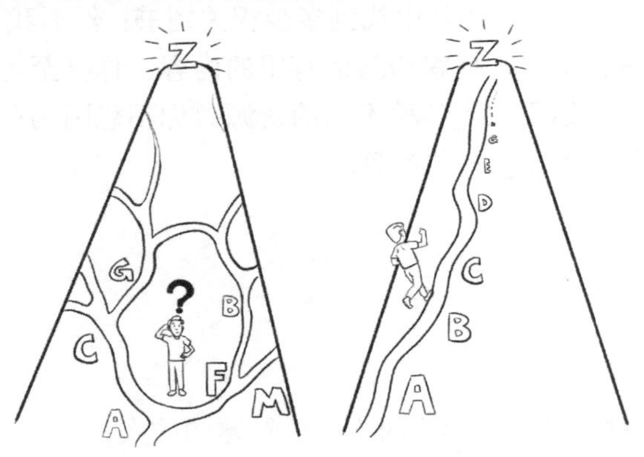

为学习找到正确的路径

第 6 步：筛选资源

现在，你知道自己要学什么以及以什么顺序学，那么是时候决定要使用哪些资源来完成自己的学习任务了。回到第 4 步，你收集了与研究主题相关的所有资源。在第 5 步中你使用这些资源制订了自己的个人学习计划。现在是时候对这些资源进行筛选，挑选最有价值的几项来帮你实现自己的目标。

这时的你已经有了大把关于数码摄影的书籍、博客文章和其他资源等，不一而足。但是，问题是你该如何利用这些资源。很多数据都是冗余，并非所有资源都适合你的学习计划。

为了研究一个主题要读 10 本书、50 篇博客文章，并不现实，并且即使你真的这么做了，其中也有很大一部分是重复的。因此很有必要对现有资源进行筛选，从中选出最能帮助你实现自己的目标的资源。

这样想一想：在第 6 步中，你就是一位篮球教练，你需要精简队伍。当然，你想让所有人都去打比赛，但这显然是不可能的。你不得不将队员人数减少到自己可以管理的规模。

在这一步中，把你在第 4 步中收集的全部资源浏览一遍，找出哪些内容能够覆盖你的学习计划。你还应当看看评论，试着找出品质最高的资源。我在购书时，通常会浏览亚马逊上的评论，找出我认为最物超所值的一两本书。

一旦完成了这一步，你就可以准备前进到学习计划中的第一个模块。在你实现自己的目标之前，你还需要为每个模块重复第 7 步到第 10 步。

采取行动

- 挑选你想要了解的一项课题，实际经演练一下上述这六个步骤。你可以从一些规模较小的课题开始，以便让自己习惯于这一过程。但是注意，一定要实际运用。如果你只是把这些步骤当作阅读内容，那么它们对你不会有太大用处。

第30章

第 7 步到第 10 步：循环往复

现在开始最有趣的部分。接下来的四个步骤会在你的学习计划所定义的各个模块中循环往复。第 7 步到第 10 步的目标是通过“学习—实践—掌握—教授”（LDLT）的方式真正领会知识。你从掌握恰到好处可以开始的基础知识开始，然后通过操作来学习，同时也通过自我探索收集问题。之后，你掌握了足够多的有用的知识。最后，你能将自己学到的教给他人，以此来弥补自己在学习过程中的不足，同时通过深入思考巩固知识。

第 7 步：开始学习，浅尝辄止

大多数人，包括我自己，在学习过程中通常会犯两类错误：第一类错误是在知之不多的情况下就盲目开始，即行动太快；第二类错误是在行动之前准备过多，即行动太晚。要想在这二者之间取得平衡，你掌握的知识要恰到好处，足以能让你开始学习，但又不会多到让你无力探索，这样你的学习效果最佳。

在这一步中，你的目标是获得足够多的与所学主题相关的信息，从而能让你开始学习，并在下一步中动手操作。对于编程语言或框架这样的技术，这一步还包括掌握如何创建一个基本的“Hello, world!”程序，或者设置自己的开发环境。对摄影这个例子来说，这一步包括自己在不同的光线条件下调试光圈及其效果。

这一步的关键在于过犹不及。你会很容易就失去自控力，开始消化计划学习中列出的所有资源。但是，你会发现，如果你能经受住这样的诱惑，你会取得更大的成就。你要专注于掌握自己所需的、能在下一步动手操作的最小量的知识。你可以浏览参考材料，或者每章的摘要，或者各种简介，这些信息足以让你对自己要做什么有基本的认识。

你买过新视频游戏吗？你是不是在把光盘塞进游戏机开始玩之前先快速浏览一下用户手册？这正是你在第 7 步中要做的事情。你玩一会儿之后，会重新回来完整地阅读用户手册。现在，你只需要知道基本用法，能够正确地玩游戏就够了。

第 8 步：动手操作，边玩边学

这一步真是既有趣又可怕。说它有趣是因为你真的是在玩耍，说它可怕是因为这一步完全没有边际。这一步没有任何规则，你可以做任何你想做的事情。如何更好地实施这一步，完全由你决定。

起初，你会觉得这步似乎并不重要，不过还是让我们先来考量一下其他的方式——大多数人学习的方式。大多数人会试图通过读书或观看视频来掌握某个主题。他们会提前吸收很多信息，然后再付诸实践。这一方法的问题在于，在他们读书或看视频的时候，他们并不知道哪些内容是重点。他们只是因循他人设计好的学习路径。

让我们继续学习数码摄影的例子。假定你要学习光线对数码摄影的影响，所以在这一步中，你会一直练习在不同的光照条件下拍照。你可能只是走到室外调节光圈，也可能在不同的环境下拍照；其间，你并没有意识到自己在做什么。你在探索中学习，也发现了许多问题。

现在，考虑一下我在这里建议的方法。你无须提前了解全部内容，你要做的首要的一件事情就是亲自操作和亲身体验。采用这种方法，你通过探索和实践进行学习。在操作的过程中，你的大脑自然地产生各种问题：它是如何工作的？如果我这么做，会发生什么？我该如何解决这个问题？这些问题引导着你走向真正重要的方向。当回过头寻找问题的答案的时，不只是这些问题迎刃而解，而且你记得的东西比你学习的东西要多得多，因为你所学到的都是对你很重要的东西。

在这一步中，你要采用在第 7 步中学到的知识。不用担心结果，勇敢探索吧。如果你正在学一门新技术或者新的编程语言，你可以先创建一个小项目来测试这一步的效果。把那些暂时还没有答案的问题记录下来，你在下一步中会有机会找出这些问题的答案。

第 9 步：全面掌握，学以致用

好奇心是学习特别是自学的重要组成部分。当我们还是孩子的时候，我们就处于主要由好奇心驱动的快速学习期。我们想知道世界是如何运转的，所以我们提出问题，四处寻求答案，借此来了解我们所处的这个世界。但是，随着我们日渐长大，大部分好奇心也随之消失，我们把世界上的一切看作理所当然。结果，我们的学习放缓，我们觉得教育非常枯燥，并不令人着迷。

这一步的目标就是让你找回好奇心驱动的学习。在第 8 步中，你通过动手操作发现了一些尚未找到答案的问题。现在，是时候来回答这些问题了。在这一步中，你要利用先前收集到的所有资料，进行深入学习。

让我们再回到数码摄影的例子。假设你已经在调试光圈的过程中积累了一些问题，这时你可以通过阅读相关主题的资料来回答这些问题。你可以通览已有的资料，仔细查找与光线和其他通过操作发现的问题有关的内容。

为了有效利用自己选择的资料，为上一步产生的问题寻求答案，阅读文字、观看视频、与他人交流都是必要手段。这能让你沉浸在学习材料中，尽可能地汲取知识。

不要害怕回头再去操作，付出更多，因为这不仅能让你找到问题的答案，也能让你学到新东西。给自己足够多的时间去深入理解自己的主题，你可以阅读，可以实验，可以观察，也可以操作。

不过请记住，你依然没有必要把收集到的所有资料全部仔细看一遍。你只需要阅读或观看与当前所学相关的部分。我们很少能有足够的时间把一本书从头读到尾。这些资料只是帮你自学，基本上你可以以解决在动手操作中发现的问题为主要目的。

最后，千万不要忘了，你在第 3 步中定义的成功标准。试着把自己正在学习的内容与最终目标关联起来。你掌握的每个模块，都应该以某种方式推动你向着终极目标前进。

第10步：乐为人师，融会贯通

> 你告诉我的，我都忘了。你教会我的，我都记得。让我乐在其中，我就一定能学会。
>
> ——本杰明·富兰克林

大多数人都不敢为人师。我曾经也是。当你在思考自己知道的东西（或者你认为自己知道的东西）是否值得教给别人的时候，很容易陷入自我怀疑之中。但是，如果你想深入地掌握一门学问，想对这门学问做到融会贯通，那么你必须要做到“好为人师”。除此之外别无他法。

在现实中，你只需要超前别人一步，就可以成为他们的老师。有时候，比学生超前太多的“专家”反而不能得心应手地“教”，因为他们无法与学生产生共鸣。他们忘了初学者是什么样子，很容易专注于他们认为简单的细节。

如果你想教别人自己学到的关于光线如何影响数码摄影的知识，你可以创建一个简单的 YouTube 视频，展示不同的光源及它们对拍摄的影响。你甚至还可以再简单一些，向朋友或同事解释光线是如何影响数码摄影效果的，我敢肯定许多人会对这个谈话很感兴趣。

在这一步中，我会要求你走出自己的舒适区，将自己学到的知识教给别人。要想确定你确实掌握了某些知识，这是唯一的办法；同时，在你将自己所学介绍给他人时，这也是查缺补漏的好办法。在这一过程中，你要切实剖析并理解自己所学的知识，将其内化到自己的思想；同时，你也要用能够让他人理解的方式精心组织这些信息。以我个人的经验来说，在我开始"乐为人师"之后，我不仅在职业发展和专业成长上有了巨大飞跃，我的理解能力也更上一层楼。

你可以用多种方式将自己所学教给他人。你可以写博客，也可以制作 YouTube 视频。你也可以跟自己的爱人探讨，将自己所学解释给他/她。重点在于，你要花时间将自己学到的东西从大脑中提取出来，以别人能够理解的方式组织起来。在经历了整个这个过程之后你会发现，有很多你以为自己明白了的知识点，其实并没有摸透。于是你会将那些以前自己没太明白的东西联系起来，并且简化自己大脑中已有的信息，将它们浓缩并经常复习。

前景非常诱人。所以，不管做什么，千万不要跳过这一步。这一步对于保持信息以及深入理解知识而不仅仅只是流于表面至关重要。

教授知识的途径

- 撰写博客文章。
- 创建 YouTube 视频教程。
- 发表演讲。
- 与朋友或爱人进行对话探讨。
- 在在线论坛上回答问题。

最后的思考

学会自学需要奉献精神和辛勤工作，但是你也能从中收获无比丰厚的回报。"十步学习法"并非一个神奇公式，能够让你瞬间变得聪明伶俐，但这种方法可以将你的学习过程更为结构化，而不是漫无目的地一头扎进浩渺的知识海洋之中；这种方法通过利用人天生的好奇心来帮助你吸收更多的知识，而我们中大多数人正是在好奇心的驱使下才学到很多本领的。

如果此方法中有些步骤对你不起作用，或者你觉得某些形式完全没有必要，完全可以弃之不理。这些步骤本身并不重要，这一学习过程背后的理念才是真正重要的。重点就是你要开发出一套适合自己的自学体系，一套你可以持续不断地加以运用而获得丰硕成果的方法体系。

采取行动

- 针对你在第 29 章中制订的学习计划的每一个模块执行第 7 步到第 10 步，完成你的学习实验。
- 现在，不要跳过任何步骤。研究一下，如何让这种方法对你奏效，然后尝试优化它。

第31章

如何寻找导师

在那些伟大的史诗电影或者故事当中，英雄都要经历“成人礼”的考验。每位英雄都有一位导师，有的导师将自己的毕生智慧倾囊相授，有的导师则会在英雄的成长历程中不断地给英雄挑战。

在你的软件开发生涯中，拥有一位导师可以说是一笔巨大的财富，因为一位优秀的导师能够让你无须亲身经历现实的重重考验就拥有丰富的经验。你可以从导师的成败中汲取丰富的营养，他为你照亮了前进的道路。优秀的导师可以帮助你迅速地掌握一门技术，比你自己摸索要快很多。

然而，正如生活中的大多数事情一样，找到一位导师相当不易。你可能没有 X 翼飞船能够帮你飞向达戈巴星系找到自己的尤达大师[①]，但是你必须要做一些事情。在这一章中，我会教给你一些小窍门，包括寻找怎样的导师，如何找到导师，以及如何说服你的导师让他相信你值得他投入，从而真正实现双赢。

导师的修养

导师可以以各式各样的形态存在。令人啼笑皆非的是，我们通常会犯这样的错误——根据他人的生活来判读其是否具有帮助我们的能力。然而与此相矛盾的是，许多最为成功

---

① 此处是引用《星球大战》（*Star Wars*）系列中主人公安卢克天行者寻找尤达大师的情节来做比喻。尤达大师（Yoda）是《星球大战》系列中的人物，正义与力量的化身、绝地武士的大师、绝地高级委员会委员，德高望重，受人尊敬。尤达大师在绝地武士中扮演着一个重要角色：年轻的绝地弟子们的第一次训练就是在尤达的指导下进行的，许多非常伟大的绝地武士在孩童时期都接受过尤达的指导。——译者注

的职业运动队教练并不是职业运动员，一些“名人堂”级别的教练看起来从未进过健身房，有的励志演说家的生活与他们所宣称的那一套大相径庭。他们只是与实际生活中的自己不一致而已。

这是否意味着你应该寻找那些最古怪、最疯癫、最失败的人，央求着成为他们的学生呢？绝对不是。但是，你不应该因为某人在自己的生活中成就平平，或者看起来不过尔尔就对他们的印象大打折扣。最好的老师往往深藏不露[①]。

如果你想找到这样的例子，可以去参加一次匿名戒酒互助会的聚会，或者到当地教堂去转转。通常情况下，你会在这些地方发现很多导师。他们曾经命运多舛，但是在克服了这些困难后，他们学会了帮助和自己一样的人。

那么你想寻找一位什么样的导师呢？你可以找一位已经成功实现你想要做的事情的人，也可以找一位曾经帮别人实现了你现在想要做到的事情的人。如果他们是自己做到的，那就太好了。但是，如果他们是帮别人做到的，那就更加有说服力。如果一个人能够对很多人产生好的影响，能够帮助他们实现目标，那么他也更有可能为你做同样的事情。

我们还要将我们该如何看待这个人或者他说了什么与他取得的成果分开来。这不像看起来那么容易。当我们向别人寻求帮助时，我们必须要假设我并不知道什么最好，否则我们也就没有求助的必要了。这就意味着，我们提出来的分析结果可能是错的。我们必须相信我们所想的正与真理背道而驰，并且必须相信一位导师已经实现的成果，而不是相信自己的逻辑和推理。

想想我们是怎样学习游泳的。当你第一次学游泳的时候，你的大脑里充斥着关于如何游泳和水很危险的虚假信息。你可能觉得自己不能漂起来，最后会被淹死。你必须要信赖你的游泳教练，对于游泳，他知道的比你多，而你对于游泳的认知都是错的。

在寻找一位导师的时候，你必须要抛开自己的判断和推理，只去关注导师的成就。你可以去找那些已经实现了你所设定的目标的人做你的导师，或者水平略胜你一筹的人做你的导师。你也可以去找已经帮助别人实现你设定的目标的人，即使他自己还没有达到这个水平。

寻找导师时的检查单

- 他们做到了我想要去做的？
- 他们曾经帮助他人做到了我想做的？
- 他们现在取得了什么可以展示的成就？

---

① 想想《天龙八部》里的“扫地僧”。——译者注

- 你能和这个人和睦相处？他充满智慧吗？

在哪里可以找到导师

你已经知道该找什么样的人做你的导师，那现在的问题是：去哪里找到自己的导师呢？你又不能径直走到“导师商店”租用一个。（你可以以按小时付费的方式向不同领域的导师请教问题，也可以聘请教练来对你在各个领域的问题答疑解惑。）

你最好的选择就是去自己认识的人中找，自己的朋友的朋友、家人的朋友等。如果你愿意做一点儿功课，再四处打听一下，无论你努力追求的目标是什么，你极有可能在由家人和朋友组成的关系网中找到适合做你导师的人。这种寻找导师的方式最好，因为你从自己的熟人或者由家人和密友推荐的人那里找到导师的概率更大。

不过有时候你的人际关系没那么广，那你就需要试试别的方法。在给 R2D2 机器人[①]系上安全带之前，你可以先去查看一下本地的各种社群，通常是各种各样的兴趣小组。如果你想找软件开发方面的导师，可以在 Meetup 这样的网站上找到本地的软件开发人员小组。你还可以找到很多本领域的创业者团体。

大多数本地群组由水平参差不齐的成员组成，但通常在经验丰富的牛人的号召下聚会。这样的牛人在回馈社区的同时，也在寻找新的门徒去继承自己的衣钵。即使你不能在这样的群组里找到合适的导师，你也会遇到高人，他要么能告诉你去哪里找，要么认识你想认识的人。

如果你想在一家公司里获得晋升，那么在公司内部给自己寻找一位导师无疑是明智之举。你的老板或者你老板的老板这样的资深人士是导师的不二人选，你很可能会提前接受晋升所需要的各种教育。此外，与高管做朋友对你的职业生涯有益无害。但是，此处你得格外小心：很明显你的老板可不想在精心指导你之后看到你翅膀硬了，离开公司另攀高枝。

更有甚者，有些老板甚至会故意阻拦你奔向美好前程，但我要说的是：作为老板和经营着自己的一家公司的企业家，我是真心希望身边的人变得非常优秀，最终离开。为什么呢？因为他们会像我一样培养出更多优秀的人，在他们的职业生涯中取得令人瞩目的成就。另外，还有一种叫作“因果报应”的东西——当你善待他人，并且也与“匮乏心态”[②]绝缘的时候，总是会得到“善果”。所以底线是：你得知晓跟你打交道的人的人品如何。

---

① 此处继续引用《星球大战》系列中的情节来做调侃。R2D2 是主人公卢克天行者的机器人朋友，卢克驾驶 X 翼飞船起飞作战时必须要带上它。此处形容漫无目的去寻找自己的导师。——译者注

② 受过去生存条件的影响，大部分人认为资源是有限的，秉持“你所得即是我所失”的心态，时时不忘与人比较，希望别人比自己差。这就是“匮乏心态”。见不得别人好，甚至对至亲好友的成就也会眼红，这都是“匮乏心态”在作祟。——译者注

虚拟导师

但是，如果你费尽周折还是没能找到一位合适的导师，这时该怎么办呢？在某些情况下，你可能需要考虑去“创建”自己的导师。

当我第一次涉足房地产投资的时候，我甚至不知道有谁已经做过我想做的事情，我也不认识别的房地产投资者，也不知道该去哪里找到本地的房地产投资者群体，于是我只能从书里“创建”自己的导师。

我找来一些房地产投资方面最好的书，从这些“虚拟导师”（作者）身上我学会很多东西。除了阅读他们所写的内容，我还尝试去理解他们是如何决策的以及为什么做这样的决策的。

拥有一位真实的导师显然更好。当你进退两难的时候，你可以求助于生活中有可能成为你导师的人。事实上，你甚至可以通过互联网认识这样的人，获得他们的指导。

在我最喜欢的一本书——拿破仑·希尔（Napoleon Hill）的《思考致富》（*Think and Grow Rich*）一书中，希尔先生讲述了自己无法找到想要的导师的时候，他通过想象拥有了导师。他阅读自己所崇拜的著名人物的传记，想象与他们交谈。他想象着他们会给他什么样的建议，他自己又将如何应对。这看起来似乎有点儿疯狂，但是马克斯韦尔·迈茨（Maxwell Maitz）——*Psycho-Cybernetics* 一书（也是一本很经典的书）的作者，也阐述了同样的观点。

招募导师

即使你能给自己找到一位完美匹配的导师，也不能保证这位导师愿意收你为徒。事实上，越成功的人越忙，他们根本没有太多的空闲时间。那么你如何说服未来的导师自己值得他投入呢？

完成这一任务的最佳途径就是交换互助。你能提供的最好的交换物就是自己对学习的渴望……还有……免费工作。没错，拒绝免费劳动力是相当困难的。如果你愿意以单调的工作换取学习的机会，你会发现自己的导师更容易接受你的请求。

但是很可能你没有时间或财力来为他人免费工作。你也许只是需要在自己追求的人生领域中获得一点点帮助，或者你的导师不需要你的义务帮助。你该怎么办呢？

提示 可以考虑请他吃午餐或者晚餐，在吃饭的时候让他给你一些建议。

一定要有耐心！大部分人在第一次听到“不”的时候就止步不前。别做这样的人。恰恰相反，要做一个别人用棍子赶才能赶走的人——即便如此，过一会儿也还要回来。

你的坚持不懈不会总有回报，但是你可能会惊讶地发现回报来得很频繁。你只要确保自己求教的方式足够有礼貌。显然，不要做会让人感到不舒服的事情，或以趾高气扬或咄咄逼人的方式行事。

采取行动

- 在寻找导师之前，你必须要明确，你需要导师帮你解决什么问题。坐下来，仔细想想你为什么需要一位导师，你希望从这段师徒经历中获得什么。
- 列出所有你认识的人中可以做自己的导师的人。请其他人在你的列表上再列出他们认识的人，用好你的人际网络。
- 想一想，为了能够换取导师的帮助，你能给他提供什么？

第32章

如何成为导师

拥有一位导师是非常好的，而成为导师更是好上加好。不管你可以在自己的软件开发生涯中走多远，总有人有机会得益于你的睿智和真知灼见。

回馈社会是非常重要的，不仅因为这是一件正确的事，还因为它可以让你自己受益无穷。

在本章中，我们将讨论“好为人师”的好处，以及如何选择学徒。

做一名导师

许多开发人员都认为自己没必要成为别人的导师，或者你也身处这样的场景。或者，你可能觉得自己没资格在别人前进路上去教导或帮助别人。

我除了知道你会写代码，对自己并不了解，但是我几乎可以100%地保证你一定会在某个领域成为别人的导师。我最喜欢告诉人们，只要在某些方面快人一步，就能帮助别人。无论你生活在哪里，也无论你从事何种职业，你总有机会在某个方面领先别人一步，所以你一定可以帮到某个人。

花点儿时间思考一下你会比谁领先一步。想一想自己认识的开发人员有谁正在努力学习你已经知道的东西。你怎样能帮到这些开发人员？你该如何向他们分享自己的知识，即便你还不是一位专家？

身为导师并非每时每刻都要成竹在胸、永无谬误。身为一名导师，要客观地看待别人的问题并提供相应的解决方案，而对方之所以看不到这些解决方案，只因当局者迷。

通常，你要结合自己的智慧和经验进行观察，但是，有时候仅仅以“旁观者”的观察视角就足以帮助别人获得成功。

我知道，我也曾经亲身经历过，有些人，其实他对我的问题一无所知，他们只是认真倾听我所叙述的，就可以看出我未曾注意到的显而易见的东西，给予我有益的指导。有时候你给别人做导师真正要做的就是给予关注。许多收入很高的生活教练其实就是这么做的。

我们在生活中都需要别人的帮助以看到自己看不到的东西，因为当遇到涉及自身的问题和麻烦的时候，我们都会有些目光短浅。伟大的高尔夫球手老虎伍兹也需要一位教练，虽然他技不如伍兹，但是他能看到伍兹看不到的东西。要想成为导师，你只需要敏锐的观察力和足够的耐心。你愿意带着同情心倾听你的门徒，在他们需要鼓励的时候给予支持，在他们需要动力的时候也会从后面推一把。

身为导师的好处

说实话，虽然我们自认为慷慨无私，其实还是被个人利益所驱动的。这是人之常情。我可以迎合你对社会和慈善事业的看法，告诉你身为导师能够回馈社会、造福大众，这是事实。但是我也想告诉你，身为导师不仅能够帮助他人，也能给你自己的生活带来切实可见的好处。

我们将在接下来的几章中深入讨论该话题，其实我们在前面讨论“十步学习法”的时候已经谈到了这一点——教授是学习的最佳途径之一。

在你担任导师的时候，你通常会比自己的学生还学得多，你会修正自己关于某个课题的观点，以全新的视角观察和思考。在你做导师的时候，你经常面对的都是最强悍的问题：为什么？为什么这样就是对的？为什么要用这种方法？当你被迫去探究这些“为什么”的时候，你会发现其实自己并不知道为什么。你可能还会发现，当你想去帮助别人的时候，你探求答案的过程能让你愈加深入思考，甚至可能完全改变你最初的想法。

当导师有时候也是要讲点儿运气的。你帮助过的每一个人，可能终有一天会超越你并且回馈于你。你指导的每一个人，就好比是你埋下的种子。种下的种子足够多，终有一粒会长成参天大树，为你遮风挡雨。很多我曾经指导过的人现在已经为我提供了很多帮助。人们总是会记着那些为他们雪中送炭的人。

现在，我想站在纯粹慈善层面上告诉你，做导师还会让你感觉良好。这件事情还是值得去了解的——你所做的能够对其他人的生活产生积极的影响，这本身就是一种报偿，特别是当此人无法报答你的时候。指导别人能让你发现人生的新目标和新意义，帮助别人可以给自己带来真正的幸福。

做导师的好处

- 帮助他人时的成就感。
- 深入学习和领悟知识的途径。
- 你的徒弟有朝一日会帮到你。
- 自身的成长。帮助别人成长的过程也就是自己成长的过程。

挑选一位“值得”指导的门徒

身为导师的一大困难就是找到一位值得自己付出时间和精力的门徒。当你的职业生涯越来越成功的时候，你会发现，越来越多的人向你寻求帮助，但是并不是所有的人都是真心实意的。你很容易浪费自己的宝贵时间去帮助那些并没有真正意愿去获得帮助的人。基于这个原因，谨慎选择门徒还是很重要的——千万不要明珠暗投。

在决定是否接纳新门徒的时候，需要首先查看他的基本素质（你知道可以导致成功的素质）。一个品行端正、有原则但缺乏智慧和知识的人，如果给予正确的指引，最终也会成功。反之，如果一个人缺乏这些素质，即便获得全世界的帮助，也是无济于事。

要找真正有意愿去学习，并愿意为此付出努力的人做自己的门徒。那些因为懒惰不愿意付出而向你寻求帮助的人，不配做你的门徒。你可以找那些希望在你的帮助下加速前进，同时也汲取你的经验以避免犯错的人做自己的门徒。

采取行动

- 在哪些领域内你可以辅导别人呢？整理一份清单，列出自己有意愿且有足够知识能帮助别人的主题。
- 持续提升自己，成为一名导师。找到那些真正需要你的帮助又符合条件的人做你的门徒。

第33章

为何说教学相长

尽管我们在前面讨论“十步学习法”时已经讲过，但我认为这个概念相当重要，值得更详细地探讨：学习知识的一大方法，或许是唯一可以做到深入学习的方法，就是传道授业。

如此深刻的真理却常常被人无视，只因大多数人对教别人心存恐惧，甚至还会觉得此做法得不偿失。本章的内容全部都是教你如何克服这一恐惧心理，理解教学的价值，并探索教学方法，从而让你在学习过程中从“教会别人”收获益处。

我不是老师

“我又不是老师”“我不知道怎么去教别人”——当我建议开发人员去传道授业的时候，总会听到这样的借口。是的，当下，尽管并非人人都在教学方法方面训练有素，但是每个人都有教的能力。很多情况下，真正的问题不是能力，而是信心。假如我请你给我演示你已经掌握的技能，你可能毫不犹豫地就做了。但是，如果我请你演示你毫无把握的技能，这一情况就很可怕了。

你觉得你在某方面已然是专家了，才敢把这些东西拿出去教给别人。然而，能将自己的专业知识教授给别人，却是成为专家的一部分要求。如果在某个领域你从来没有教会别人，那么很难说明你在该领域获得了足够的专业知识。事实上，假如我让你找出自己已经掌握但从来没教给他人的一项技能，你会找出不少。我斗胆猜测你已经深刻领会了其中的大部分技能，你可能帮助过别人，促进了对这些技能的掌握。然而，有趣的是，大多数人并没意识到这正是自己在传道授业。

教学通常需要正规的资质，而教学的真谛则是与他人分享知识。其实你每时每刻都在做教学这件事，只是你自己没有意识到。有多少次你向同事解释某个概念，演示如何使用某个框架或库？你可能从没带着粉笔和直尺走上讲台，但是你确实教过别人。

没有学位和证书，你也可以传道授业，当然你也不是必须成为专家。你只需要比别人领先一步就能够顺利地教他们。因此，尽管你可能自认为没有教的资格和能力，但事实是，人人皆为老师。不仅如此，教学也是一项技能，就像其他技能一样，也是可以学习的。

在你传道授业的时候都会发生什么

当我们初次接触某个课题的时候，我们对于自己对此了解多少往往都会高估。我们很容易自欺欺人，以为已经对某样东西了如指掌，直到我们试着去教会别人的时候，才能发现事实并非如此。

你有没有被别人问过一个非常简单的问题，却震惊地发现自己不能清晰地解答。你刚开始会说："这个，很明显……"，接下来只有"哦……"。这种情况在我身上屡屡发生。我们自认为已经透彻理解了这个话题，实际上我们只是掌握了表面知识。

这就是传道授业的价值。在你的知识集合里面，总有一部分知识你并没有理解透彻到可以向别人解释，而"教"的过程能够迫使你面对这一部分。作为人类，我们的大脑善于模式识别。我们能够识别模式，并且套用这些固定的模式去解决许多问题，而没有做到"知其然"也"知其所以然"。

这种肤浅的理解力无碍于我们完成工作，因而不易被察觉。然而一旦我们试着向别人解释某件事情的运作原理或背后的原因的时候，我们在认知上的漏洞就会暴露出来。

不过这并非坏事。我们需要知道自己的弱点，然后才能对症下药。在教别人的时候，你迫使自己面对课题中的难点，深入探索，从只知皮毛变成完全理解。学习是暂时的，而理解是永久性的。我可以背诵九九乘法表，但是一旦理解了乘法的运算原理，即使突然记性不好，我也可以重做一张乘法表。

在教别人的时候，你需要重新组织大脑中的所有数据。当我们刚开始学新东西的时候，通常都是些零散的知识点。这些素材在你被教授的时候可能都是组织得很好的，但是一旦进入你的大脑后，它们经常是以非常混乱的形式被存储起来的。你掌握的一个概念，然后又跳到下一个概念，然后又跳回到之前的概念，直到回到之前没有掌握的内容。

这种在大脑中存储信息的方式非常低效且混乱。这就是当别人来问你问题的时候，你明明知道答案，但说出来却是前言不搭后语的原因。你知道自己知道，却无法解释得一清二楚。

在你试图教别人的时候，你强迫自己重新组织大脑中的资料。最好的思维方法就是解释某样东西并将其记录在纸上，或者记录到 Word 文件或者幻灯片中，使你可以将这些互不连贯的碎片信息收集起来，并以一种有效的方法重新组织起来。要想教人，你得先把自己教会。传道授业为何是卓有成效的学习方法，原因正是如此。

入门

也许，现在，我已经让你相信，传道授业是一件你可以做也应该去做的事情，尤其当你希望自己能够深刻理解已有知识的时候。那你现在想要知道的是：如何才能真正开始传道授业？要想切实迈出这一步，成为某个学科的权威并非易事。对于该学科，你也许会得心应手，也可能是忐忑不安。

我发现最好的教学方式就是以谦虚的视角来观察问题，以权威的口吻去诠释问题。我的意思是说，当你教别人的时候，无须让自己表现得比学生更智慧、更博学，但要充满信心，坚信自己所说的一切。没人愿意跟一个对自己讲的内容毫无底气的人学习，也没有人愿意在学习的过程中被人看作是愚不可及的。

要把这一切做到恰到好处还需要一些练习，因为很容易从一个极端走向另一个极端。你要明白，你教的目的是帮助别人，而不是为了证明自己的优越性或者寻求认可。

想想让你印象深刻的老师们，他们让你沉浸在学习之中，对你的生活产生了积极影响。他们拥有哪些素质？他们采用的教学方法有哪些？

那么从哪里着手呢？是不是应该需要开设自己的课堂，广招学生呢？

我的建议是：你从“小”做起，渐渐习惯去分享自己的想法。我一直建议开发人员要开自己的博客（参见本书第二篇）。博客是很棒的地方，它能让你在教自己所学的知识的同时不必承受过多的压力。在你掌握一个主题之后，可以撰写博客来分享自己所学。看看自己能不能以这一简单的方式来从接收到的信息中提炼出要点。事实上，我就是这样开始写自己的博客“Simple Programmer”的。我最初的目标，也是最重要的目标，就是“化繁为简”。当我开始写博客的时候，我希望能将自己学到的东西进行简化，从而方便别人理解。

然而你并不要止步于写博客。另一个重要方法就是在本地用户组的聚会上或者自己的工作场所进行演讲。只要记住一个原则：心态谦卑，信心满满（而不是傲慢自大）。即使你可能不是最好的演讲者，你也会做得很好。

视频，尤其是教程截屏，也是一种很好的教学方式，很容易上手。你可以使用 Camtasia 或 ScreenFlow 这样的录屏软件来录制你的屏幕，并提供一个画外音来解释操作过程。这种教学方式能够真正给你带来挑战，迫使你去思考呈现信息的最佳方式（音频、视频和实际演示）。

采取行动

- 想出一个你可以教别人的话题并教给别人。本周你要尝试一些教学方法，如写博客、发表演讲、录制截屏等。
- 当你做教学准备的时候，要特别注意这些准备工作是如何提升自己对某个主题的理解的。对那些没打算去教别人就不可能发现的自己的知识短板要多加留意。

第34章

你需要一个大学学位吗

关于大学学位对于软件开发人员的价值，长期以来存在各种争论。没有学位的软件开发人员在职业生涯中和生活中能取得成功，又或者他们注定就是要搜遍每个角落还是找不到工作？

在本章中，我们会探讨高等教育的优势和弊端。当你没能走上学术之路的时候，你该如何获得成功？对此我会给你一些提示。

获得成功必须要有学位吗

我敢肯定，你知道这是一个很棘手的问题。如果你问的是一个有学位的人，他们很可能会说“是”。如果你问的是一个没有学位的人，答案可能是“不”——除非他们当时正好处于失业的状态。但是，真相到底是什么？你到底是否需要一个学位？

好吧，我碰巧有一个计算机科学的学位，但是我刚开始工作的时候我还没有学位，所以我刚好处于两大阵营的中间。虽然这并不能让我的答案无懈可击，但是无论如何，这种经历确实可以让我以两个阵营中任何一方的视角来看待有关求职和晋升的问题。

以我的经验，我发现，拥有学位并不是成功所必需的，但它肯定是一个限制性因素，它限制了可以提供给你的职位数量，并且某种程度上也限制了你的晋升，特别是在大公司中。没有学位可能会让你的简历被过滤掉，连被人看到的机会都没有。许多公司，特别是大公司，会根据受教育水平来过滤求职申请。事实上，一些公司的招聘政策中明确要求软件开发人员拥有大学学位。当然，这并不意味着你就不能从这些公司获得工作机会，总有一些例外，但是肯定会难上加难。

我不想在这里过分强调学位的重要性，但我希望你能明白，没有学位会限制你的选择。在这个大前提下，我确信，学位并不是成功的必备条件。

我知道有许多成功的软件开发人员并没有拿到学位，比尔·盖茨就是一个很好的例子。他没有完成学业，但是看看他现在的成就。在我软件开发职业生涯的大部分时间里，我并没有学位，我也做得很好。在软件开发领域，能力最为重要。与一纸学历证明相比，如果你能写好代码，能解决问题，能证明自己有此能力，你就能走得更远。

与其他行业相比，软件开发最大的不同就是：该领域总是不断变化。每天都有新的框架和技术问世。在教育机构中培养能适应真实工作环境的软件开发人员几乎是不可能的。等到教材出版、课表排好的时候，很多东西已经改变。

但是，这并不意味着，在软件开发中不存在永恒不变的核心领域。许多计算机科学课程中包含的算法、操作系统、关系型数据库理论和其他主题都是永恒的。然而最简单的事实是，当你坐在办公桌前开始写代码的时候，你极少会用到在学校学到的技能。身为软件开发人员，我们所做的大部分工作，都是如何使用新技术，学会如何用它们完成工作。我们很少需要回溯到计算机科学的本源。

同样，这并不意味基础的计算机科学教育毫无价值。能够深入挖掘问题并理解问题（而不是停留在表面上）的能力更具价值。对大多数软件开发人员来说，在工作中取得成功的更直接因素还是相关工作经验。

高学历的优势

我们已经讨论了高学历的一些优势，现在让我们更深入地探讨一下这个问题。

首先，学历教育可以确保你在软件开发方面获得全面的教育。计算机科学方面的学位或者其他与软件开发相关的学位，不会给你带来成为优秀的软件开发人员所需的全部教育，但是大多数学位课程能给你打下坚实的基础。

你当然也可以自学这些东西，但如果你选择自学，最终会在你的知识体系中留有漏洞，将来这些漏洞有可能会在你的职业生涯中会伤害到你。计算机科学或相关学位的教育让你学习高等数学，了解编程语言、操作系统和算法，以及一些并非日常工作所必需的核心主题；这能让你拥有良好的基础，能够让你更深入的理解自己在做什么，以及各种工作原理。

拥有一个学位也可以帮你即使毫无经验也能踏入职场。软件开发领域很难闯入，特别是缺乏任何经验的话。在这种情况下，有个学位就大不相同。如果从来就没有从事过相关工作又没有接受过正规教育，你就很难让别人相信你会写代码。

学位还可以给你更多的选择。如果你没有获得过相关学位，有一些职位你是永远不会得到的，尤其是在大公司中。没有学位，做到一定的行政岗位之后就会有一个困难期。如果你决定要转到管理岗位，你可能得获得 MBA 学位，而这会要求你必须先拥有一个较低的学位。

学位的好处

- 接受有关软件开发方面的全面的系统教育。
- 无须经验就可以入行。
- 有更多选择，更容易转到行政或管理岗位。

学位的弊端

- 花费原本可以赚钱的时间去学习。
- 可能会受困于思维定式，难以打破。

没有学历又当如何

显然，高学历不仅对你无害反而能帮到你。但是如果没有学历你该怎么做呢？

如果没有学历，你就不得不更多地依靠经验来证明自己的能力。学位至少可以让雇主相信你具备了某些软件开发的知识，那么如果你没有学位的话，你就要能够证明自己有这些能力。

证明自己的能力的最好的办法就是以往的工作经验。如果在过去五年中你一直从事软件开发的工作，那么即使没有学位也能说明你会写代码。但是，如果你刚刚踏入职场，那你的求职之路会很艰难，你不得不去证明自己确实能够做到你自己所说的那些。因此准备一份作品集是最好的方法。

不管你是拥有学位还是拥有经验，我都建议你将自己的工作成果总结为作品集。如果你既没有工作经验也没有学位的话，你最好能够展示一些自己写的代码。现在，做到这一点的最好的办法就是在 GitHub 这样的代码托管网站上创建或者参与一个开源项目。GitHub 上托管着许多开源项目，人们可以通过你的 GitHub 页面看到你的贡献。

你也可以把自己创建的网站或者应用程序整理出来，带着这些源代码去面试。我一直推荐开发人员（特别是刚入行的开发人员）创建一个移动应用，Android 或 iOS 应用均可。这是向未来雇主展示能力的好办法——让他了解你具有开发并部署一个完整应用的能力。

现在，花点时间想想：你能创建哪些应用，如何创建一套能带去面试的作品集。你有能带去面试的代码或项目吗？

另一个要考虑的是，如果你目前没有学位，你是否想将来去获得一个？我刚开始工作的时候，我并没有学位。我费了很大的劲才得到第一份工作，但我有了足够经验之后，我明白了一点：学位并不是那么重要。尽管如此，工作了几年后，我还是决定继续完成学业，从而得到一纸文凭。在接受教育的同时，我仍然坚持正常工作，所以最后我不但比我的同龄人多了 4 年工作经验，还获得了学位。这么做唯一的弊端就是，在这几年里，我都不得不在晚上学习。因为函授大学和夜大的学费比普通大学便宜，所以费用不是问题。当你有了工作，读书的开支也少了很多，你也无须借贷。不仅如此，有些公司还会部分或全额支付你的学费。

如果你目前还没有学位，你可以采用类似的路线。你可以通过业余时间上课的方式，在工作的同时获得学位。这是一个非常好的支持计划，能在以后助你一臂之力。

另一种方法就是获得专业认证。虽然不如学位那么有用，但是它们没学位那么贵，也能证明你在某领域的专业能力，如微软和 Java 的专业技术认证、Scrum 方法认证。你通常可以自学这些认证课程，通过考试获得认证。考试的费用相当便宜。

采取行动

- 如果你没有学位，看看有哪些网上课程或者业余课程可以参加。看看它会花费多少，多久会让你毕业。
- 如果你决定完全放弃学位教育，那么一定要确保自己有一个非常出色的作品集。花时间把写过的代码整理一下，证明你了解你所做的工作。

第35章

发现自己的知识短板

专注于自身强项，这没什么不妥，但有时候，如果弱项得不到有效增强，通常会成为你的职业上或生活上的桎梏。我们每个人都有弱点。我们的知识也有使我们不能高效工作的短板。我们能发现并消除的知识短板越多，长久来看我们从中受益越多。

本章的内容都是关于发现妨碍你发挥自身全部潜能的知识短板的。我们将研究这些短板为何会存在，如何找到它们，以及最终如何填补它们，从而让你不受自己所不知的限制。

为什么我们会有短板

在很长一段时间里，我都不明白 Lambda（拉姆达）表达式在 C#中是如何工作的。在 C#中，Lambda 表达式是一种基本的匿名函数，可以用来创建代理。你可以使用 Lambda 表达式作为快捷方式来声明没有名称的函数。

我在 C#代码里不断看到 Lambda 表达式，对它的作用也略知一二，但并没有真正理解。我知道，如果自己花点时间了解 Lambda 表达式是如何工作的，以及它们是什么，我的工作会更顺利，但是我当时没有时间。

最终，它成为我自己的知识体系中严重的短板。没有花时间去彻底掌握 Lambda 表达式的工作原理，结果浪费了大把的时间。最后当我下决心花时间去了解 Lambda 表达式的时候，我只花了几小时阅读并实践，就领会了这一概念。

观察我工作的旁观者迅速看出我的弱点，以及这个弱点又浪费了多少效率。然而，尽管现在这一点显而易见，但当时我却无法了解。

这就是知识上的短板造成的问题。我们总是倾向于掩饰自己的短板，而且我们也总是太忙，忙到无暇去填补它们。结果，我们要么不能真正明白自己在做什么，要么为了避开自己的短板而采取低效的方法。

尽管我们最终明确了这些短板，也明白自己深受其害，但基本上依然会无动于衷——即使我们知道自己应该有所作为。这就像牙疼的时候不愿意去看牙医，因为我们并不愿意为此而烦恼。

找出你的短板

你的知识短板并不全都显而易见。事实上，大多数的知识短板，你只能隐约觉察到。对于自己不知道的，你很难清楚地意识到，也很容易忽略。

知识短板会阻碍你进步。准确识别它们的最佳方式之一就是看看自己在哪些工作上花费了大量的时间，或者一直进行重复性劳动。通常，你会发现，自己的知识短板使工作速度放缓，额外需要大量的时间完成任务。由于理解得不彻底，你只能摸索着前进。这正是我不理解 Lambda 表达式的时候发生的情况。我花了大量的时间去调试代码，而不是用几个小时去理解它。

重复性工作也是如此。任何你所做的重复性工作都值得彻查一番，看看是否有自己不理解的地方，如果你这样做了，可能会提高你的工作效率。想想键盘快捷键。你一直重复使用某个应用，但是并没那么高效，原因是你不得不手动在屏幕上拖曳鼠标并点击。键盘快捷键可能就是你的知识短板。花点儿时间学习每天会用几个小时的应用（提示：你的 IDE 编程环境）的快捷键，一周能给你节约好几个小时的时间。

另一种识别知识短板的方法就是，时刻都要试图了解自己不理解或不清楚的事物。你可以维护一份清单，列出自己需要去研究或者自己不清楚的所有事物，追踪有哪些主题总是不断出现在这个清单上。你会惊讶地发现这份清单的增长速度有多快。你只要对自己坦诚：如果遇到不理解的知识，不需要马上就学会，但是一定要把它添加到清单中，这样你至少可以找出自己的知识短板。

假如你在准备面试，需要明确自己要学什么，这一方法最管用。尽量找出尽可能多的你在面试中可能会被问到的问题。如果你在找 Java 程序员的工作，你要整理出一份 Java 面试题的清单表，把所有题目做一遍，将自己不理解的概念和不会回答的问题整理到这个清单中。等你完成这一步，你就有了一份长长的待研究课题清单。这种方法看起来简单明了，但是很多准备面试的软件开发人员对要研究什么以及如何研究一头雾水。

最后，尽管这有些难以启齿，但是你还应该问问熟悉你工作的同事，或许是对你的代码进行代码评审的人，想必他们应该知道你的知识体系是否存在某些短板。询问你的经理也是一个不错的选择。不过得小心点儿。大多数时候，如果你问别人这样的问题，他们不会告诉你真相，因为他们会认为你无法接受真相。所以，你需要先行提出一些你已经发现的自己的短板，以及你打算如何消除这些短板，借此表明你是真诚的，这才会促使他们对你知无不言。还有一招，不过风险更高：你小心翼翼地提及他们自己的某项差距（注意要用客气的方式），他们的反应会让你大吃一惊。使用这一招务必小心谨慎。

检查知识短板

- 在哪些工作上花费时间最多。
- 可以改进的重复性劳动。
- 自己没有完全理解的东西。
- 你回答不出来的面试题。

消除短板

如果不能采取措施弥补自己的知识短板，就算明确了所有短板也无济于事。幸运的是，一旦你能明确自己的短板，那消除短板的实际工作也并非如自己想象的那么可怕了。这就跟我们去看牙医很类似。

真的，消除短板的关键就是定位短板。一旦你知道自己的知识短板是什么，以及它如何阻碍了你的发展，那么找出弥补它的方法也就简单了。当我意识到自己止步不前是因为没有掌握 C#的 Lambda 表达式，我就坐下来，花几个小时用心学习直到掌握它。

你必须要确切知道自己需要学什么，保证焦点明确。如果你的知识短板是不擅长物理，那很难弥补这一短板。但是，如果你能确定自己因为不知道弹簧的工作原理而遇到麻烦，那就可以花时间学习胡克定律，然后就一切顺利了。

通常情况下，你可以通过“提问题”来快速填补自己知识上的短板。你可能会因自己在某方面的无知而感到尴尬，但是如果你能够克服尴尬，在自己不明白的时候提问，你会发现自己可以毫不费力地填补很多知识上的短板。当你在谈话或者讨论中遇到自己不能完全理解的部分，不要掩饰它，通过提问来弄明白。

找出短板并进行弥补

采取行动

- 在接下来的几天里随身带着一个记事本，把自己遇到的不明白的地方都记下来。
- 在谈话中遇到自己不明白的地方，即使觉得尴尬，也要有意识地提问。
- 明确自己一天中的某些“痛点”，通过弥补自己知识上的短板，找出消除痛点的方法。

第四篇 生产力

外行静坐等待灵感，其他人则唤起激情努力工作。

——斯蒂芬·金，《写作这回事：创作生涯回忆录》（*On Writing: A Memoir of the Craft*）

如果我可以把本篇的所有内容提炼成一个忠告，我会说“做该做的工作”。然而，问题在于，“做该做的工作”并不像看起来那么简单。我们都知道，如果明确知道应该做什么，那么我们的工作效率会更高。但是，懒惰、缺乏动力、泡在Facebook上聊天、沉湎于搞笑的猫咪视频……种种原因总让我们的计划泡汤。那么，怎样才能坐下来，做我们应该做的工作呢？我们要怎样做才能让自己不再沉迷于搞笑动画，克服拖延症呢？

这正是本篇要论述的内容。我并非完美无缺（我自己也是拖延了很久之后才开始动笔写作本书的），但我找到了一些能够大幅提升工作效率的方法，在本篇中，我将与大家一起分享。这些方法中有一些相当浅显，比如我们都需要善意的提示，但还有一些就不那么简单了。

虽然我最终并不能让你成为一台性能卓越、品质出众的超级高效机器，但是我能给你一些有效的工具去打败注意力分散，让你聚精会神，关掉滑稽的猫视频，尽管它们确实有趣。

第36章

一切始于专注

提高工作效率并没有什么了不起的秘诀。如果想让工作更加富有成效，就要让更多的工作尽快完成。现如今，生产效率高并不能保证你是高效的。产量多只表明生产效率高，只有完成正确的工作才会成为高效的人。但现在，我们只专注于讨论如何提高生产效率。首先，我要假设你能解决在工作中遇到的所有问题，所以你一旦开始工作就可以持续不断地交付工作产品。

如何让更多的工作尽快完成呢？这一切都源于专注。专注对于完成任何任务都是至关重要的。眼下，我就专注于“写这一章”这项任务。我戴上耳机，忽略所有电子邮件，一直盯着屏幕打字，因为我知道，写完这一章是需要一整天还是只要几小时，这完全取决于我是否专注工作。

在本章中，我们会讨论什么是专注，为何它如此重要，以及——最重要的——你如何更专注。抑制住要翻页的冲动，把手机调为振动模式，我们开始吧。

什么是专注

简言之，专注就是注意力分散的对立面。我们生活的世界充满了太多的诱惑，很多人并不知道真正的专注是什么，很容易忙忙碌碌一整天却从未达到专注点。邮件、电话、短信、走神、打断……这些干扰纷至沓来，让我们无法专注，让我们忘记了专注是一种什么样的感觉。鉴于你可能想不起自己最近一次保持专注是什么时候，我要花点时间来提醒你真正的专注是什么。

还记得你最近一次解决真正的难题是什么时候吗？你或许在试图修复一些 bug，或者要弄清楚为什么你的代码不工作。时间飞逝，你忘了吃饭、喝水乃至睡觉，一门心思扑在你的任务上。你全身心投入到单个项目上，任何人胆敢打断你，你必定会暴跳如雷。

这就是专注。我们时不时能感觉到它，但问题是，大部分时候我们都不专注。大多数时候，我们都是用截然相反的模式工作。我们很容易注意力分散，无法静下心来投入到应该完成的任务。专注，就像生活中的许多事情一样，就是一个关于“冲量”的游戏。想要达到专注工作的状态很难，但是一旦进入专注状态，就能轻松保持。

专注的魔力

我通常不相信“神药”，但我坚信专注是提高生产力的灵丹妙药。如果能买到专注，我会刷爆信用卡，有多少买多少，因为我知道这笔投资的回报完全有保障。专注就是如此重要。

缺乏专注，任务会被拖延很长一段时间。各种干扰分散了我们的注意力，或者让我们无法进入专注状态，最后不只是消耗了我们大量的时间。在第 41 章中讨论多任务并行的时候，我们会更具体地讨论这一问题，但我们所承担的很多任务都有“环境切换”的成本。当我们从一个任务切换到另一个任务时，我们必须要唤醒某些记忆之后才可以重新开始工作。

专注非常重要，因为它可以让我们在处理任务的时候不必一遍又一遍地重复基础部分。我们的思维模式是这样的：花一些时间先把所有的事务在脑子里过一遍，然后才能达到思维高峰以完成任务。你可以把这个过程想象为汽车在高速公路上行驶时的提速过程。车子在进入高速行驶之前需要更换几个挡位。如果你总是不断地起步停车，那么你的整体速度就会很慢很慢。要让车回到高速，换到五挡，需要花点儿时间。但是，一旦你开到五挡，那就能轻松巡航了。

我确信你有过这样的状态，你全心工作，感觉毫不费力。要想进入这种状态常常需要费点儿时间，但是一旦找到这种状态，你就能在短期内完成很多任务（除非你为了找出一个难以找到的 bug 在原地打转）。

如何更专注

我可能并不需要花更多时间让你明白专注的重要性。不过你可能想知道如何才能更专注。（抱歉，我目前还没找到通过吃药提高专注的方法，等找到了会告诉你的。）事实上，学习如何保持专注是非常关键的，因为如果你做不到这一点，本篇其余的大部分内容对你而言可以说是毫无用处。我可以告诉你这世上所有提高生产力的窍门和技巧，但是如果你不能专心坐下来专注于某项任务，这些技巧对你并没有太大的用处。

那么，现在正是开始实践的好时机。此刻，你可以挑选一些耗时15～30分钟的任务。插上书签，合上这本书，现在就去完成这样的任务。你必须完全专注于做这件事。不要想别的事情，只专注于这一项任务。找找这种感觉。

正如我之前所说，专注有着自己的冲量。如果你想进入专注模式，你必须要认识到，它不是一个"即插即用"的开关。如果你能瞬间切换到专注模式，你可能算得上是个怪人：只要你一坐在计算机边上就开始疯狂打字，瞬间你的眼睛就变得呆滞无神。我想，你这样可能会吓到别人。

要进入专注模式，必须要克服将自己的思绪集中于单一任务时的那种痛感。除非你完全享受完成这项任务，否则这种痛感一开始会很强烈。但是，这正是关键所在。你必须要意识到，这种痛苦和不适只是暂时的，不会持续很久。

当我刚开始坐下来写这一章的时候，我时不时有种冲动去检查电子邮件、上个卫生间、喝点咖啡——其实我本不喝咖啡的。我的大脑竭尽所能阻止我保持专注。我必须得征服它，强迫自己的手指必须要继续打字。现在我已经进入了可以连续打字数小时（有时候也许是数个半小时[①]）的状态。关键在于，我不得不坐下来，强迫自己进入专注模式。

我用于提高生产力的大多数方法都是以这种方法为基础的：达到专注的临界点。在第38章中，我们会讨论"番茄工作法"，这种形式固定的方法能够强迫你坐下来，专心工作足够完成一项任务的时间，从而建立冲量，让你进入"专注"的境界。

没有听起来那么容易

现在我可能已经让专注看起来比实际情况更容易点儿了。专注并不像坐下来在键盘上打字那么简单。你要激发自己的斗志，对抗各种让你分心的事情，只有打败它们，你才能升挡到"高速"，将自己送入巡航状态。与分心作战需要一些深思熟虑。

在开始一项任务之前，确保你已经做好一切可以让自己免受干扰的措施，不管是内部干扰还是外部干扰。将手机调成静音状态，关掉分散注意力的浏览器窗口，禁用屏幕上的弹出窗口，甚至可以考虑在你的门上或者工位入口挂一个"正在忙，勿打扰"的牌子。你可能觉得我说的"挂上招牌"是开玩笑，其实我是绝对认真的。刚开始时，你的同事和老板可能对此有些抵触，但当你像疯子一样疯狂工作的时候，他们就会理解。其实，他们也想买到你的这剂良药。

---

① 此处原文为half hours。作者在这里指的是"番茄工作法"，请参考第38章。——译者注

事实上，我最近制订了一项政策，在我完成当天计划的工作之前，除工作用途之外，我绝不触碰手机或打开网络浏览器。这可能很难做到，但幸运的是，有一些应用可以帮你。你可以考虑借助 Offtime 或 BreakFee 这些应用帮你减轻对智能手机的沉迷，杜绝分心。如果是台式机，你可以尝试 Freedom 或 StayFocused，它们可以帮你在真正需要集中精力的特定时间段内屏蔽网站甚至互联网。

好了，你现在准备好开工了。你坐在电脑前开始打字。旁若无人，心无杂念——但是，等等，那是什么？你说不上来，就觉得自己该看看有没有人喜欢你 Facebook 上的帖子。别这样，想都不要想。现在你要用自己的意志力将注意力保持在手头的任务上。起初这种专注是被迫的，但是随着冲量建立，推动你进入专注状态。你的目标是熬过前 5～10 分钟。如果能撑过 10 分钟，你就有足够的冲量继续。在这种情形下，即使是轻微的分心也不大可能打破你的专注。

采取行动

- 想一想自己极度专注于工作的时候。那是一种什么感觉？是什么令你进入这种专注模式？又是什么最终打破了你的专注？
- 时不时实践一下专注。选一项大概需要占用你半小时或者更长时间的任务，给完成这项任务分配一个完整的时间段，完全专注于这项任务。迫使自己只集中精力在这一项任务上。当你进入专注状态时，在心里记住是什么感觉。

第37章

我的私房“生产力提升计划”

我已经尝试过几乎所有的主流的生产力管理方法和工具。我试过 GTD（Getting Things Done），也花时间用过“番茄工作法”。我还用过塞恩菲尔德[①]的“不要打破链条”（Don't break the chain）方法的各种版本。（在“不要打破链条”方法中，每天成功完成某项任务，你就在日历上做个标记。这种方法的基本思想就是，让连续工作的势头保持的时间尽可能长。）我甚至还试过像 Autofocus 这样的基于列表的管理系统。在尝试了所有这些方法之后，我始终无法找到适合自己的完美方法。于是，我又把这些方法中最有用的部分抽取出来，将它们与一些敏捷工具（如看板）结合起来，创建了我自己的生产力提升方法。

在本章中，我会告诉你这种方法，我就是靠它让自己尽可能保持高产状态，我现在也用此方法在写这本书。

概览

我的生产力提升计划的基本思路就是，我把一周的时间分配给一个一个用时不超过两小时的小任务。我使用看板来安排自己的一周活动。看板是一个简单的白板，它有几个列，你可以轻松地在各列之间移动任务项。在敏捷方法的世界里，看板通常还包含展示这些任务项所处的不同状态，典型的状态有“未启动”“进行中”和“已完成”。但是在我的看板中，每一列就是一周中的每一天。要想对看板技术有更多的了解，可参考马

① 塞恩菲尔德（Seinfeld）是美剧 *Seinfeld* 的联合主创兼主演。国内将 *Seinfeld* 译为《宋飞正传》。——译者注

库斯·哈马伯格（Marcus Hammarberg）和乔吉姆·森顿（Joakim Sundén）合著的《看板实战》（*Kanban in Action*）。

在工作时我会使用番茄工作法来保持专注，并且用番茄工作法估算和衡量每一项任务要花多长时间。我会在第 38 章中更加细致地讨论这一方法的工作原理。

季度计划

我的计划都是从“季度”开始的。我把我的一年分成 4 个季度，每个季度 3 个月。在做季度计划时，我会尽力列出我想在本季度完成的每一个大项目，我还会制订一些较小的目标。我会思考我在每一周或每一天分别完成哪些工作。这份计划通常会用 Evernote[1]这样的应用中的一份列表来完成。我也会创建一个宏观计划，将本季度我想要完成的工作列入其中。这让我清楚地了解自己的主要目标是什么，也知道该如何实现它。同时，它还会让我保持专注。

我的季度目标包括写这本书，创建“软件开发人员如何自我营销”系列课程，有时甚至是“取得突破”这样的目标。作为一名软件开发人员，你可能会有一些季度目标，如学习一门新的编程语言或技术，开发第一款 iOS 应用，甚至获得认证或找到一份新工作。

月计划

每个月的第一天我会打印出当月的月历，并且规划出每天要完成的工作。此时我并不能做到非常精确，但是我可以根据当月天数和之前的完成情况，粗略估算出当月我能够完成多少工作。我会简单地从季度计划中挑选任务，看看有哪些任务可以写入月历。

每个月我都会将该月要完成的所有任务列入计划。例如，我要在每月月初批量创建该月的所有 YouTube 视频，这通常要花费我一整天的时间。

周计划

每周一的早晨，我会做我的周计划。我原来使用名为 Trello 的工具作为看板来组织我一周的工作，但最近我一直在用 Kanbanflow 创建自己的看板，因为 Kanbanflow 有一个内置的番茄钟定时器。我的看板上不仅一周内的每一天都有一列，还有一列标注为“今天”，列出我当天要完成的任务；还有一列标注为“完成”，列出我已经完成的任务；还

① 国内版本为“印象笔记”。——译者注

有一列标注为“下周”，我会把所有这周内未完成的任务以及我知道下周必须要做的事情放进去，以免自己忘记。

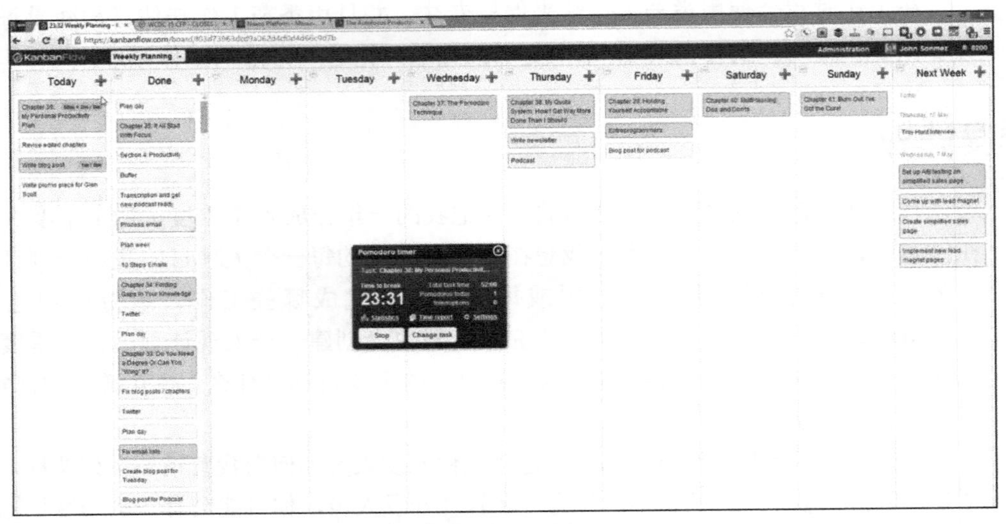

简单的周计划看板

每天开始工作的时候我都要浏览一下本周需要做的事情的清单。我在 Evernote（印象笔记）上创建了一份检查表，列出我每周必须要完成的所有工作，包括：

- 写一篇博客文章；
- 制作一个 YouTube 视频；
- 为该视频撰写一篇博客文章；
- 录制两个播客；
- 为该播客撰写一篇博客文章；
- 转录和编辑我的播客；
- 写一份电子邮件简讯；
- 安排好我本周内要在社交媒体上发表的内容。

我通过在 Trello 或 Kanbanflow 上创建卡片来安排上述所有任务。对于每张卡片，我要估算一下要花多长时间（以番茄钟为单位——专注工作 25 分钟）。我假设自己每天可以使用约 10 个番茄钟。我会确保先将上述这些任务加进计划中，因为我知道这些是每周必须要完成的。

一旦完成一周内的强制性任务，我会浏览一下我的日历，看看是否有任何固定的约会需要占用当天的时间。对于这些日子，如果这些约会与工作相关，我会为它们创建卡片，否则我就减少当天期望完成的番茄钟总数。

最后，我将所有计划在本周完成的工作都放入周计划中。我会为每项希望本周完成的任务创建卡片，并插入可用的时间窗内。通常，我会给自己留一点儿余地，只会为每一天安排 9 个番茄钟用于工作。

安排每周的任务

到这里，我对本周要完成的任务就会有一个非常清晰的认识。我发现这种预测也非常准确。我有能力调整各个卡片的优先级，以确保我认为更重要的和我必须确保完成的工作优先得到保障。我还能清楚地知道每周自己的时间都去哪儿了，我甚至能事先控制自己将时间用在哪儿，而不是回过头看自己的时间都去哪儿了。

日计划及其执行

每天，在坐下来工作之前，我都会做一些健身活动。之所以这样做，是因为我不希望中途有事情打断我专注的状态。一旦我做好准备坐下来工作，我做的第一件事就是计划我的这一天。

要计划好这一天，我首先要把对应日期里的卡片移到“今天”这一栏，并把它们按照重要性排序。我要保证自己优先完成最重要的事情。我也会对当天的任务进行调整，如果卡片上对该项任务的描述不够细致，我还会添加细节。我要确保自己在开始工作之前就确切地知道自己在做什么，这项任务完成的标准又是什么。这样做可以避免因为任务定义不清晰而导致的拖延和时间浪费。

将当天计划要做的每件事插入各个时间窗内之后，我会回顾本周计划，对本周剩余的任务进行一些小的改动。有时候，我完成的任务比计划的要多，我就需要把一些卡片向前移动，或者添加新的卡片。有时候，我的工作进度会落后于计划，我可能就需要进行调整，将一些任务卡片移到下一周。

至此，我已经做好了准备工作。我会在第 38 章中更详细地介绍番茄工作法。每天，我都会用番茄工作法在某一时间段内专注于某项任务，以此来完成工作列表上的每一项任务。

这里需要注意的一点是：为了增强效果，我们并不允许有“赶工”事件发生。我的意思是：如果我计划需要一个番茄钟完成的某项任务最终实际需要四个番茄钟才完成，我也不会劳神耗力地去完成我在当天给自己安排的其他任务，甚至那周安排的其他任务。我的目标是完成“X 个番茄钟”，而不是“完成 X 项任务”。一旦你开始专注于“完成 X 项任务”，你要面临的一定是一份长长的待办事项清单，你会重新陷入泥潭之中。另外，有时会发生一些计划外的事情，阻止我完成我给自己分配的当天要完成的任务。如果我能提前预知，我会在前一天规划一些额外的番茄钟作为补充；但如果我无法预知，我也不会试图弥补差额。与其断断续续，不如始终如一。考虑一下这个问题。

与干扰做斗争

每一天你都会受到很多干扰。只要一坐下，电话就会响起，邮件通知在屏幕上弹出，有人又在 Facebook 上给你点赞，赶上世界末日再次来临，还得查看一下 CNN 看看到底是怎么回事。有些干扰是不可避免的，但我发现，只要愿意付出努力，我们还是可以排除大部分干扰的。

白天我会尽量避免受到干扰，因为我知道它们是工作效率的最大杀手。我在家办公，所以尽管比在小隔间环境中工作更容易避免干扰，但仍然是挑战重重。白天，我的手机从来不响，一直处于静音状态；我的妻子和女儿也知道在我工作的一个番茄钟内不要来打扰我。如果需要找我，她们可以发邮件给我，或者在门边探个头，这样我在休息的时候就会去找她们。当然，紧急情况另当别论。

为了免受干扰，另一件大事就是，在白天我基本上会忽略电子邮件。我只在休息的时候检查电子邮件，这也只是为了确保不会耽搁必须要马上处理的紧急邮件。但是，除非一些事情确实紧急，否则我一般只在晚上统一回复电子邮件。通过在集中的时间段内统一回复邮件，我可以大幅提升邮件回复效率。（如果能彻底摆脱检查电子邮件的习惯，我可能会生产效率更高。但可惜，我只是个普通人。）

另外，我还会退出所有会让自己不断分心的聊天软件，或者保持隐身状态。我觉得聊天软件完全就是浪费时间。在大多数情况下，电子邮件更为合适，因为我可以在闲暇时间回复，而不会在正专注工作的时候被打断。

休息和休假

每天都像机器一样高强度工作可不是长久之计，所以我要确保自己有一些休息时间，或者有那么几周我会称之为“无工作周”，基本上在这几周里，我不会使用番茄钟，也不会把整周都排满。在无工作周里，我只做一些我喜欢的工作。这些周通常毫无成效，我迫不及待地想回到正常的运转轨道上去（紧张工作），但是这种清闲让我可以在单调的忙碌中休息一下，也会帮我牢记按照自己设定的轨道运转对富有成效地工作是多么重要。

每隔一段时间，我也会休息一天，充充电，陪陪家人。我只是相应地对周计划进行调整。明天我要带我女儿去迪士尼乐园，所以我会在回家之后完成相当于三个番茄钟的工作任务。每隔几个月，我就会安排一次两周或者一个月的休假。在长假期间，我要么会把博客和播客这类任务挂起，要么只做最小量的工作，来维持自己每周的承诺。我发现，在长时间努力工作之后，这种休息是必需的。（完成本书之后，我会休息一段时间。）

采取行动

- 你并不一定非要确切遵循我的“生产力提升方法”，但你应该为自己设定一些制度，确保自己获得持续的成果。把自己当前每周的任务记下来，看看是否有某种可以为自己制订一个能够按月、按周或者按天实施的可重复使用的方法。
- 尝试使用一些任务管理的有效工具，包括本章中提到的那些应用。每次使用两周，看看哪款应用最适合你。

第38章

番茄工作法

多年来，我尝试过不少提升生产力的方法，目前我用的是各种方法的组合，但对我工作效率影响最大的还是“番茄工作法”（Pomodoro Technique®）。如果我只能向你推荐一种提升生产力的方法，那一定是番茄工作法。

然而，我也不是一直都对番茄工作法推崇备至。我第一次尝试使用番茄工作法的时候，我认为它太基础了，不大会有效果的。直到我尝试使用了一周之后，效果立竿见影，我才真正体会到了它的过人之处。

在本章中，我会介绍番茄工作法，并展示为什么这种看似相当简单的方法如此有效。

番茄工作法概述

番茄工作法是由弗朗西斯科·西里洛（Francesco Cirillo）在20世纪80年代末发明的，在20世纪90年代获得大规模应用。该方法的核心其实很简单，简单到你可能会觉得不值一提，就像我当初认为的那样。

它的基本思路是：你规划出打算一天之内完成的工作，然后设置一个时长25分钟的定时器，去完成计划中的第一项任务；在这25分钟之内，你只专注于这一项任务，心无旁骛。一旦有干扰，可以用各种方法屏蔽掉干扰，但是通常你要努力保证自己完全不被打扰。总之，你不希望自己专注的工作状态被打断。

在25分钟结束的时候，设置一个5分钟的定时器，休息一下。这就是所谓的一个“番茄钟”。每4个番茄钟后，你都需要休息一会儿，通常为15分钟。

番茄工作法的流程

从技术上讲，如果提前完成任务，你应该将剩余时间设置为“过度学习”时间。也就是说，你需要继续对已完成的工作做出小幅改进，或者重新阅读材料以便于你能够再学一些新东西。我往往会忽略这部分，立即跳转到下一个任务。

这就是“番茄工作法”的基本流程。它就是这么简单。弗朗西斯科最初使用了一个番茄形状的厨房定时器给自己设置番茄钟（意大利语里 Pomodoro 表示番茄的意思）。现在，已经有了大量的应用用于追踪和记录番茄钟。我使用内置了番茄钟的 Kanbanflow App 来追踪我的番茄钟。（其实，现在我就正在用一个番茄钟在计时。）

有效利用番茄工作法

第一次使用番茄工作法的时候，我并没有严格做到它规定的要求。我只是每天用它来设置若干个“25 分钟”的番茄钟。我并没有留意自己每天完成了几个番茄钟，也没有估算某项任务要用掉几个番茄钟；因此我并没有从中受益。我认为整个方法就是让你在一个扩展的时间段内保持专注。我觉得这个方法不错，但是我并不理解为什么我需要做的远远不止“集中精力工作 10～15 分钟”这么简单。

我并没有看到番茄工作法的真正价值，直到后来我决定严格地使用这一方法。我的朋友，也是我的软件开发合作伙伴 Josh Earl 当时使用这种方法已经非常有效了，他说服我再试试看。通过使用番茄工作法，他高效地追踪自己一天内完成了多少个番茄钟，并为每天要完成的番茄钟的数量设定目标。事实证明这样运用番茄工作法的效果确实极为不同。

番茄工作法只有被当作估算和评估工作的工具使用时，才能发挥它的真正威力。通过追踪自己在一天内完成了多少个番茄钟，以及为每天要完成的番茄钟的数量设定目标，你瞬间有能力去真正评估自己每日工作的努力程度，也能知晓自己的工作能力。

一旦我开始以这种方式使用番茄工作法，我发现自己的收获比以前多很多。我能够更好地利用番茄工作法，不但让自己全天保持专注，而且可以计划每天和每周的工作，找出每天自己的时间都用到哪儿去了，激励自己尽量工作得更富有成效。

使用番茄工作法，你可以把每周看作是由有限个番茄钟组成的。想在每周完成一定数量的任务？你要搞清楚自己一周能工作多少个番茄钟，并相应地设置任务的优先级。通过计算自己完成的番茄钟的数量，可以确切知道自己一周完成了多少任务，也就不会觉得自己没完成足够量的任务。如果你没能完成自己设定的任务，但是却用完了足够数量的番茄钟，那么问题就不是工作量是否饱满，而是给某个任务项设置的优先级是否正确。

正确使用番茄工作法教会我“设置优先级”的真正价值。当每周我只有这么多番茄钟可分配的时候，我必须小心翼翼地使用这些宝贵的番茄钟。在使用番茄工作法之前，我一直幻想着自己可以在一周内完成超出自己实际能力许多的工作，过高地估计了自己的时间而低估了完成任务所需的时间。但是，开始使用番茄工作法后，我能准确知道自己一周工作了多长时间，也知道自己完成了多少个番茄钟的任务。而在开始我都不能告诉你这一方法的真正价值。事实上，我对自己需要多长时间才能写完这本书有着准确的估算。我知道这本书每章要花多少个番茄钟，我也对自己每周可以给写书分配多少个番茄钟了如指掌。

自己试试吧。现在最好放下这本书，试着把番茄工作法用于今天要完成的工作。体验一下，然后再回来读完这一章。

心理游戏

到目前为止，我只谈到番茄工作法可以通过增强计划能力提升你的工作效率；其实，因为“时间盒”效应，番茄工作法还可以在心理上对你产生巨大影响。

有一个大问题一直困扰着我：我总为自己没有做更多的事情而感到内疚。这与我一天完成多少工作无关，就好像我永远不能放松似的。我总觉得自己应该在做事，以至于坐下来玩游戏（我最喜欢的消遣之一）时我都无法享受其中，因为我觉得自己在浪费时间，我本应该做更多的工作。也许你也有同感。

这个问题的根源在于，你无法准确地评估每天到底自己完成了多少任务，也没有为自己每天到底要完成多少任务设定明确的目标。也许，像我一样，你也试图通过列出一份每日任务清单来解决这一问题。这看起来似乎是一个好主意，但是，当你完成某些任务耗费的时间比你预计的要长的时候，你将备受打击。就算你每天累得像狗一样，还是无法完成清单上的任务，所以即使你竭尽全力还是觉得自己很失败。这可真令人很沮丧。

我们不一定能够控制完成一项任务到底需要多少时间，但是我们可以控制自己这一天中愿意为某项任务（或某些任务）花多少时间。如果你努力工作一整天，就会感觉很好；如果在这一天中你工作松懈却又完成了列表中的所有任务，那只不过是因为任务比预期的简单而已，你还真不应该为此而沾沾自喜。制订任务列表全凭主观臆断，每天能够专注完成的工作量才是最重要的。

这正是番茄工作法的真谛之所在。当你在一天中为自己设置了 x 个番茄钟的工作目标（这一目标你完全可控）并且达成的时候，你就可以知道自己一天到底可以完成多少工作，这会让自己感觉良好，更重要的是，还能让自己放松身心。

对番茄工作法的正确理解令我的工作生活大为改观，它不仅能帮我做更多事情，而且能让我可以尽情享受业余时间。一旦我完成了当天的目标（以番茄钟来度量），我就可以自由自在地做自己想做的事情。如果我觉得自己状态不错，我可能还会多做一些工作。但是，如果我想坐下来玩游戏，甚至看电影消磨时间，或者其他不费脑子的活动，我也不会感到内疚，因为我知道我已经努力工作一整天了。

我们已经讨论过专注的话题，这里我就不再赘述。不过，专心致志地工作与三心二意地工作之间确实存在着巨大差异。番茄工作法能够让你保持专注，如果你使用番茄工作法度过充实的一天，你完成的工作要比平常完成的多很多。好消息是，你的生产效率更高；坏消息则是，你需要花一段时间才能适应它（我没骗你）。在一天的大多数时间里都保持专注是非常困难的，可能远远超过我们之前遇到过的困难。

地雷：我在办公室里工作，没办法专注 25 分钟

坐在普通办公室里并不能成为你不能使用番茄工作法的理由。我经常听到这种抱怨："番茄工作法听起来不错，可是我一整天都不停地被打扰。同事们会经过我的工位，我的老板要找我谈话。我又不能举起自己的手告诉他们等 10 分钟，等我的定时器叮叮作响。"

其实你还是可以用番茄工作法的，只要提前跟大家打好招呼。如果你饱受打断之苦，不妨告诉你的老板和同事自己在做什么，以及它将如何提高你的工作效率。告诉他们一次最多 25 分钟，一旦完成一个番茄钟，你就会马上对任何请求做出响应。

我知道这听起来有些疯狂，没人会为此努力；但是一旦你以正确的方式呈现番茄工作法的魅力，你会惊奇地发现很多人会非常支持你。现身说法，告诉大家番茄工作法对团队大有裨益，能帮你提高生产效率，你就会有很大机会成功说服大家。

你可以完成多少工作

自从使用番茄工作法之后，我发现自己对于每周或每天能完成多少个番茄钟的工作都有一个明确的上限。这个上限还会随着时间增长，而且我也能够更加专注，也习惯于增加工作量。但是，一旦我过度加量，超出了自己的能力范围，总会为此付出代价。

番茄钟上限的实际值可能令你大吃一惊。你可能会这么计算，每个工作日你平均工作 8 小时，一个番茄钟是 30 分钟，所以理论上讲，你应该在工作时间内能完成 16 个番茄钟。但实际上，即使是在 12 小时以内完成 16 个番茄钟也是极为吃力的。

当我刚开始实施番茄工作法的时候，我发现一天要想完成 6 个番茄钟都很困难。你会惊讶地发现，一天的时间似乎转瞬即逝，要在一天的大部分时间里保持专注需要极大的奉献精神和意志力。现在，我每天设定 10 个番茄钟的目标，但这已然是一个非常繁重的工作。我通常需要工作 8 小时以上才能达到这个目标，有些时候还达不到标准。

我一周的目标是 50～55 个番茄钟。如果我可以达成目标，我就知道自己做得很好，也希望每周都能持续改进目标。如果我超出了自己的目标，即便只是一点点，我在接下来的一周马上就可以感知到，这也激励着我下周更加努力。

如果你也打算采用番茄工作法，要先确保你对自己的能力有符合实际的预期。你每周工作 40 小时并不意味着你能完成 80 个番茄钟。（如果你能实现这一壮举，我会大吃一惊的。而且，坦白讲，我会担心你的心理健康。）

也许你认为我有点故弄玄虚，或者是在为自己的懒惰找借口，那不妨验证一下 John Cook 对著名的数学家、理论物理学家、工程师和科学哲学家昂利·庞加莱（Henri Poincaré）的描述。John Cook 在一篇发表于 Cal Newsport 的博客中写道：

> 庞加莱……通常在上午 10 点到 12 点和下午 5 点到 7 点工作。他发现工作再长时间也鲜有成果。

其他的著名高产人士，像史蒂芬·霍金（Stephen King）也讲过类似的话：每人每天能够专注地、富有成效地工作的时间是有上限的。你的时间只有这么多，要怎么利用你自己说了算。

采取行动

- 试着用一下番茄工作法。不用担心要给每天设置多少个番茄钟的目标，只是试着使用这种方法，并列出你一整周能够完成多少工作。
- 一旦了解自己一周能完成多少个番茄钟，你就可以给下一周设定目标了，看看能不能达到这个目标。留意自己最后完成了多少工作，以及完成每天设定的番茄钟目标之后自己感觉如何。

第39章

我的“定额工作法”

我已经告诉你我保持高产的基本方法了，但是关于这一点还有一部分内容我没有谈论太多。我的生产力提升方法的这部分是目前为止最为独特的。我尚未听其他人谈论过它，也没在任何生产力提升方法中看到过它。我称之为“定额工作法”。

我用“定额工作法”确保自己每天、每周都朝着自己最重要的目标取得明确的、可度量的进展。在本章中，我会详细介绍这一定额工作法，并告诉你如何使用这种方法。

问题

我试用过的所有生产力提升方法都有一个主要问题：它们对于每天都会重复发生的任务似乎都束手无策。我还需要一种能够处理需要几周甚至几个月才能完成的大任务的方法。

我发现自己有许多每周都会重复的不同任务。例如，每周我都要完成一篇博客、几个播客，锻炼身体，以及朝着既定目标取得进展的工作。我甚至还有一些必须每天都重复的日常任务。我敢肯定你也有类似的每周或是每天的例行任务。

我总是不能很好地完成这些重复性的任务，要么是因为彻底忘了要做的事情，要么是因为最终没有自己预期的那么多时间。因为不能坚持不懈，所以我总是不能按计划完成，我总是觉得缺乏动力。

或许你也曾尝试着制订过健身计划，但是你发现自己去健身房的次数远低于预期；或许你也开了博客，想定期更新，但是几个月过去了却仍毫无更新。你也清楚，只要能坚持更新博客，一定会看到非常好的效果，但是即便如此，你还是没有期望的那么多时间去写博客。

什么是定额工作法

我开始意识到，要想确保自己在追求目标的道路上获得持续的进展，唯一的方法就是确立一个明确的目标，规定自己要在预先确定的时间段内需要取得多大的进展。

通过给自己的健身计划创建定额，我一开始就取得了成功。我规定自己每周跑步 3 次、举重 3 次。我下定决心每周都要达到这些额度。

于是，我对每周写博客这项任务也实行了每周定额制，还为我需要定期完成的其他任务，如创建 YouTube 视频和播客，设定了各自的定额。我为所有需要做一次以上的任务都设置了定额。我对自己做的任何重复性工作的频率进行了量化，有的一月一次，有的一周四次，有的则是每天两次。如果任务是重复性的，我就定好它的重复频率，并承诺按期完成。无论刮风下雨，我都会完成自己承诺的定额。我非常严肃地对待这些定额。

实行定额制后，我发现自己的工作成果比以往多了很多。最大的好处在于，长期坚持这么做，我就能随着时间的推移度量并标记自己的进度。我可以确切知道自己在给定的一段时间内能够完成的工作量。

利用这一方法我取得的最大成就就是我创建的 Pluralsight 课程。我给自己设定了一个定额：每周完成 3 个模块的课程。（每个模块就是一堂 30～60 分钟的课程。我的大多数课程都由 5 个模块组成。）通过设定这一定额，我能够在 3 年之内完成了超过 55 门课程，尽管中间还有一些中断。我很快就成了顶尖的讲师，甚至比公司里的任何一位讲师所开发出的课程要多出 3 倍。

定额示例

- 每周跑步 3 次。
- 每周发布一篇博客。
- （写作本书时）每天写一章。
- 每周完成 50 个番茄钟的工作。

你可以自己试试。花点儿时间制订自己的“定额表”。想想自己每周或每月要完成哪些任务，把它们写下来。你不需要现在就做出承诺，但是适当的练习对你有帮助。

定额工作法的工作原理

你可能很想知道定额工作法是如何发挥作用的。其实非常简单。挑选一些需要重复去做的任务，设定一个定额，即明确自己在一个给定的时间段内完成该项任务的频率。

这一时间段可以是每月、每周或者每天，但是你必须有一个明确的时间段，在这个时间段内必须完成多少工作。如果你有一个大项目，你需要想办法将其分解为可重复的小任务。对我的 Pluralsight 课程来说，我可以将其分解为模块；而对这本书来说，我可以将其分解为章。（顺便说一下，我写作这本书时给自己规定的定额是一天写一章。）

一旦你明确自己要做什么、多久做一次，接下来的步骤就是要做出“承诺”。这是非常重要的一步，因为如果没有真正的承诺，你就不会成功。真正的承诺意味着你要不遗余力地完成自己设定的任务。这意味着除非身体丧失工作能力，否则没有任何情况可以阻止你去完成任务。

承诺是“定额工作法”的核心。除了想方设法完成自己的工作，不给自己留下任何其他的选择。在你心中，失败不是一个可以被接受的选项。因为如果你让自己失信一次，就会有第二次，很快定额在你眼中就会变得一文不值。

如果你的承诺力度不够，“定额工作法”顷刻就会分崩离析，所以你必须选择可实现、可持续的定额。不要对自己承诺自己明知不可能达到的目标，否则你就把自己逼入注定失败的绝境。开始的时候承诺可以小一点，在能够达成之后再逐步做大胆的承诺。

如果定额定得太高，我只有一个规则：不能在定额必须完成的有效时间段之内放弃。曾经我承诺要每周为 Pluralsight 课程完成 5 个模块。但是这个定额太高了，我有几周能够完成这个定额，但完成起来很难，很多次都需要我周六和周日继续工作。当我决定降低定额时，我要确保那一周自己要完成 5 个模块的配额，然后到下周再将定额减少为 3 个模块。我没有中途停止，也没有改变规则，因为我知道，这样做会让我在将来失去对定额的尊重。

定额工作法的规则

- 挑选一项重复性任务。
- 明确有效时限，在此期间该任务被重复执行。
- 明确在给定的有效时限内该任务应该完成的次数的定额。
- 给自己承诺：一定要达成定额。
- 调整。调高或者调低定额，但是不能在有效时间段之内调整。

是时候付诸行动了——给自己做出承诺。挑选一项任务并确定定额，然后开始实现承诺。浏览一遍定额工作法的规则，在开始的时候只将定额工作法应用到一件事情。

定额工作法为什么会奏效

定额工作法成功的秘密可以追溯到“龟兔赛跑”的故事。以缓慢但稳定的节奏工作，要优于快速但缺乏持久和坚持的工作方式。在我最喜欢的史蒂文·普雷斯菲尔德写的 *The War of Art* 一书中，对此进行了形象的描述：

> 他（专业人士）有这样一个坚定的信念：如果自己能够让那些哈士奇狗一直拉着雪橇前进，早晚都能到达诺姆市[1]。

我们中的大多数人在长期高生产效率地工作中时都会面临如何保持始终如一的节奏的问题。随着时间的推移，只要每天都能保证完全落实到位，小砖头终会筑成高墙。只关注高墙（手边的大任务）很容易让人泄气，如果每天只是砌砖（小任务）就会容易很多。关键是要保证将方法落实到位，保证自己每天、每周、每月都在“砌砖”。

定额工作法还可以帮你克服意志力薄弱的问题，通过预先设定好的必须要遵循的过程，消除需要做出决策的部分。因为已经预先承诺在规定时间段内完成同一任务很多次，所以就不需要再判断要不要做某事——你知道必须要做。每一天，任何需要做决策的时刻，你都不得不动用自己仅存的有限的意志力。以定额的形式将决策转变为命令，你无须再做决策，也就避免了意志力耗尽的问题。关于这一主题，可参考凯利·麦格尼格尔（Kelly McGonigal）写的《自控力》（*Willpower Instinct*）一书。

采取行动

- 列出自己生活中需要重复做的所有任务。特别要专注于那些目前你还无法持续完成但一旦完成就会从中受益的事情。
- 选择至少一项任务，承诺在规定时间段内要完成的额度。认真对待这一承诺，试着坚持至少 5 个时间段。想象一下，如果自己能坚持几个月或几年，会发生什么。

① 诺姆（Nome），美国阿拉斯加州苏厄德半岛南部白令海岸的小港市。——译者注

第40章

对自己负责

让人们完成工作主要有两大动机——内部动机（来自内心的动机）和外部动机（来自外部奖励或惩罚的动机）。

内部动机要比外部动机有效得多。在内部动机的激励下工作时，我们能完成更多的工作，也更倾向于把工作做得更好。所以，秘诀是让你的主要动机来自内心而非外部。

本章的全部内容莫不如此。本着对自己负责的态度激励自己。不信守对自己做出的承诺对你并无好处。如果你对深入了解这个主题感兴趣，可以参考丹尼尔·平克的《驱动力》一书。

责任感

我们中大多数人之所以会每天按时上下班，至少在某种程度上是因为我们要对自己的雇主负责。拥有一份工作的责任感会促使我们去做一些如果我们可以自主决定是绝对不会做的事情。如果你现在为别人工作且有机会在家工作一天，或者你已经倾尽所有冒险为自己工作（创业），你可能很快就会意识到责任感这个概念是多么强大。

我刚开始在家工作的时候，我曾打算早起工作，然而我却没有——当时我并不是偷懒，只是不习惯对自己负责。我已经习惯了由外部因素来左右自己的行为。当由我自己决定是否工作的时候，我选择了不工作。这是人之常情。

这种做法暴露了我在职业道德方面的一个致命缺陷，极大地降低了我的生产力。我受外部动机所左右而非内部动机。对雇主负责让我处于被监督的状态，然而一旦自己能做主，我就没有发自内心的责任感来控制自己的行为。

培养出在没有人监督自己的时候也能高效工作的自我责任感非常重要。你也可以把这称为是具有一种性格或者具有一种素质，它们都是同一个概念。如果缺乏对自己的责任感，你将永远依赖外部动机来驱使你努力工作。你容易折服于一根胡萝卜的诱惑，也容易屈从于一根大棒的威胁（如果你胆敢越轨）。

自我控制是一门自我激励的艺术，而自我激励的核心则是自我责任感。如果你想不再依赖别人的影响，获得稳定、可预测的结果，你就要学会对自己负责。

对自己负责

我曾与主要受外部动机影响这一问题斗争了很长一段时间。我不得不学习一些自律的方法，以便在由自己决定工作效果的时候也能富有成效。最终，我弄清楚了如何驯服这头潜伏在我内心深处的野兽。

要培养“对自己负责”的精神，首先要让自己的生活井然有序。如果不知道应该做的事情是什么，就不能真正为自己所做的任何事情承担责任。当你去工作的时候，哪天需要上班是固定的，几点上班几点下班也是固定的。尽管有些事情可以变通，但这些都是刚性的，有明确规定。你知道如果违反了这些规定，会被自己的上司问责。

你必须通过为自己设定规则，将这种条理性自愿地应用于自己的生活中。你需要创建自己的规则来管理自己的生活，并且要在自己思维清晰、大脑尚未被错误的判断蒙蔽的时候，提前制订好这些规则。

你可能已经在生活中为自己制订了若干规则，如每天刷牙、按时付账单等。能将规则推而广之，应用于生活中充满麻烦的方面，或者是对自己的成功至关重要的方面，是一个好主意。这些条理性能帮你关注任务，做好该做的事情，避免被冲动和情绪所左右。

有时候，责任感还可以帮你走出自我，认真思考如果不是必须自己完成某项活动的话，你会怎样安排自己每周的生活和活动。设想一下，你在玩一款视频游戏，要为游戏里自己扮演的角色安排每天的活动。你会如何规划并安排时间？你会为自己制订怎样的食谱？你会每天安排几小时的睡眠？这些问题的答案就是让你保持对自己负责的最好的备选规则。

RULES
为自己制订一些规则，以便让自己的生活井然有序。
思考一下，如果不是必须自己完成
某项活动的话，你会怎样安排自己的生活。

培养“对自己负责”的精神的步骤

外部问责

你可能会发现，只对自己负责的时候很容易违反自己制订的规则。在这种情况下，需要借助一点儿外力。你仍然可以制订自己的规则，因此动机还是来自内部——因为你还是规则的制订者，只是你可以让别人帮你强制执行这些规则。

请别人来监督自己履行责任，完成自己的承诺，并没有坏处。找到责任监督伙伴（理想情况下，最好是跟你有类似目标的人），这样会很有帮助。你可以告诉他你给自己制订的规则，或者你想达成的目标，通过定期互相汇报进度（不论成败），可以互相帮助对方强化责任感。

通常，想到要告诉自己的责任监督伙伴自己没能完成设定的目标，就足以阻止自己不够自律的行为。在关键点做出正确的选择还是错误的选择会有极大的区别。另外，当你要做出重要决定的时候，可以听取责任监督伙伴的意见，从而确保你做出的决定符合你的长期最佳利益，而不是笼罩在短期利益的阴影之下。

我自己就加入了一个智囊团，它的功能就像一个责任监督小组。我们小组每周都会开例会，每个人都要讲讲自己在这周做了什么和计划做什么。通过在小组内部讨论每个人各自的计划，我们互相监督计划的落实情况。没人希望因为自己不遵守计划而令组员失望。自从我加入了这个小组，工作效率大幅提升。

公开自己的日常活动也是一个好主意。每周我都要发表博客、YouTube 视频和播客。如果缺少一周，我知道一定会被发现，因此觉得自己不可以偷懒，不可以不做自己原本要做的事情。将自己的工作暴露在公众的监督之下是会有帮助的，因为那种尴尬或者不想让信赖自己的人失望的感觉会激励你采取行动。

最重要的是要确保自己对自己的行为带有某种责任感。坚守自己设定的标准时，生产效率会高很多。

采取行动

- 抉择一下：你想如何度过自己的一生。花点儿时间创建一些自己的规则，确保自己朝着正确的方向前进。
- 创建自己的责任制度，帮助自己严格执行规则。

第41章

为什么说多任务并行弊大于利

啊，多任务并行。有人称它是生产效率的毒药，也有人却发誓说它确实管用。但是，越来越多的人倾向于完全消除多任务并行。

但我并不认为这事如此简单。我认为有的任务适合多任务并行，有的则不适合。如果你真想最大限度地提升自己的工作效率，就必须知道什么时候需要多任务并行，什么时候不需要，以及如何高效地进行多任务并行。

为什么多任务并行一般都很糟糕

近期，大多数关于多任务并行的研究似乎都表明，尽管很多采用多任务并行的人士自认为自己工作效率提高了，但是事实上多任务并行几乎总是导致生产效率降低的原因。

多任务导致效率低下的根本原因似乎在于，我们根本没有能力真正去践行多任务并行。对于很多活动，我们可能会自认为是在进行多任务并行，但实际上我们做的不过是在不断地进行任务切换。这样的任务切换看起来确实是工作效率下降的罪魁祸首。任务切换越多，浪费的时间也就越多，因为你的大脑并不能专注于一项任务。真正的多任务并行是指同时做两件甚至更多事情（这是可以提高效率的，正如我们将在后面讨论的一样），但大多数时候我们只是在做任务切换。

正如我们在第36章谈到的那样，当你认为专注对于提升工作效率非常重要的时候，这一点就讲得通了。多任务并行的时候，很容易打破专注力，最后你不得不花时间回到之前的任务。当你不在专注模式下时，很容易会拖延时间，或者会让其他的干扰分散注意力。如果你认为自己出于专注状态时工作效率最高，且需要花些时间才能到达这种状态，你就能明白，在各种任务间快速切换并不会提高效率。

唯一可以肯定的是，对于某些种类的工作，并不能真正做到同时处理两项或两项以上的任务，或者这样做会打破你的专注。如果真的能够将各项任务融合在一起管理，就可以大幅提升效率。我们会在后面讲到这一点。现在，还是让我们来谈谈通常在试图进行多任务并行时会用到的更有效的一项策略。

批量处理生产效率更高

我每天都会收到不少的电子邮件。以前，我会在自己的电脑上设置一个通知，有新邮件的时候提醒我。于是，只要收到新邮件，我就会停下手上的工作去阅读和回复邮件。因为我的专注状态总是被打断，也从来没有进入“电子邮件模式”，所以这种方式并不高效。

很明显，在这个例子中，我并不是真正在进行多任务并行。我只是中断了自己手边正在做的工作去处理电子邮件，我只是在做任务切换而已。举例来说，我不可能在写书的同时回复邮件，因为我没有足够的键盘和手指同时做这两件事情。

现在我用批量处理的方式处理邮件。每天我会检查几次自己的电子邮件，并回复紧急邮件。但总的来说，我会在一天中找个单独的时间集中处理所有的电子邮件。我会一次性浏览我的整个收件箱，并处理所有邮件。因为不再被其他任务打扰，我可以进入了“电子邮件模式”，在这种模式下我处理邮件的速度比一直打开收件箱的时候快很多，所以我的效率高很多。

我要告诉你的要点是什么？是的，如果你每天都因为有多个任务要完成就深陷多任务并行的泥潭，最好学会如何批量处理这些任务，一次性完成一系列互相关联的任务，而不是将它们拆分完成。批量处理电子邮件就是非常好的起点，任何在短时间可以完成的任务也都适合批量处理。

潜在的适合批量处理的领域

- 处理电子邮件。
- 打电话。
- 修复 bug。
- 开短会。

比起在不同时间段分别处理相关任务，批量处理相关任务拥有两大优点。第一，你不会打破自己对正在处理的大任务的专注。第二，你会更专注于自己平常没有足够的时间进入专注状态去处理的任务。回复1封邮件不会让你有充分的时间专注于这一任务，但是集中回复20封电子邮件就可以把你带入专注模式。

现在花点儿时间想想，生活中有哪些方面可以集中起来批量处理。哪些类型的活动你把它们分散开来做了很多？你能否专门分拨出一个更大块的时间块来一次性处理这些事情？

什么才是真正的多任务并行

好了，我们既然已经知道多任务并行惹人厌烦的原因，现在就来讨论真正的多任务并行吧。你在同时执行两项任务而不只是在任务间快速切换，这就是多任务并行。

真正的多任务并行使我极大地提升了自己的生产力。如果你可以将两项任务组合起来，并且真正做到同时处理它们两个，你才能完成更多。诀窍在于搞清楚哪些任务可以被真正组合起来而不会降低单独执行每项工作的生产效率。

我发现，最有可能的就是，将一项不费脑筋的任务和一项一定程度上需要精神专注才能完成的任务组合起来。现在，我正一边听着耳机里的音乐一边打字写这一章。当然，听音乐本身并不是一项富有成效的工作，不过事实证明，在写作的时候听音乐能让我比单纯写作更富有成效。音乐似乎能让我写作更流畅，还能帮我减少其他会分散注意力的外界干扰。

再来一个更有效率的例子？我通常会尝试把体育运动与培训活动组合在一起。在健身房跑步或举重的时候，我经常会听有声读物或者播客。我发现，一边做健身活动一边听一些培训材料没有任何负面影响。通过一边健身一边听有声读物，我已经读完了很多书。

但是可以设想一下，如果我试图一边听有声读物一边写本章内容，会发生什么情况。我要么不能专心听书，要么不能写作。我们的大脑不能同时做两项脑力劳动。

关键是要找到一天当中的某个时间，大脑或身体有一个没被占用。开车的时候就是听有声读物的好时机。你不需要把注意力全部放在开车上。在自动驾驶仪上几乎可以做到这一点，所以你可以在上下班的路上学一些东西。

环顾四周，我找到一台跑步机，上面有一个小搁架，正好能将我的笔记本电脑放在上面。我能在上面边走边回复邮件，何乐而不为？但后来我发现，在跑步机上一边走一边做类似写代码这样的工作效果并不好——除非我能走得非常慢。看起来走或别的体育运动会占用小部分注意力。鉴于此，我建议将一些对注意力要求不太高的任务与体育运动相结合。你可能会发现一边举重一边求解复杂的数学方程式是很难的，我从来没有试过。

采取行动

- 停止任何并非真正多任务并行的多任务并行。每天力争在一个时间段内只做一件事。番茄工作法对此有很大帮助。
- 一次性批量处理小任务，而不是每天或每周里做许多次。
- 找出能够真正实现多任务并行的领域。任何不需要耗费脑力的活动都可以跟其他活动结合起来。只要进行任何需要耗费脑力的活动，就将其与体育运动结合起来。

第42章

如何应对职业倦怠

提高生产力的最大障碍之一就是身体和心理上的倦怠。项目刚开始的时候，我们总是热情高涨、精力旺盛，但是一段时间之后，即便我们再有激情，一想到它们也会让我们反胃。

大多数人将这种状态称为倦怠，并且从未摆脱过这种状态。尽管这很不幸，但是，如果你能设法让自己摆脱那种精疲力竭的感觉，你会发现自己重新充满活力，事情也柳暗花明。

在本章中，我们会讨论什么是倦怠，它是如何产生的，为什么会感到倦怠，其实大多数情况下，那不过只是一种假象。

（快速警告/免责声明：在你继续阅读本章之前我要直言不讳。我不相信有所谓“医学范畴定义”的职业倦怠。所以，我必须要在这里声明：我并没有想给你医疗方面的建议，因为我不是执业医生。本章所有内容只是我从非医学角度给出的一些建议。因为我不认为“倦怠”是一种疾病，所以我给出的所有建议都属于“非医学范畴”的。如果你对此持有异议，认为“倦怠”其实就是一种疾病，而且你还罹患这种疾病，那我建议你向医生咨询。）

为什么会产生倦怠

作为人类，我们往往会对刚出现的新鲜事物激动不已。但是之后，因为对它们习以为常了，我们要么把它们看作是理所当然的，要么会心生厌烦。

这是生活中的一个自然规律，我敢肯定，你以前也经历过很多次。还记得你的车还是全新的时候吗？还记得你在驾乘新车时的兴奋劲儿吗？那种感觉你持续了多久？过了多久之后，你再也不真正关心你的车了？多久之后，你觉得它已经“老”了？

对于新的工作，你可能也经历了同样的周期。我做过的几份工作，我都记得自己上班的第一天。那时我兴奋不已、踌躇满志、迫不及待地想大展身手。但是没过多久，大部分的热情就会消退。没过多久，我终于害怕去上班，感觉自己对这份工作忍无可忍。

新鲜感消退之后，现实就会浮现。无论你是接手一个新项目还是学习一项新技能，你最终都会到达这种状态：你兴趣索然，积极性低，进展异常缓慢，或者看起来毫无进展。

最终，你会身心俱疲。你可以尝试否认或者掩盖这个事实，但是最终你还是知道，你再也不会为这份工作、这个项目、这项任务感到兴奋不已。你觉得自己无比倦怠。

你越是努力工作，完成的工作就越多，这种倦怠感来得就会越快。这就是难以取得工作成效的原因。工作效率越高，你从中体会到的愉悦感就越少。

事实上，你不过是撞到了一堵墙[①]

我们中大多数人都把倦怠视为终结。我们看不到解决之道，只能想当然地以为，既然动机不在、兴趣索然，就应当采取行动，做点儿别的。

于是，我们走出去寻找新工作。这样，会留下只写了一半的书，也会把仅剩几周就能完成的项目弃之不顾。我们半途而废，努力寻找新事物，找回自己真正的激情。如果激情不再是令我们产生倦怠感的真正原因，那么如果我们能够持续保持激情就不会产生倦怠感。

有时候，我们觉得自己该去度个假。可是等度假归来，我们的倦怠感更甚从前。不仅失去了动机和兴趣，就连工作的状态都渐渐消失了。

其实，真相是，大多数情况下，这种倦怠感完全是自然而然产生的，它并不是一个严重的问题。事实上，我们中大多数人无论如何努力最终都会发生撞墙的现象——当我们最初的兴趣和动力消退的时候，我们没有足够的成就去说服自己找回它们。

当开始新项目的时候，你的兴趣最高。但是就像开新车一样，你的兴趣水平下降得相当快。兴趣依赖希望与期待而产生。所以，在真正着手做一些事情之前，我们对它们的兴趣最高。

---

① 原文为 hitting a wall，指的是在耐力运动（如骑自行车、马拉松长跑）中因为肝脏和肌肉中的糖原储备耗竭而造成的身体突然疲劳和能量损失状态。短暂的休息、摄入富含碳水化合物的食物或饮料、减少运动强度都可以缓和该现象。以上根据《维基百科》整理。——译者注

动机在开始阶段可能不高，但是随着取得进展，我们的动机水平开始上升。早期的成功能让你感觉更有动力，冲量则推动你前进。

但是，随着时间的推移，缓慢的成果进展消耗着你的动机。你最终发现自己的动机和兴趣都濒临谷底。这就是那堵看不见的“墙”。

在墙的另一侧

遗憾的是，大多数人从来没有真正穿越过这堵墙。环顾四周你就会发现我说的是真的。有多少人在成功来临之前，或者项目完成之前就放弃了？

回首你自己的经历，有多少半途而废的项目：跆拳道黄带（在拿到黑带以前放弃了）、落满灰尘的吉他（好久没弹了）、尘封在衣橱里的足球鞋（好久没踢了）……我知道我已经撞到这堵墙很多次，未能突破。我自己的经历里，充斥着大量以失败告终的例子。

不过也有好消息。还记得，我答应过你，我一定会分享治愈倦怠的方法？好了，它就在这里，非常简单。你准备好了吗？

穿过那堵墙！

是的，非常简单。我是认真的。回顾一下刚才的那张兴趣、动机、结果和墙的图。看一下，当你打通那堵墙的时候，墙的另一侧是什么？突然间，成果会急速增加。动机和兴趣也会被大幅拉升。

在你对此有所怀疑之前，先让我来给你解释一下会发生什么，以及为什么墙会存在。正如我们前面所讨论过的，大多数人在“撞墙”的时候会选择放弃。他们不是想方设法去穿越它，因为他们觉得自己已经倦怠了。在撞墙之前，竞争非常激烈。选手们站满跑道，每个人都热情高涨、激动不已。跑道是如此轻松，没有人会被淘汰。

然而，由于很多人没有穿越过那堵墙，所以墙的另一侧极为宽阔，人数寥寥，没有太多竞争。大部分选手都已经中途退出了比赛。因为总共也没几位选手留下来，所以因成功到达墙的另一侧的选手能得到更丰厚的奖品。

所以，如果能穿越到墙的另一侧，你会发现突然间一切都变得轻而易举，你的动机和兴趣再次回归。我们面对新任务的时候，动机和兴趣水平都很高，我们的兴趣和动机也会在任务完成后继续高涨。初学吉他会很轻松有趣，但是坚持不懈成为高手却是漫长单调的过程。成为吉他大师是最大的乐趣和回报。

如果能咬紧牙关坚持到底，如果能穿越那堵墙战胜自己，最终你会发现，简单地无视它的存在，你的倦怠感已经不治而愈。经历痛苦就是克服倦怠的秘诀。你以后还会撞到更多的墙，但每穿越它一次，你将会体验到全新的动力、充沛的活力。另外，你的竞争者的数量会越来越少。

穿过那堵墙

好吧，也许你还是不太相信我说的话。我的意思是说，也许你确实感到倦怠。每天清晨起床后，你真的不想打开电脑敲键盘。你只想躲到森林里的小木屋，从此不要再见到电脑。

但也许……只是也许，你愿意试一试。也许你愿意看看墙的另一侧是否真的藏着一罐金子。

好吧。那么，就让我来告诉你该怎么做吧。

你已经迈出了第一步，意识到墙的另一侧有东西在等着你。大多数人之所以放弃就因为他们没有意识到，如果持续，穿越那堵墙，事情会变得更好。知道自己的努力不会白费会帮助你坚持下去并最终渡过难关。

遗憾的是，只做到这一点还不够。在动机水平处于低点的时候还继续坚持真的很难。没有动机，你不会有紧迫感。你觉得完全是在反其道而行之。你需要的只是些许条理。你或许想复习一下第 40 章关于保持对自己负责的内容，但本质上，你需要为自己创建一套确保自己继续前行的规则。

就以写这本书为例。刚开始动笔的时候我兴奋极了，想不出来有什么能比坐下来整天写“自己的书”更有趣的事情了。但是，没过多久这种新鲜感就消失殆尽。但是，你能读到这本书就证明我已然坚持到了最后。我是如何在动力和兴趣消失殆尽的时候坚持到底的呢？我为自己设定了一个时间表，并且坚决执行。无论刮风下雨，无论自己感觉如何，我都坚持每天写完一章。有些日子还会多写一点儿，但是总是保证至少一章。

你可以采用类似的方法来帮自己突破阻挡了你的那堵围墙。想学会弹夏威夷四弦琴？每天留出一定的时间练习。在上第一堂课之前就制订好这样的计划——那时你的兴趣和动机都处于最高点。当你不可避免地撞到这样一堵墙的时候，这个计划能帮助你穿过它。

采取行动

- 想一想以前都有哪些项目是你付出努力却没有最终完成而半途而废了。是什么原因让你放弃的？你现在对这件事儿有什么感受？
- 下次开始新项目的时候，下定决心：你一定会完成，或者完全掌握。设定规则和约束条件，强迫自己穿过那堵不可避免的墙。
- 如果你正面临职业生涯或者个人生活中的一堵墙，试着去穿越它。想想在墙的另一侧会有怎样的收获等着你。想象自己的动机和兴趣终将获得回报。

第43章

你是怎样浪费掉时间的

我们都会浪费时间，我们都做过这件事。事实上，根据定义，如果我们能够学会停止浪费时间，我们的生产效率会尽可能地高。如果能最大限度地增加每一天的有效时间，以便绝对没有时间被浪费，你的能力也能发挥到最大。

遗憾的是，你不能把每天的每一分钟都充分利用起来，这个目标太不现实了。但是，你可以弄清楚自己在哪儿浪费的时间最多，并消除它们。如果你能排除一到两个最浪费时间的方面，你就会处于非常好的状态。在本章中，我会帮你找出曾经让你浪费时间最多的地方，并给你一些实用的建议，让你一劳永逸地消除它们。

最大的时间杀手

还是让我直截了当地说出来吧——停止看电视！

我是认真的，必须立刻停止看电视。放下遥控器，关掉电视机，找些其他事做做，除了看电视，什么事都行。（顺便说一句，为了不至于让你钻空子，接下来每一处我所说的“电视”都包括 YouTube 和 Netflix。）

在我们生活的这个世界里，大部分人都把大把的光阴浪费在看电视上，这对他人对社会都毫无益处。2012 年，尼尔森一份报告指出，两岁以上的美国人平均每周看电视直播节目的时间超过 34 小时。这还不是全部。他们还会花上 3～6 小时看录播节目。我的天哪！你说的是真的吗？我没看错吧？我们每周会花 40 小时看电视？我们每周花在看电视上的时间和全职工作的时间一样多。这可真是太疯狂了。

当然，你可能不怎么看电视，或者你可能不像普通美国人看得那么多，但忽视这一数据是很难的。它表明我们看电视的时间比我们想象的多得多。

设想一下你能用每周这 40 小时做什么。如果想启动自己的业务，快点开始吧，每周有 40 小时呢。如果想在职业生涯中获得进步，你认为可以用每周这 40 小时达到这个目的吗？用来塑身会怎么样？我认为每周 40 小时应该足够了。

即使你看电视的时间是普通美国人的一半，每周还有 20 小时可以用来做一份兼职。实事求是地估算一下你每周看多少小时的电视。追踪一下，你会得到确切结果。

现在，花点儿时间监控一下自己看电视的时长。想想自己都看哪些节目，每周看多久电视。要实事求是。加起来就是每年自己看电视的总时长。

戒掉电视

大概无须我告诉你，为什么看电视是对时间的极大浪费，但是你可能需要多一点儿理由来说服自己完全放弃看电视，或者至少削减看电视的时间。

看电视的最大问题就是，花在收看电视上的时间并没有获得任何实际收益。除非你只看教育节目，否则就是在浪费时间。时间花在别的事情上比看电视有益得多。

看电视不仅浪费时间，还会以你察觉不到的方式影响你的认知能力。电视节目把所有问题都“短路”了，让你不经过自己大脑的任何思考就把一切都安排好。从消费习惯到世界观，你的一切都受电视的直接影响。电视看得越多，你越会放弃对自己的思想和行为的控制。电视简直就是彻底地操控了你的生活。

那么，你该如何放弃看电视呢？首先我得承认这并不容易。我以前每周也会花费大量时间看电视，习惯于一下班到家就打开电视。（我甚至买了一个小折叠桌，以便于让我能边看电视边吃晚饭。）我还是个孩子的时候，我父母就是这么做的；在我长大成人的之后，我自己也是这么做的。我已经习以为常了。我觉得辛苦工作一天后，我需要看会儿电视放松一下。我需要这种毫不费脑的娱乐活动。

直到我开始做自己的兼职项目，我才意识到需要放弃看电视。我当时开发了一款 Android 应用来追踪自己跑步，每天我都会留出几小时来做这个应用。我发现，自从把原来看电视的时间用在做自己喜欢的这个项目上之后，我每天能做更多事情，并乐在其中。

看到这些好处之后，我想为自己收回更多的时间，但我还是不想放弃某些自己喜欢的节目。我决定减少看电视的时间，一次只看一个节目。我不再看直播或者录播，而是直接整季购买自己想看的节目。我在自己想看电视，或者有空的时候才看。我不再被那些电视节目和周播的剧集牵着鼻子走。（现在我还会偶尔买一整季的电视节目，把它们当作电影看。）

通过寻求其他事情来占用自己的时间，以及打破固定播放的电视节目对我的日程表的控制，我最终戒除自己的电视瘾，这样我就为自己每周腾出 20～30 小时的时间。

其他时间杀手

我刚才主要是把论述的重点放在了电视上，因为对大多数人来说，它是最大的时间杀手。只把这一项消灭了就有可能将你的工作效率提高 2～3 倍，更不用说还能为你省钱。但是，还有别的时间杀手，你可能也想了解如何从生活中消除它们。

当今，社交媒体是一个主要的时间杀手。正如我们在第二篇所讨论的那样，社交媒体的存在确实重要，但它也容易让你在 Facebook、Twitter 和其他社交网站上浪费无数时间。这些时间你本可以用来工作或者做一些更富有成效的事情。

前面介绍的适用于电子邮件的批量处理策略在这里同样适用。你可以在一天内集中一两次进行社交媒体活动。你可以只在午餐时段或者晚上查看 Facebook，而不用不停地查看 Facebook。相信我，即使这样你也不会错过任何有用的东西。

如果你在公司上班，那么另一个让你生产效率低下的时间杀手就是开会。我可能无须告诉你开会会浪费多少时间。我在公司上班的时候，每天至少有 2～3 小时在开会。这样一来，无须赘述，能实际高效工作的时间所剩无几。

不想让开会浪费自己的时间，最好的办法很简单，就是不去开会。我知道这听起来有点儿偏激，但是我发现，在很多会议中，我只是个可有可无的听众，或者根本不需要我参加。

如果会议的日程表可以通过邮件或者其他媒介处理，你也可以让会议组织者取消会议，以此来减少需要参加的会议的数量。我发现，由于召开会议太过容易，通常它被作为默认选项。如果一个问题无法通过电子邮件、电话等耗时较少的方式解决，可以试着把会议作为杀手锏来用。关于精简会议的更多细节，可以参考 Jason Fried 和 David Heinemeier Hansson 合著的《重来》（*Rework*）。

一些常见的时间杀手

- 看电视。
- 社交媒体。
- 新闻网站。
- 不必要的会议。
- 烹饪。
- 玩电子游戏（尤其是网络游戏）。
- 工间喝咖啡休息。

地雷：烹饪、工间喝咖啡休息或者其他你喜欢做的事情是在浪费时间吗？

也是也不是。答案取决于你为什么做这些事情。为了享受快乐有意识地做这些事情，就不是浪费时间，只要你是因为喜欢才特意做这些事情，而不是为了逃避自己应该完成的实际工作。

我曾经把玩电子游戏视为浪费时间，但是我喜欢玩电子游戏。这是否意味着我要完全放弃玩电子游戏呢？不是的。但是，当我有任务需要完成的时候，我就不能玩电子游戏。我不能用玩电子游戏来逃避自己本该完成的工作。

同样的原则也适用于烹饪。也许你喜欢烹饪，为自己制作健康美食。如果是这样，那就太棒了。但是，如果你不特别喜欢烹饪，却要耗费大量时间来准备简单的一餐，那你就需要找出其他的健康饮食的方法来减少用于烹饪的时间。

我的目的不是让你抛弃生活中的喜好，只是确保你没有把时间浪费在一些没必要做或者不那么喜欢做的事情上，或者吞噬掉你所有业余时间的事情上。

追踪你的时间

如果你有“社交媒体成瘾症”，你可能就需要追踪一下自己在社交媒体网站上花费了多少时间。你可以使用RescueTime这类工具来追踪自己一天当中到底是如何花费时间的，它还能生成一份报告，显示出你在社交媒体网站上花费的确切时间，以及你在计算机上做其他非生产性工作的确切时间。当我撰写本书的第 1 版时，沉湎于手机或平板电脑的问题还不那么严重，但现在手机或平板电脑可能是有史以来最厉害的时间杀手。我刚读完卡尔·纽波特（Cal Newport）的 *Digital Minimalism*，我建议你也读一读。不过，与此同时，你可以使用 iOS 系统上的 Screen Time 或 Android 系统上的 Digital Wellbeing 这样的工具追踪一下你在移动设备上耗费的时间。要想消灭时间杀手，最好的方法就是先找出它们。在找回被浪费的时间之前，你需要了解自己的时间都浪费在哪儿了。

我建议你使用某种时间追踪系统来看看每天时间的确切去向。我刚开始为自己工作的时候，我不知道自己的时间都去哪儿了。我总觉得自己每天能完成的工作要比实际完成的工作多得多。于是，我一丝不苟地追踪自己的时间两周，最终找出浪费时间最多的几个方面。

如果能准确了解自己的时间花在哪儿了，就能识别并且消除那些最大的时间杀手。试着弄清楚自己每天在不同任务上花费的时间。即使是追踪一下每天吃饭花了多少时间，也能真正了解时间都去哪儿了。

关于什么是“浪费时间”的最后一件事，我制订了一个有效的定义，以澄清“什么是真正的浪费时间”和“什么不是浪费时间”的大量困惑——只有当你没有在做你想做的事情时，才是在浪费时间。我将此作为时间管理的通用指南。如果我现在就是打算看电视或玩电子游戏，那看电视或玩电子游戏就不算是浪费时间。但大多数时候，当我们打算工作或者完成一些有成效的事情时，看电视或玩电子游戏就是在浪费时间。此外，塞涅卡[1]的名著《论生命之短暂》（*On the Shortnes of Life*）是一本关于这个主题的伟大著作，里面充满了永恒的智慧，非常值得一读。

采取行动

- 下一周，精心地追踪一下自己的时间花费情况。获取精确的数字，了解每天的每小时你都是怎样花掉的。看看数据，找出你最大的2～3个时间杀手。
- 如果你有看电视的习惯，尝试离开电视一周，即尝试度过一个“无电视周”，看看如果不看电视你都会做些什么。
- 弄清楚哪些时间是可以“买回来”的，如雇人为你修剪庭院、做保洁等。（如果切断有线电视，你甚至可以用这笔省下来的钱来支付上述费用。）

① 吕齐乌斯·安涅·塞涅卡（Lucius Annaeus Seneca，约公元前4年—公元65年），古罗马政治家、斯多葛派哲学家、悲剧作家、雄辩家。塞涅卡一生著作丰厚，触及了可以作为研究对象的一切实际领域。除了这里提到的《论生命之短暂》，塞涅卡现存于世的哲学著作包括12篇关于道德的谈话和论文，124篇随笔散文收录于《道德书简》和《自然问题》中，另有9部悲剧，如《美狄亚》《俄狄浦斯》和《阿伽门农》等。——译者注

第44章

形成惯例的重要性

生产力的真正秘诀在于：长期坚持做一些小事。例如，每天写1000字，那么一年就能写4本小说。（一本小说平均为6万～8万字。）

然而，有多少人坐下来写小说却从来没写完一本呢？他们没有意识到，横亘在自己与梦想之间的无非就是“惯例”。惯例塑造你的生活，让你变得更有生产效率，惯例是让你实现目标最强大的方式之一。你每天的行为日积月累下来，可以让你生活的每个方面都得到提升。

在本章中，我们会讨论形成惯例的重要性，并讨论一些帮你形成惯例的方法，让你变得更富有成效，帮你实现目前看起来似乎遥不可及的目标。

惯例可以让你……

每天早上起床之后，我要么去健身房练举重，要么跑上5公里。（事实上，这还是我在写本书的第1版时的情况。现在，情况发生了变化。我现在跑马拉松，所以我经常跑8～32公里，不过我仍然练习举重。）我已经坚持了很多年，而且会继续坚持下去。锻炼回来后，我都会坐在办公桌前查看自己的日常工作。我确切地知道自己每天、每周要做什么。这一惯例偶尔会变化一下，但我总会形成一些惯例，推动我向着自己的目标前进。

一年前我为自己创建的惯例塑造了今天的我。如果我的惯例是每天早上去甜甜圈店而不是去锻炼，那么我看起来会与现在大不相同。如果我的惯例是每天练武功，说不定我已经是一位武林高手了。

同样的规则也适用于你。每天你做什么样的决定塑造着未来的你。你也许想在很多事情上改变自己，但是关键在于做到改变自己需要时间，需要持之以恒。如果想实现某个目标，不论是写小说、开发应用还是建立自己的企业，你必须要形成惯例，缓慢但稳步地向着自己的目标前进。

我在这里写下的这些内容似乎都是常识，但是回顾一下自己的生活和目标，审视自己的梦想和愿望，你真的每天在积极努力地向着它们前进吗？难道你不觉得，正是你创建的惯例推动你每天向着自己的目标更进一步，最终使目标得以实现吗？

创建一个惯例

现在是时候采取行动了。不是明天，不是下周，就是现在。如果想实现自己的目标，塑造自己的未来——而不是受他人或环境的摆布，你现在就要形成惯例，让它指引你朝着梦想前行。

一个好的惯例始于一个大的目标。你想要达成的目标是什么？通常你一次只能专注于实现一个大目标，因此选择当下对你最重要的目标。你知道，为了这个目标你已经准备了好久，但你从来没有时间着手去实现它。

一旦挑选好了大目标，接下来就要弄清楚怎样才能每天或每周前进，最终实现目标。如果你想写一本书，每天要写多少字才能在一年内完成？如果你想减肥，每周要减掉几斤才能达到目标？

大目标将构成惯例的基础。你要围绕这一目标安排自己的日程。大多数人必须要每天工作 8 小时，于是留下的灵活性已经不大了，但是还有剩下的 16 小时可供支配。我们需要保证 8 小时的睡眠，还剩下 8 小时。最后，每天吃饭还要花 2 小时。所以，在最坏的情况下，你每天应该有 6 小时可以分配给自己想要达成的目标。

当然，每天 6 小时看起来不那么充裕，但这样下来每周可就是 42 小时。（如果读过第 43 章，你可能已经猜到大多数人每周在这 40 小时里干了些什么。看，戒掉电视是多么重要啊！）

好了，现在我们知道自己要做什么，下一个任务就是精确地安排这些时间。因为你已经形成了惯例——每天都要去工作，所以最成功的方法就是围绕 5 个工作日来形成惯例。我建议你把每天最开始的一两个小时投入到最重要的目标上。你可能需要早起一两个小时，但是通过有效利用每天最开始的一两个小时，你不仅更容易坚持想要做的事情，还会精力更充沛。

只需简单的改变，你就会每天朝着最重要的目标的方向前进。即使只安排了工作日，你每年也已经可以在正确的方向上前进 260 步。如果你正在写一部小说，每天写 1000 字，一年也会写 26 万字！（《白鲸》的英文原著是 209 117 字。）

让惯例更细化

到目前为止，我们的日常安排中只列了一件事——但它却是最重要的事。如果只做这一件事，你会很满意取得的成果，但是我们可以做得更好。如果你真想提高生产效率，就需要对自己的生活有更多把控。

我在家为自己工作，你可以想象我的例行安排是非常详细的。我的例行安排里明确了每天要完成的主要任务。这一例行安排能让我每天完成最大量的工作。大多数与我交谈过的人都惊讶地发现，我每天按照惯例行事的同时，还能按照自己的想法做任何事。但是，惯例的确对我的成功至关重要。

如果你为自己工作或者是在家办公，一定要制订一份日程，明确规定自己每天都做什么，包括什么时候开始工作，什么时候停止工作。这么做缺乏灵活性，但能提高生产力，也能让你知道自己在朝着目标前进。

即使你不在家办公，仍然需要形成一个覆盖一天中大部分时间的惯例。如果你的工作是朝九晚五的，那么祝贺你，结构的大部分已经到位了。

强烈建议你安排好每个工作日的时间，以便自己知道每天、每周要做什么。我们谈到过围绕大目标建立惯例，但你可能也要有很多想要取得进展的小目标。那么，朝着这些小目标前进的最好办法就是把这些小目标安排到自己的例行安排中去。

刚开始工作的时候你就要决定好自己打算做什么。它可能会是查看和回复电子邮件，但也许更好的选择是从每天必须要做的最重要的事情开始。（电子邮件可以晚点儿处理。）选出每天或每周都要重复的几个任务（参见第 39 章的定额工作法，了解更多细节）。每天都安排时间处理这些任务，以便你可以确保它们被完成。当我在办公室工作的时候，每天我会抽出 30 分钟时间学习自己工作中会用到的技术，我习惯将其称为“研究时间”。

你还应该安排自己的食谱，甚至围绕着每天吃什么来形成惯例。我知道这听起来有点儿不可思议，但我们的确为了决定吃什么和做什么饭浪费了大量的时间，如果这些事情不能提前计划，最终我们就会吃得很差。

每天的生活越有条理，就越能把控自己的生活。想想看，如果你一直对外界做出反应，如果你总是在事情出现的时候被动地处理事情而不是主动地规划，那么周围的环境**会左右你的生活，而不是你自己。**

例行安排的示例

- 7:00 am：锻炼（跑步或者举重）。
- 8:00 am：吃早餐（周一、周三、周五，早餐食谱 A；周二、周四，早餐食谱 B）。
- 9:00 am：开始工作，并且挑选最重要的工作做。

- 11:00 am：检查和回复邮件。
- 12:00 am：吃午餐（周一、周二、周三、周四，自己做午餐；周五，外出吃午餐）。
- 1:00 pm：专业开发时间（研究新技术，提高技能）。
- 1:30 pm：做第二重要的工作，开会或其他。
- 5:30 pm：为明天的任务做好计划，记录今天完成的工作。
- 6:30 pm：晚餐。
- 7:00 pm：陪孩子做游戏。
- 9:00 pm：读书。
- 11:00 pm：睡觉。

地雷：注意不要过于沉迷于惯例

你应该有自己遵循的惯例，但是也要有一定的灵活性。你可能会打乱一天的日程安排。不要忘记会有像车坏了这种不可预测的事件发生，车坏了可能会打乱你的例行安排。你需要学会从容应对这些事情。

采取行动

- 你目前有哪些惯例？追踪一下你的日常活动，看看你已经在遵循的惯例有哪些。
- 选择一个大目标，以每个工作日为单位制订例行安排。计算一下，如果你每天都朝着这个目标前进，一年下来你会取得多大的成就。

第45章

如何培养好习惯

> 成就我们的恰恰就是那些不断重复做的事情。因此，优秀不是一种行为，而是一种习惯。
>
> ——亚里士多德

我们每个人都有习惯，有好有坏。好习惯能够推动我们前进，帮助我们成长；坏习惯则阻止我们前进，阻碍我们成长。培养和养成良好的习惯可以让你不需要刻意努力就保持很高的生产效率。如同惯例可以帮我们缓慢而坚定地每次只砌好一块砖，最终建起一面巨大的墙一样，习惯也可以通过日积月累的努力，让我们前进或者后退。二者最大的区别在于，惯例是我们可以控制的，而习惯却不受我们控制。

在本章中，我们会谈论好习惯的价值，以及培养好习惯的方法。我们无法控制习惯，但是可以控制养成习惯和打破习惯。学习如何培养良好习惯会是生活中你可以做得最有效的事情之一。

了解习惯

在我们深入到改变旧习惯、养成新习惯之前，我们需要讨论一下习惯到底是什么。在这里，我可以给一个简要概述，要了解更详细的解释，你可能要查看一本优秀的图书——Charles Duhigg 所著的《习惯的力量》（*The Power of Habit*）一书。

习惯主要由三个要素构成：暗示，惯例和奖励。暗示是导致习惯被触发的某样东西。它可能是某一天的某个特定时刻、某种形式的社交场合、某个特定的环境或者其他任何东西。例如，只要我们进入电影院，我们就获得了买爆米花的暗示。

接下来是惯例。惯例就是你做的事情，也就是习惯的本质。惯例可能是抽烟、跑步，也可能是在检查代码之前运行所有的单元测试。

最后，还有奖励。奖励就是让习惯真正保持下去的“锚”。这是一种你从执行习惯中获得的良好感觉。奖励可能只是一种满足感，或者是你在《魔兽世界》里升级时的那一声“叮”，再或者是你喜欢的那道点心的甜蜜味道。

我们的大脑非常善于养成习惯。我们会根据周围的事物自发地养成习惯。一件事情做得越多，越可能形成习惯。习惯的力量往往基于奖励的价值。我们都喜欢做能够带来更好回报的事情。然而，奇怪的是，可变化的奖励要比已知的标准奖励更让人着迷。这就是在赌场能看到那么多人的原因。不知道自己是否能得到奖励或者不知道奖励有多大，会形成一种很坏的习惯，即公认的“上瘾”。

你可能已经有数百个自己没有觉察到的习惯。每天早上起床后你可能会有一个特定的惯例，譬如每天早上都要刷牙。你可能还有各种各样影响你的工作方式和工作方法的习惯。这就是我想在本章中讨论的焦点，因为养成这些习惯对于提高工作效率帮助最大。

找出坏习惯，改掉

通常，找出坏习惯，再围绕这些坏习惯创造出好习惯是最简单的方法。如果我们能够识别出自己有哪些坏习惯，我们就可以通过抛弃坏习惯、养成好习惯，在生产力上获得双倍提升。

我有一个坏习惯：每天当我坐在电脑前，我就会马上检查电子邮件，然后浏览互联网电商网站和社交网站。我冒昧地猜测你也有类似的每天都在做的惯例。

当然，我首先承认，我仍然处于打破这个习惯、改变它的过程之中，这确实不容易。但是这个例子让我们明白，我们可以将坏习惯转变为好习惯。

让我们来检测一下这个习惯，并把它分解为三个部分。首先是暗示。在办公桌前坐下来似乎是一个暗示。早晨，一旦我坐在电脑前做第一件事情，这个习惯就开始了。接下来是惯例。这个惯例就是检查电子邮件，看看 Slick Deals 上有没有好的交易，看看 Facebook、Twitter 和别的自己喜欢的网站。最后，就是奖励。奖励具有两面性。查看自己喜欢的网站能让我感觉不错，有时候确实有人给我的帖子点赞，邮箱里也有新邮件等着我回复。另外，我觉得这么做还能缓解压力，因为我可以从自己当日要完成的工作中暂时解脱出来，放松片刻。

我本该试着完全抛弃这个习惯，但是做起来相当困难。我很难抵挡它的诱惑，并且一半的时间里当我按照习惯做事时我都没有意识到自己在这么做。习惯是自发的。但是，与完全抛弃习惯不同，我可以改变惯例。我不再查看自己喜欢看的所有网站，而是采用了提示，提示能够将我引向另一项活动——一项更富有成效的活动。

如果我早起之后的第一件事情不再是浏览网站，我会制订当日计划，并挑出当天自己最喜欢的事情。这样我就可以完成更多的工作，我也可以从自己最喜欢的工作开始，而不是从最不喜欢的工作开始。当然，我可能不会每天一开始就一头扎进最重要的工作，但我会努力去做富有成效的工作，而不是浪费半小时做一些毫无成效的事情。

我可能需要一段时间才能让坏习惯转变为好习惯，但是好习惯终将取代以前的坏习惯，成为每日惯例的一部分。

你也可以采用同样的方法来改正自己的坏习惯，但首先你必须找出这些坏习惯。要找出坏习惯，最好的办法就是设法找到日常生活中令你感到内疚的事情或惯例。什么事情你想停下来却又总是推迟到另一天？

试着从小事做起。选一个你找出来的坏习惯，不要试图马上就改变它。相反，尽量找出这个习惯被什么触发，你这么做有什么表现，以及是什么奖励激励你产生冲动要这样做。有时候，你甚至会发现，所谓的“奖励”不过是个幻象——一个你期望能够实现却从未兑现的承诺。例如，许多人都有买彩票的习惯，因为他们认为自己会中奖，尽管他们从未中过奖。

一旦你能够很好地掌控习惯本身，你就会发现自己对习惯可以保持更清醒的认识。你甚至可以通过近距离审视一个习惯而打破它、改变它。

接下来，努力找出是否有别的惯例可以代替当前这个为了某个习惯正在执行的惯例。如果可能的话，尽量寻找那些会带来相似的奖励甚至相同类型的奖励的事情。

最后也是最困难的部分是，强迫自己坚持足够长的时间，以使新习惯取代旧习惯。只要你能在新的习惯上坚持足够长的时间，新习惯最终一定会变得很轻松且是自发的。

养成新习惯

除了改正旧习惯，你还需要围绕着自己要做的事情养成新习惯。在第 44 章中我们谈到过形成惯例的重要性。但是，如果惯例不能转变成习惯让你坚持下去，就不会成功形成惯例。

只要将惯例坚持足够长的时间，你就可能会成功地形成新习惯。我在坚持了数月之久后，成功养成了每周跑步三次、举重三次的习惯。几个月之后，根据每周的不同日子，我会自动强迫自己去外面跑步或去健身房。

在所有关于新习惯养成的例子中，我最喜欢一个例子来自 John Resig 的一篇博客文章。John 是我非常尊敬的开发者。他在一篇题为“每天写代码”（Write Code Every Day）的文章中，谈到了自己的经历。他之前在业余项目上毫无进展，直到养成了每天至少用 30 分钟写一定量有用的代码的习惯。在实行新惯例之后，它成了一种习惯，这使他的生产力获得了巨大的提高。

养成习惯的方法与形成惯例的过程很相似。试想，你要完成的大目标是什么，看看你是否能养成某种习惯，推动你在奔向大目标的方向上前进。你的习惯越积极，你向着自己的目标前进的过程就越轻松。

一旦你选定了想要养成的习惯，想想有助于激励你养成这一习惯的奖励。例如，你可能决定自己要养成在检查代码之前运行所有单元测试的习惯，那么你或许会决定：假如在检查代码之前运行了所有单元测试就给自己 5 分钟的休息时间去检查电子邮件。你只要留意并确保给自己的奖励本身不是一个坏习惯。例如，我不会建议你每次锻炼之后吃糖果。

接下来，为你的新习惯找出暗示。是什么触发了你的这个习惯？让暗示固定不变，让你可以依赖。一天中某一个特定时间，或者一周中特定的某一天，都是很好的暗示，它将确保你不会把行动推迟到另一个时间。如果你能同时养成另一个习惯，效果更好。我有一个习惯，每天晚上会花 30 分钟阅读技术书籍，以此来打磨我的技能。我后来决定将该项习惯与每天步行 30 分钟的习惯结合起来，养成一个新习惯。现在，我想读书的时候，我总觉得非得在跑步机上走 30 分钟不可。

采取行动

- 追踪你的习惯。哪些习惯对你目前的生活影响最大？你认为其中有多少是好习惯，又有多少是坏习惯？
- 挑选一项你的坏习惯，试着把它转变为好习惯。在开始做之前，先在自己脑海中设想一下从现在起一周之后、一个月之后、乃至于一年之后你会有什么成果。

第46章

分解任务会提高生产力

要吃掉一头大象，每次吃一口。

——克雷顿·艾布拉姆斯（Creighton Abrams）

造成拖延的首要原因之一，同时也是造成生产力低下的祸根，就是总是在感慨一个问题：好忙啊，问题好大啊……实际上，你并没有真正试着去解决问题。当我们从任务的全貌来审视任务的时候，它们看起来比真实情况都要大，并且更吓人。

在本章中，我会谈及一个能够帮助你克服拖延的提高生产力的窍门：分解任务。通过将大任务分解为小任务，你会发现自己更有动力去完成它们，也更加稳妥地向着目标前进。

为什么更大并不总是更好

任务越大，看起来就越吓人。编写一个完整的软件应用很困难，但是写一行代码就容易得多。遗憾的是，在软件开发领域，我们遇到的大项目、大任务往往要比小项目、小任务多得多。

这些大任务或大项目给我们带来了心理上的伤害，也削弱了我们的生产力——因为我们无法看清楚未来的前景。从宏观上审视一项大型任务的全貌时，它看起来几乎是不可能完成的。想想类似的壮举：盖一幢摩天大楼，修一座横跨几公里的大桥。很多摩天大楼和桥梁已然建成，所以我们知道它们是可以建成的，但是如果你一开始就把这些项目看成庞然大物，就好像没有人可以完成它们。

然而，很多摩天大楼和大桥已经被建成了，因此我们知道它们是可行的，但是如果从整体角度看待任何一个此类项目时，看起来好像任何人都不能完成它。

完成大型项目，像从头开始构建一个应用这样的，令我挣扎很久。我曾经动手开发过许多不同的应用，但最后都无疾而终，直到我学会如何分解任务。每当开始新项目的时候，我总是热情高涨，但是很快我就会被那些琐碎的事务搞得焦头烂额。我总在想还剩下多少工作要做，我从来就没有冲过终点线。项目越大，我越可能失败。

我发现有这方面困扰的不止我一个。在软件开发领域，我扮演过各种角色，我发现，当我给其他开发人员分配工作的时候，一个项目能否成功的最大标志就是我所分配的任务的规模。我要求他人完成的任务越大，他们完不成任务的可能性就越大。

关于这个问题，我们已经讨论过，原因之一就是：大型任务给人带来沉重的心理负担。面对大问题时，我们倾向于花更多的时间思考问题本身，而不是采取行动去解决问题。人类倾向于选择阻力最小的路径。当面对一项大任务的时候，检查电子邮件或者泡上一杯咖啡看起来就是更容易的路径，于是拖延随之而来。

但是拖延还不是我们不喜欢大型任务的唯一原因。任务越大，越难明确定义。如果我让你去商店买鸡蛋、牛奶和面包，这个任务就是非常明确的，你知道该做什么。完成这项任务很容易，你正确完成任务的概率也很高。

但是，如果我让你创建一个网站，这个任务很大，定义也不明确。你可能不知道要从哪里着手，也会有许多问题都悬而未决。你不太可能知道要完成这项任务该做些什么。我可以把我认为的、我期望的如何建立这个网站的内容详细记录下来，但是你得花一些时间才能读完并理解这么详细的说明，并且仍然有很高的出错概率。

大型任务往往也很难估算完成时间。如果我问你，写好一个找出列表中规模最大的项目的算法需要多长时间，你也许可以给我一个非常准确的估计值。但是，如果我让你告诉我，实现网站上的购物车功能需要多久，你的估计值不会比瞎猜好多少。

大型任务是一种智力挑战，与小任务相比，大任务更可能导致拖延，通常描述也更少，更容易出错，也更难估算完成时间。

分解任务的价值

不要绝望，还有解决方案。事实证明，大多数大任务都可以被分解成更小的任务。实际上，几乎每个大型任务都可以分解为不计其数的更简单更小型的任务。

把大型任务分解为更小的任务，是我一直用来完成更多工作、更准确地估算要完成这项工作我需要多长时间的技巧之一。

事实上，这本书采用这样的结构并非巧合。你可能想知道为什么这本书有这么多章。在我开始着手写这本书的时候，我特意选择将每一篇拆分成很多小的章，而不是少数几个篇幅很长的章。原因有两个方面。

首先，小章内容更易于读者阅读消化。我知道，当我读章篇幅很长的书的时候，除非我有足够的时间读完一整章，否则我可能会避免捧起那些书来读。阅读每一章都很长的书的任务看起来会很吓人，所以我不太可能读完。希望你已经发现，与那些篇幅巨大、很少停顿的书相比，每章 1000～2000 字的篇幅更容易阅读，也不那么吓人。

其次，小章让我更易于完成写作。我知道，写书是一项挑战，大多数决心坐下来写书的人最终都不能完成它。曾经，我也有过这样的经历。如果每章的篇幅和一篇博客文章的长度差不多，那么写书这项任务就更可以管理了。所以，我给自己的不再是“写一本书”这样一个大任务，而是写大约 80 个小任务，每个小任务就是本书的一章。

当把任务分解成小块的时候，这些任务就变得更易于完成，对完成任务所需的时间的估算也更精确，你也更有可能正确地完成它们。即使有些小任务没有正确完成，你也有很多机会改正，而不至过多地影响大项目。我发现，把大任务分解成小任务真是一个好主意。

如何分解任务

事实证明，分解任务并没有那么困难。大多数任务都可以通过一次一步的方式分解为许多小任务。关于如何吃掉一头大象的引文非常正确。唯一可信的吃掉一头大象的方法就是一口一口地吃。这几乎同样适用于每项大型任务。即使你没有有意识地分解大任务，也会受制于时间的线性发展，即要想完成事项 A，必须要先完成事项 B，依次类推。

如果想承担一项大任务，又不想被它吓倒，你首先需要明确完成这项任务需要哪些步骤。如果我被分配了一项大任务，我要做的第一件事情就是弄清楚我能否将它分解为一连串的小任务。

我最近的一个项目是为我的一个客户建成持续集成系统，并完成代码部署的工作。这项任务非常庞大，看起来很吓人也很艰巨。但是，我没有试图一步登天地处理它，而是将其分解为一系列更小的任务。

首先是要获得客户端代码，从命令行去构建和编译，因为这是创建自动构建环境的必需步骤。下一个任务是让构建服务器能够检出代码。然后，下一个任务是将这两者结合起来——让构建服务器能够检出代码，并使用命令行脚本来编译代码。

我把整个项目分解为这样的小任务后，原来的庞然大物瞬间变成了一只小老鼠。即使整个项目看起来仍然是难以解决的大问题，但每个小任务看起来却很简单。

你可能会发现一件事情，当你试图把大任务分解为许多小任务的时候，对于究竟需要做什么你其实并没有足够的信息。还记得我说过大任务通常并不明确吗？把大任务分解为小任务的关键步骤就是确定出因为缺失了哪些信息而导致你无法创建更小、更明确的任务。如果你在把大任务拆分成小任务的时候遇到问题，很可能是由于缺少信息。

但是这并不是坏事。在项目早期发现信息不足要比项目已经进展很多后才发现信息不足要好很多。把大任务分解为小任务的时候，务必确保每个小任务都有一个明确的目标。试着明确这些目标经常会发现之前用别的方法遗漏了的重要信息。

当我在敏捷团队工作的时候，我经常尝试使用这种方法从客户那里获得正确的信息。当客户要求你完成某项大任务的时候，例如，他们希望你能在他们的网站上增加购物车这样的大任务的时候，他们经常很难准确描述自己想要什么。如果你能将大任务分解为小任务，就可以让他们更容易地说出他们到底想要什么。

分解问题

分解任务的方法同样适用于编码和问题求解。许多新入行的开发人员总是会被自己要解决的问题压垮，他们认为自己的代码很难写，问题很难解决，原因在于他们总是试图一次性解决太大的问题。他们不知道如何分解问题。（我不得不承认，我自己偶尔也会犯这样的错误。）

当然，在管控代码的复杂程度上，我们也会做一些工作。这就是我们不会将所有的代码都写入一个方法中的原因。我们会将自己的代码分解为方法、函数、变量、类以及其他结构，从而简化代码。

不管编程问题有多难，它总是可以被分解为更小的单元。如果你想要写出一个难度很大的算法，在一头扎进去写代码之前，先把这个问题分解为能够依次独立解决的小模块会更有帮助。无论应用多么庞大、多么复杂，它都可以被分解成一行行的代码。单独一行代码的复杂度绝对不会超过任何一位程序员的理解能力和编码水平，所以，如果你愿意将问题分解得足够小，只凭借写出单行代码的能力你就能写好任何应用。

采取行动

- 当前，你因为其规模惊人放弃了哪些大型任务？你会在打扫车库、写博客文章、解决复杂算法等事情上拖延吗？
- 选出一个你当前面临的大问题，看看能否找到好办法将它分解为更小的任务。

第47章

努力工作的价值，以及为什么你总是逃避努力工作

本章非常贴近我的心！努力工作是成功的必要条件，无法逃避——我觉得正是在最终接受了这一观点之后，我的职业生涯乃至于我的生活都发生了巨大的转折。

每个人，包括我自己在内，一生中都在寻找捷径——不用努力工作就能获得成功的方法。我们都希望能找到一些不用实际工作就能享受努力工作的成果的方法。我也想让这本书能够奇迹般地一书而就，而不必让我辛苦地坐下来奋笔疾书。

然而，现实的情况是，一切有价值的东西无一不是努力工作的结果。在生活中，特别是在软件开发的职业生涯中，如果你想看到成果，你就必须要学会坐下来，做好自己并不想做的工作——并且要坚持不懈。

在本章中，我们将揭穿假内行的谎言，他们宣称：你可以通过聪明地工作而不是努力地工作，获得丰厚的回报。同时，我们还会解决努力工作背后的动机上的考验。

为什么努力工作是如此的辛苦

为什么有的事情就是比其他事情做起来难得多得多，对我来说就像一个谜。为什么我可以一次玩几小时游戏也没问题（根据论证，玩游戏可是涉及相当大量的心理应变活动呢），却似乎总无法让自己坐下来写一篇博客文章？莫非我心中真正关心的并不是我正在做的事情？我知道，对我的大脑这台控制运行的机器来说，在它那里所有的东西都

是工作。难道我的大脑真的会关心我到底是在游戏控制器上狂按按钮，还是在键盘上敲击按键吗？但是，对我来说，它们一个是游戏，一个是工作。一个快乐，一个辛苦。

我从来没有见过真正享受艰苦工作的人。许多人会说自己享受努力工作，其实我们中大多数人享受的不过是刚刚开始工作或者即将完成工作的那一瞬间。基本上没人愿意做艰苦的工作。

实话实说，我无法给你一个很好的理由，解释为什么会这样。我无法告诉你，为什么让大脑发送电信号到你的双手去写代码修复错误，比发送同样的电信号到你的双手让你在 Facebook 上发表评论或者输入你最喜欢的打发时间的网站的地址要难。事实就是，有些工作很辛苦，而有些工作则很轻松。

然而，在我看来，我们认为艰苦的工作最有可能是让我们获益良多的工作。艰苦的工作最有可能是推进我们职业发展或者为我们打开机遇之门的工作。所有没有任何好处的工作看起来总是那么轻而易举。

如果我只是“聪明地”工作

如今，我仿佛总是听到有人宣扬“努力地工作不如聪明地工作”的理念。尽管我赞成在工作时要尽量聪明，但是我并不认同聪明地工作能够取代努力地工作。每个向你承诺无须努力就有巨大回报的人，要么试图向你兜售东西，要么就是已经忘了自己多么努力才到达了今天的位置。

“聪明地工作可以胜过努力地工作”这一理念存在着一个重大的谬误。要想出人头地必须要聪明地工作，这确实没错，但是无论什么时候，努力工作的人总是超越自认为聪明工作的人。事情的真相是，如果想真切地看到自己行动的成果，我们必须自愿努力工作。

如果真想富有成效，你就不得不学会工作的时候既聪明又努力。光有聪明是不够的。一定量的机智是必须具备的，然而要想获得真正的成功，面对挫折的时候一定量的毅力也是必要的。

努力工作总是枯燥的

如果我必须猜测一下，为什么我们逃避艰苦的工作，我会说这是因为它们太枯燥了。在我刚开始写博客的时候，我很兴奋。我对这个表达自己的机会充满热情。然而，随着时间的推移，它变成了一项苦差事。如果我没有学会坚持，设法应对这项单调乏味的苦差事，我就不可能看到自己的行动的好处。

被我们认为困难的事情，实际上都是我们不想做的事情，因为它们不那么激动人心，也不那么光彩照人。伴随着激情飞翔，只做自己感兴趣的事情，非常诱人。一旦你不再感兴趣，你会毫不犹豫地飞向下一个目标。

但是，这种思维方式是有问题的。问题在于，你的伙伴中如果有人愿意在一件事情上坚持更长的时间，那么最终他就会超越你。一开始，你可能领先于他们。起初，你的激情让你暂时爆发，但是那些愿意投入漫长的努力，并愿意为了完成工作执着于枯燥工作的人，最终会超过你，并且遥遥领先。

> 赛跑比的是谁耐力更长久，而不是看谁冲刺更有力。
>
> ——约翰·杰克斯（John Jakes），《北方与南方》（*North and South*）

现实

在所有的情况下，我们所面对的现实就是，没有一件事情是轻而易举的。如果真想成功，如果真想要成为成功人士，你就不得不在有些时候通宵达旦。你可能会在自己的职业生涯的数年里每周工作 60～70 小时。为了获得领先的地位，你可能会好几年都不得不放弃看电视或者与朋友们外出游玩。你无法欺骗这个制度。你的收获取决于你的付出。种瓜得瓜，种豆得豆。没有播种，永远没有收获。

不过，这并不意味着你永远都不能有片刻轻松。成功会带来更多的成功。越成功就越容易获得成功。但是，攀登第一座山峰的过程是漫长又艰难的。

只有少数人能到达顶峰，只有少数人能看到真正的成功。大多数人都在自己的职业生涯中碌碌无为。他们不愿意投入时间，也不愿意做出必要的牺牲以获得真正的成功。你可以听从本书中所有的建议，但是如果你不愿意努力工作，那么它们对你不会有任何益处，一点儿益处都没有。你必须愿意付出努力。你必须愿意将自己所学的东西付诸实践，让它们发挥作用。

努力工作：如何做到这一点

好了，讲到这里，你可能想知道，到底该怎样才能激励自己真正坐下来，做自己需要做的工作。我希望我可以给出一个神奇的答案，能够瞬间让你成为最有生产效率的人，没有丝毫拖沓或抵触地承担起任何工作，但很不幸的是，我并没有那样的奇迹。

不过，我可以告诉你，我们所有人都得跟同样的问题做斗争。我们都有拖延的倾向，都会逃避真正对我们重要的工作。我最喜欢的 *The War of Art* 一书的作者史蒂文·普雷斯菲尔德把这股神秘的、总是在我们的前进的路上抛下各式路障的力量称为阻力。他断言，每当我们试图提升自己至一个更高水平的时候，阻力一定会伸出它那丑陋的脑袋，试图让我们原地不动。

如果要想不顾一切地追求成功，就不得不学习如何击败这个阻力。但是，如何打败这个敌人？如何才能将阻力彻底打倒，让它缴械投降呢？我们只需要坐在办公桌前，做我们应该做的事情。我们必须要学会脚踏实地、埋头苦干。这里没有容易的答案。

我知道这并不是你想听到的答案，这也不是我想听到的答案。但是，至少你知道自己并不孤单。至少你知道，对我来说坐下来写完这本书和对你来说坐下来读完这本书一样难。至少你知道，当你逃避工作，代之以浏览 Facebook 的时候，有 1 亿人也在做着同样的事。

不过，现在的问题是，你愿意举手投降吗？你是愿意承认自己无法集中精力、专注于工作，还是愿意推倒障碍、对抗阻力？这是只有你自己才能做出的选择。你只需下定决心去做那些需要做的工作。你必须认识到，工作最终必须要被完成，所以还不如现在就做，而不是拖到以后；你必须认识到，你要想实现目标，要想发挥出自己的全部潜力，唯一的途径就是自愿咬紧牙关、硬着头皮、开始工作。

采取行动

- 你曾经投身到哪些艰苦的工作中？有哪些任务你会因为不喜欢而拖延？找出其中一项任务，毫不犹豫地马上去做。养成雷厉风行的习惯，并且立即在需要做的工作中付诸行动。

第48章

任何行动都比不采取行动好

> 任何行动往往都比没有行动好，特别是当你一直停滞在不愉快的情势下很长时间的时候。如果这是一个错误，至少你学到了一些东西。这样一来，它就不再是一个错误。如果你仍然选择停滞不前，那么你就学不到任何东西。
>
> ——埃克哈特·托利，《当下的力量》（*The Power of Now*）

我想以讨论最可怕的效率杀手之一——无所作为，来结束本篇。在软件开发的职业生涯中，没有什么比不采取行动对生产力更致命了。通盘考虑后再做出明智的决策非常重要，但是往往你并不具备自己想要的所有信息，因此不得不勇往直前，做出选择——采取行动。

在本章中，我们会讨论为什么任何行动都比不采取行动好，为什么有如此多的人默认无所作为，以及对此你可以做些什么。

我们为什么拒绝采取行动

拒绝采取行动，无数机会就会被浪费，无数可能性就会被挥霍。这似乎是显而易见的道理。我的意思是，都没采取行动，怎么能指望有什么事会发生呢？无须多言，大多数人都能明白这个说法是对的。但是，为什么还有那么多人选择不采取行动呢？

我知道，对我来说原因很简单——恐惧。我斗胆猜测你的原因也一样。恐惧出错，恐惧把事情搞砸了，恐惧后果不可估量或失败，恐惧改变，恐惧做不一样的事情。

我们明知道应该采取行动的时候却选择拒绝采取行动，恐惧可能是最大的原因。但是，不要让自己掉进恐惧的陷阱很重要。我们必须要学会克服恐惧，并且认识到，尽管我们即将采取的行动可能不是最好的，但是它几乎总是比默认选择不采取行动要好。

很少有人会后悔自己基于所掌握的最好的知识采取的行动，但是很多人会后悔自己没有采取行动。他们错失机会，只因为过分害羞、谨慎或者犹豫，让他们裹足不前，无所作为。

不采取行动会发生什么

我认识一对夫妻，他们就经常受到无法采取行动的困扰。丈夫逻辑性很强，而妻子则更为感性。这种情况很常见。但是，当他们需要做出一个重大决定并按照决定行事的时候，就会遇到问题。

有一次，夫妻俩决定要翻新客房卫生间。他们安装了新浴缸后，就遇到了为浴缸装浴帘还是装玻璃遮挡的问题。一个想要浴帘，另一个想要玻璃。争论持续了很多年，任何一方都不想让步，也没有采取任何行动。论点摆出来了，可能性探讨过了，却没有做任何决策。当然，也没有采取任何行动。

这种情况持续了很多年。在过去的 10 年里，我和妻子至少在他们家住了 7 次，每次住他们家都不得不使用主卧室的卫生间，因为客房卫生间的浴缸既没有浴帘也没有玻璃遮挡。

很多年过去了，仅仅因为无法做出决定、无法采取行动，他们的淋浴无法投入使用，给自己和客人都带来了不便。这对夫妻目前投入了另一场史诗般的战斗——更换草坪，预计会持续到下一个 10 年。

现在看来，当初这对夫妻如果早点决定采取哪种行动，即便它不是最佳的选项，也比 10 年里没法使用淋浴要好，但是他们并没有这么做。相反，他们选择了我们大多数人在不能下定决心的时候选择的默认选项——根本不采取行动。

你可能不会因为没有浴帘就 10 年无法淋浴，但在生活中，有多少次你在面临选择的时候，你拖延时间不肯解决——实际上，如果你愿意采取行动，可能 5 分钟内就能解决。有多少次当你面临选择的时候，因为还没有找到最佳的解决方案，或者害怕做出错误的决定，所以你选择了什么都不做？又有多少小时、多少年因为你不采取行动而白白浪费？

也许你想学弹吉他，也许你现在工作不开心想找个新工作，也许你的财务状况需要进行大的调整。无论你在逃避什么，无论是什么在困扰着你，都不要拒绝采取行动。当下就是行动的时刻。当下就是决策的时刻。

可能发生的最坏情况是什么

可能发生的最坏情况是什么？如果你在该做出决策的时候很纠结，你应该一直问自己这个问题。大多数时候，这个问题的答案是，你发现自己错了，转而采取其他的行动。

很多时候，你需要试错好多次之后才能找出正确的行动方向。在任何行动上耽误的时间越长，完成整个试错过程找出正确方向的用时也就越长。

大多数我们急于做出的选择往往都是微不足道的。我们经常试图耗费 300%的努力寻找 95 分的解决方案，而不是满足于找到 90 分的解决方案。我们的生活就是这样的，我们写代码的时候也是这样的，我们甚至在决策该买什么样的电视机时也是这样的（至于第三种情况，如果你永远都不打算买一台电视机，那样会更好，参见第 43 章）。

但是，如果我们宁可选择无所作为，也不愿选择次优方案或者承担失败的风险，那么这些无关紧要的决定也会对我们的生活产生巨大的影响。想一想，当你无法在两个不相上下的算法之间做出选择以解决代码中的问题，从而无法向某个重要客户交付一项功能时，会发生什么。

或许这两个选择都可以产生可接受的结果，很可能其中一个选择只是会略好一点。但是，如果你迟迟不采取行动以便收集更多信息，最终因为错过了交付期限而导致失去重要的客户时又该怎么办？

在这种情况下，最好就是立刻选择其中一种算法，即使它不是最好的那一个。通过采取行动，即使你发现这个算法无效，也有时间去实现另一个算法。而选择不做选择，也就是延迟行动，最终会导致最糟糕的结果。

即使是一些看似重要的选择——改变生活的那种，用随机掷骰子的方式都比优柔寡断、无所作为要好。很多大学生认为，选择专业和选择职业都是非常重要的决定。尽管这一决定可能很重要，但也不会比其他选择更重要，有多少大学生毕业的时候只有华而不实的学位或者是泛泛而谈的专业正是因为他们没有做到当断则断呢？举棋不定、优柔寡断让他们丧失了采取行动的机会。

跑起来的汽车更容易转向

通常，无所作为就像坐在一辆停着的汽车上转动方向盘。你有转过停着的汽车的方向盘吗？这并不容易。但是，当车子开起来的时候再去转方向盘就容易多了。

然而，我们中很多人都坐在自己生活上的“车库”里，坐在停着的汽车的方向盘后面，拼命地左右转动着方向盘，试图在我们已经被抛出行车道之前确定应该前进的方向。

更好的做法是立刻上车，发动它，这样至少你在某些方向上前进着。一旦汽车处于运动状态下，你就可以轻松地转动方向盘，调整到正确的方向上。如果一直待在车库里，你可能不会转错方向，但是你也没有机会转到正确的方向。

车子一旦开起来，它就有了动力。这种动力可能会带你在错误的方向前进，但是一旦你弄清楚状况，只需轻松转动方向盘，就能转向正确的方向。况且，你也可能一开始就行进在正确的方向上。

有时候，当你完全不确定要做什么的时候，最好的行动就是做一些事情，然后在前进途中再调整方向。有时候，这是前进的唯一方法。如果你一直停在原地，你就会因为从没见过而不知道需要在哪里左转。只有开始做一些事情的时候，你才能预测自己将来要采取的一切行动，评估哪些可能是错的。

通常，要找出一个方向是错的，唯一的方法就是向着那个方向前进。如果错误的代价很小，有所作为总好过无所事事。

现在要怎么做

那么，如何将上述原理现在就应用于你的生活呢？今天你要怎么采取行动？仔细查看下面这个简单的检查清单，看看它是否能帮你下定决心采取行动。

- 阻拦我采取行动的障碍是什么？
- 如果我需要做出选择，我的选择会是什么？我要从哪些选项中做出选择？
- 做出了错误的选择会导致的最坏结果是什么？
- 如果我选择失误，我可以退回去选择其他选项吗？这么做的代价高吗？
- 选择之间的区别是否很大？我能选择可以立即采取行动的次优方案吗？
- 我当前面临的问题有助于自我发现吗？如果开始我采取一些行动，在我发现正确的行动之前，还能进行调整吗？
- 如果我不采取行动，会发生什么？会有什么代价？是浪费时间，错过机会，还是损失金钱？

采取行动

- 挑选你知道你应该采取行动的事项，查看上述检查清单。
- 识别出过去因为不采取行动而错过的机会，如购买或者出售股票、投资一家公司或者创业。
- 如果上述这些事项没有像你希望的那样发展，最坏的结果是什么?
- 最好的结果又是什么?
- 如果当前的行动目标过于复杂，难以决断，你能做出哪些小一点儿的决定来继续前进? 例如，如果你要决定到底是学弹吉他还是学弹钢琴，你可以决定先暂时学哪一样，同时决定长期学习哪一样吗?

第五篇 理财

金钱是糟糕的主人，却是极好的仆人。

——菲尼尔斯·泰勒·巴纳姆[①]

软件开发是当今薪酬最高的职业之一，而且在未来，随着世界上运行在计算机和软件上的事务越来越多，这一行当的价值只会不断看涨。但是，如果你不知道如何打理钱财，那么世界上所有的金钱都不会让你从中获益。诸多彩票中奖者、电影明星和著名运动员曾经坐拥万贯家财，最后又钱财尽失，就是因为缺乏财商去打理自己的财富。

是成为百万富翁，还是一生都靠薪水过活，选择权在你自己，而且在很大程度上取决于你在财务管理方面的知识，以及世界金融系统运行原理方面的知识。只要对财富如何运转以及如何最好地利用金钱有一点点了解，就能长久地为你未来的财务提供保障。

在本篇中，我们会介绍一些最重要的金融方面的概念，这些概念能让软件开发人员获益。我们将一起探讨如何开始投资不动产，如何谈判你的薪酬，如何开

① 菲尼尔斯·泰勒·巴纳姆（P. T. Barnum，1810年7月—1891年4月），现代公共关系的主要开创者、奠基人之一，他在他那个年代把宣传观念、资源和策略运用到了极致，因此被公认为“现代公关之父”。——译者注

始制订退休计划，以及更多的“如何开始”。在本篇的结尾，我还会分享我的故事——我是如何利用本篇介绍的原理和知识做到让自己33岁就退休的。

我知道你在想什么。你可能在想：“约翰，听起来是不错，但是，我对阅读理财方面的内容真的没兴趣。我是一名软件开发人员，我就想改善我的职业生涯。”但是，在跳过这一篇之前，你不妨这样想：你对自己的财务和投资（不论你有没有做投资）的管理方式会对自己的生活产生深远的影响，甚至可能远超除健康（我们也会在本书中涵盖健康方面的内容）之外的其他东西。

事实上，你在职业生涯中做出的许多关键决策很大程度上是以财务状况为基础的。身为软件开发人员，你也同样受此影响。这里的一点知识就足以让你受益良久。即使你对此心存疑问，我也鼓励你认真思考一下：改变财务状况会如何显著地改变你的生活，改变你在职业生涯中所做的决定。

第49章

合理支配你的薪水

在整个职业生涯中，如果你工作30年，每两周领一次薪水，那么你一共会领780次薪水。如果你工作40年，则会领1040次薪水。这期间你怎样支配这些薪水将会决定你工作多长时间、你退休时能攒多少钱，甚至会决定你能不能退休。

重要的是，你要了解每个月自己的钱都花哪儿了，并且清楚这些钱是为你所用了还是阻碍了你的未来发展。在本章中，我们会探讨一些与收入相关的关键的财务概念，这有助于你更好地管理你的钱财，也能以与以前略有不同的方法来思考财务问题。

拒绝短期思维

作为一名软件开发人员，如果赚了一大笔钱，你可能会觉得应该买一批奢侈品（当然你也买得起），但如果仅仅因为你赚了很多钱就要去花很多钱，这么做可不太明智。

我曾经成功说服很多同事别买新车。我通过和他们谈论一种简单的情景就让他们改变初衷，至少可以让他们仔细思考一下自己的选择。

每当有人告诉我，他们打算买辆新车，我就会问："你认为买辆新车得花多少钱？"。通常情况下，答案是2万～3万美元，这可是相当大的一笔钱。大多数我认识的人手头并没有那么多闲钱。事实上，许多人需要几年才能攒出这么多钱。看起来，有这么多人愿意花一大笔钱去买辆新车，但真的如此吗？

在他们告诉我买车的费用之后，我通常会跟着问他们："你们如何支付购车费用？"

几乎所有人都回应说去贷款，然后他们还会告诉我，因为贷款年限长，所以付款金额很低。通常，这看起来似乎很有道理，直到我问了下面这个最重要的问题："如果你现在手上正好有一只装满了 2.5 万美元现金的手提箱，你会拿着它去换那辆新车吗？"

有些人仍然会坚持去买辆新车，但大多数人认识到自己宁愿要 2.5 万美元现金而不是辆新车。但是，当他们贷款 3 万美元买一辆价值 2.5 万美元的车，每月付 300 美元，4～6 年付清时，看起来就是笔不错的交易。

这时通常我还会谈道："如果你只买一辆 5000 美元的车，同样也可以把你从 A 点带到 B 点，但是这样会余出来 2 万美元，让你在接下来的几年里做自己想做的事情，这样做给自己带来的乐趣更多。"我不是说自己从来不买新车，但是，当你考虑到这种情况时，确实很难为这种行为辩解。

问题在于，我们中大多数人在对待钱的问题上，都是只看眼前，而不是长远打算。我们总在盘算这个东西这个月会花多少钱，而不是算总共会花多少钱。

在我刚开始自己的职业生涯的时候，我就是这么想的。我记住自己每个月能赚多少钱，我会根据这个数决定每个月的生活费。每个月挣的钱越多，就可以付得起更多的房租。然后，减去食物和其他基本的生活开销，剩下的钱我都存下来准备买车。我存的钱越多，能买得起的车就越好。

我还记得，每次加薪的时候我都会马上盘算每个月能多花多少钱。我记得，每月加薪 500 美元，意味着扣税后我每个月可以多存下来 300 美元的购车款。

这种想法是很危险的，它让我们生活开销正好达到甚至超过我们的收入。这种财务方面的短期思维方式从来都不会让我们成功，因为我们挣的越多，花的也越多。

我有个经营"发薪日贷款"业务的朋友，他为人们提供两个发薪日之间的短期贷款。因为那些借款人急需用钱，或者至少他们觉得自己急需用钱，所以他会收取奇高的贷款利息。

有一次我问他，都是哪些人来找他贷款。我觉得大多应该是入不敷出、只能透支未来的穷人。但是，他的回答让我大吃一惊。他说，尽管他的大多数客户都生活在贫困线以下，但是医生、律师和其他年收入 10 万美元以上的高收入的专业人士也占有相当大的比例。

事实证明，赚钱多并不能让一个人在财务上更精明。那些从我朋友那里获得短期贷款的医生和律师们，受困于短期思维，和我在职业生涯早期保有相同的心态。他们靠薪水过活，因为每个月他们都花光自己赚到的那么多钱。他们挣的越多，花的也越多。因为他们觉得理所应当，所以他们会透支所有信用去买更大的房子、更好的汽车。

资产与负债

还有另一种思维方式，不会让你挣得多花得也多。你可以建立长远的理财思维，考虑物品的实际开销，而不是根据你每个月的收入多少来确定花销多少。

这种思维方式基于“资产与负债”的概念。关于资产和负债的定义有很多种，这里我给出了自己的定义。所谓资产，是指实用价值高于维护成本的东西。也就意味着，一样东西如果有资格被定义为“资产”，必须能够带来比自身成本更高的价值。

但是，负债的含义则恰恰相反。所谓负债，是指成本高于带来的价值的东西。也就是说，要保有“负债”，你不得不往外掏钱，但是你永远也拿不回来与自己掏出的钱一样多的钱。

现在，我知道自己的这些定义与会计师给出的“资产”和“负债”的定义并不严格匹配。但是，这样的定义可以帮你思考自己所拥有或者所购买的一切是资产还是负债，给你的生活带来的财务影响是积极的还是消极的。

我们可以根据我的定义来看几个资产和负债的例子。我们先从几个区别明显的例子开始，随后会讨论另外一些可能可以同时归为任何一类的例子。

关于资产，一个清晰的例子就是你持有的每个季度派发一次红利的股票。持有股票并不会花你分文，但是只要一直持有，每 3 个月它就会给你带来一次收入。股票自身的价格会上涨也可能会下跌，但是按照我的定义，只要它能带来红利，它就是资产。①

信用卡欠款则是标准的负债。信用卡欠款不会给你带来任何好处。信用卡欠款只会花费你的钱，因为每个月都要为信用卡欠款偿还利息。如果你能摆脱掉信用卡欠款，毫无疑问，你的财务状况就会更好。

但是，如果谈及房子这样的东西，则问题就会有些棘手。你的房子是资产还是负债呢？我最喜欢的资产管理方面的作家之一——罗伯特•清崎（Robert Kiyosaki）在他的著作《富爸爸，穷爸爸》（*Rich Dad, Poor Dad*）中写道：“你的房子实际上是一笔负债，而不是一笔资产。”在大多数情况下，我同意他的观点。

我们都需要一个居住的地方。不论是买还是租，我们都要为住房付钱。即使你有自己的房子，你还是要继续为住房付费，因为你在使用原本可以出租的资源。所以，当你拥有一套房子的时候，本质上你不过就是从自己手里租了一套房子而已。

如果你的房子的价钱高于你所需要的基本住所的费用，那么房子对你而言就是负债。

---

① 原文如此。不过，作者在以股票举例“资产”的时候，显然忽略了购买股票时所付出的成本。——译者注

对大多数人来说，房子都是一笔巨大的负债，因为他们无法从中获得额外的实用价值，房子给他们的价值不会比租房高。[①]

车也是如此。你只是需要一种代步工具，但是，如果你在购车上的开销不能给你带来比购买便宜车更高的价值，那么它就变成了负债。

资产

- 可获得股息的股票。
- 可供出租的不动产。
- 债券。
- 音乐版权授权。
- 软件版权授权。
- 企业。

负债

- 信用卡债务。
- 房产（如果超过你的实际需要）。
- 车（如果超过你的实际需要）。
- 每月的服务费。
- 所有随着时间推移会贬值的设备。

罗伯特·清崎对于“资产”和“负债”的定义甚至比我的还要严苛。他声称，任何能把钱装在你口袋里的东西才是资产，而任何需要你把钱从口袋里掏出来的东西都是负债。依这样的观点行事肯定错不了。

关键是要意识到，某些东西你买来后能够给你带来产出，或者产生的价值会高于你最初的投资，而别的东西则会消耗你的收入，或者不值你为它花的钱。

当你持有这样的观点之后，你的思维方式可能更倾向于长期而不是短期。你每张工资单上的钱都是辛苦工作赚来的，但是每个月资产为你赚的钱则不需要辛苦工作。如果你用自己工作赚来的钱去购买不需要辛苦工作就能够增值的资产，那么你最终只需要做相同或更少的工作就能赚到更多的钱。如果你每个月把自己工作赚来的钱花在负债上，则会背道而驰，你被迫更辛苦地工作去赚更多的钱，以便继续支付保有这些负债的费用。

花点儿时间列出你的资产和负债清单。不需要分毫不差，但是一定要试着明确你的最大资产和最大负债分别是什么。即使没什么资产也别担心，其实大多数人都没有。

① 原文如此。不过，作者在以房产举例“负债”的时候，显然忽略了房产增值时所能带来的价值。——译者注

回到薪水这个话题

做这一切与薪水有何关联呢？让我给你讲个故事吧，这有助于你把事情梳理得更清晰一些。

在 19 岁的时候，我得到了一个千载难逢的机会。加州圣莫妮卡的一家公司给我提供了一个合同工的职位，每小时付我 75 美元。（注意，那时可是 21 世纪初期，那时的钱可比现在的钱值钱多了。）这份工作将给我带来每年 15 万美元的收入，额外还有两周的假期。

在我当时的年龄，这可是一笔巨款，于是我觉得自己毫无疑问是富翁。尽管有此天赐良机，但没多久我就认识到，我不仅不富，而且也不会变富，除非我能赚到更多的钱。

我生活得相当简朴。我计算了一下，看看以这个赚钱的速度我需要多久才能变成百万富翁。如果我每年可以赚 15 万美元，扣除 30%的税，最后到手是 10.5 万美元。我也要生存，即使省吃俭用，一年也要 3.5 万美元。所以，每年我会攒 7 万美元。

然后，我又算了一下。如果我每年攒 7 万美元，那么 14 年后我就能成为百万富翁了。当然，由于通货膨胀，14 年后的 100 万美元肯定不能和当时的 100 万美元相提并论。事实上，2000 年的 100 万美元约合今天的 130 万～160 万美元。因此，即使我的薪水涨幅能抵消通货膨胀的因素，我实际仍需要赚更多的钱。

对我来说，那真是糟糕的一天。我悲哀地意识到，即使我有幸获得一份好工作，我也得努力工作 14 年多的时间才能成为百万富翁，而且这期间我要极度省吃俭用地生活，尽可能多地攒钱。然后呢？成为百万富翁还远没有达到“富裕”的程度。这笔钱并不足以让我退休。我至少要有 200 万～300 万美元才能让自己安逸地退休。

也就在那一天，我深刻地意识到，要想有朝一日真正成为富人，我不仅要学会“节流”——不把自己的薪水浪费在负债上，还要学会“开源”——拿出薪水中的很大一部分进行投资，让这些资产帮我赚更多的钱。

如果想在财务上获得成功，就必须学会如何投资，别无选择。即使你工作一辈子，竭尽全力存钱，如果找不到理财的方法，你也永远不会变得富有，更遑论财务自由。

采取行动

- 算一下每个月你经手的资金。看看每个月你能赚多少钱，这些钱最后又去了哪里。是否大部分资金最后都变成了负债而非资产？
- 计算一下，为了达到在银行存款 100 万美元的目标（或者其他你认为可以达到财务自由的目标所需的数额），每年你得存多少钱。再算一算，如果不做投资，你一辈子能攒够这么多钱吗？
- 开始问自己“我能攒多少钱”，而不是“我能花多少钱”。

第50章

怎样进行薪酬谈判

我常常很惊讶，许多软件开发人员根本不做任何薪酬谈判，或者尝试谈判一次就放弃，人家给什么样的薪水就接受什么样的薪水。

薪酬谈判非常重要，不只是因为随着时间的推移，你的薪水会不断累积，最后所得摆在桌上可以越垒越高，还因为在薪酬谈判中你如何评价自己与如何把控自己会极大地影响你所服务的公司对你的看法。

一旦成为公司的一员，你将很难撼动别人对你的第一印象。如果你能老练地谈判薪酬，既表明了自己的价值，又能充分尊重未来的雇主，那么你就可能从更积极的角度勾勒出自己的形象，对自己在这家公司的未来职业发展产生巨大的影响。

薪酬谈判始于求职之前

你的薪酬谈判能力很大程度上受声望的影响。想想看，著名的运动员或电影明星，他们的名声带来的谈判能力有多强？同样的原理也适用软件开发人员或任何其他领域。你的名字越为人所知，你在谈判时掌握的主动权也就越大。

那么，怎样才能打造自己在软件开发领域的名气呢？对某些人来说，这是要看机遇，但对大多数软件开发人员来说，这需要仔细的规划和策略。我强烈建议软件开发人员打造个人品牌，并积极地营销自己。

为了做到这一点，基本策略就是尽可能让自己的名字出现在各种媒体上。写博客、做播客、写书或文章、在大会或用户组中发表演讲、制作视频教程、为开源项目贡献代码等，尽一切可能让自己的名字出现在各种场合。

鉴于“自我营销”并非本章的主题，所以这里不再赘述。如果你有兴趣了解作为一名软件开发人员如何自我营销的更多内容，可以观看我的在线课程“How to Market Yourself as a Software Developer”（软件开发人员如何自我营销）。

只要记住：自我营销做得越好，声望越高，薪酬谈判就越容易。这一点甚至有可能是最重要的因素。曾经和我一起工作过的一些软件开发人员，他们仅凭自己打造的个人品牌和网络声望就已经能让自己薪水翻一番。

获得工作的方式至关重要

影响薪酬谈判能力的第二大因素就是你获得工作的方式。获得工作的方式有很多种，但不是所有方法的效果都一样。让我们来看几种可能获得工作的不同方式。

第一种，你看到一份招聘启事，然后发送自己的简历去申请该职位，最好再附上一封优美的求职信。事实上，许多求职者想当然地认为这是获得工作的唯一方式。其实，这是获得工作最糟糕的一种方式。如果以这种方式获得一份工作，很难在薪酬谈判时占据有利地位，因为和雇主比起来，你处于明显的弱势。你是竭尽所能渴望求得那份工作的人。

需求最大的人在任何谈判中通常都会处于劣势。玩过《大富翁》吗？你可能需要其他人的资产才能完成自己的商业帝国建设大业，但是他们不需要你的任何东西，你试过跟他们协商吗？进行得怎么样？

获得工作的第二种方式是通过他人推荐。你认识一家公司里的某个人，他们亲自推荐你应聘某个职位，最终你获得了这份工作。这种方式绝对要比自己申请职位好很多。事实上，你在积极寻找工作的时候，应该试着去获得个人推荐。在这种情况下，未来的雇主可能并不知道你在积极找工作，因此你的需求被认为不那么急切。而且，因为你有了个人推荐，所以你已经具有了一定的可信度。本质上，你是借用了自己的推荐人在该公司的公信力。我敢肯定，你一定能够明白，推荐人在公司的声誉越高，你的可信度也就越高。这种可信度会大大影响你在入职时的薪酬谈判能力。

好了，还有别的获得工作的方式吗？最佳方式是什么？当一家想给你提供工作的公司找到你，要么直接给你一份工作，要么请你提出求职申请。这种情况会对你的谈判能力有何影响？显然，你的最佳状态就是：一家公司知道你，然后无须任何面试就直接为你提供一个职位。在这种情况下，你尽可以根据自己的声望为自己标价。所以，任何时候，只要有雇主直接找你，你在谈判时就拥有有利地位。

你可能会想：“你说的没错，可是雇主不会直接来找我的，不用面试就给我一份工作就更不可能了。”我得承认，这种情况确实极少，但确有发生。要想让这种机会降临在自己身上，最好的办法就是像我在第二篇中提到的那样，打造自己的声望，进行自我营销。

先出价者输

好了，到目前为止我们已经介绍完准备工作——实际上，这是薪酬谈判中最重要的部分。现在让我们进入薪酬谈判的实质细节。

你必须要了解的一条重要法则就是：先出价的人会处于明显的劣势。在任何谈判中，你都要充当第二个出价的人，原因如下：假设你申请一份工作，期望这份工作的薪酬是7万美元。在获得工作机会之后，你被问及的第一个问题就是：“你的期望薪酬是多少？”你会说：“我期望的年薪大约是7万美元。”或许更聪明一点，你会说：“我期望的年薪是7万～8万美元。”人力资源经理立刻会说：“那么我们就定在年薪7.5万美元吧”。于是，你们握手，接受协议，都很高兴。但是这里有个大问题。人力资源经理为这个职位拟定的预算是8万～10万美元。结果，因为你先出价了，所以每年你少拿了2.5万美元——好可惜呀。

你可能会认为这是一个极端的例子，但事实的确如此。除非对方告诉你，否则你无从得知他的出价是多少。先出价会让你处于明显的劣势。你无法继续加价，却给了对方压价的空间。当你先出价的时候，你就没有上涨的空间，却有下调的可能。

也许你会说：“我做得要比这个聪明多了。我可以先说一个非常高的数额。”但这同样会令你难堪。如果你的要价太高，对方可能不会跟你还价，或者你会得到一个非常低的还价。所以，让雇主先出价对你总是最有利。

然而也有例外，唯一的例外会出现在雇主刻意压低价钱的时候。这种情况是极其罕见的，但是，如果你有充分的理由怀疑这种情况会发生，你可能会想先出价来设定个保底数。为什么？因为如果雇主给你的出价极低，你很难让他把价格抬高很多。当然，在这种情况下，无论你做什么，都不大可能成功。

被要求先出价该怎么办

千万不要先出价。直接说“不”。

是的，我知道这个建议很难被遵从。不过还是先让我给你介绍一些具体的情境以及应对这些情境的方法。

首先，在面试前或者填职位申请表之前，你可能会被问及你的期望薪酬。如果职位申请表上有这一字段，如果可以的话干脆空着不填，或者简单填写“根据整体薪酬方案面议”。如果必须得写个具体的数字，那就填成0美元，后续再解释为什么。

如果在预审面试时被直接问及期望薪酬是多少，那就给出相同的答复，就说这取决于贵公司的整体薪酬方案，包括福利。他们可能会说明福利都有哪些，或者可能会说明他们只是需要一个大体的数值。在这种情况下，你应该试着尽可能绕过问题，问这样的一系列问题：“在给出一个确切的数额或者估算之前，我更愿意多了解一下贵公司，多了解一些我未来职位的工作内容。不过，听起来好像你是想弄清楚我们双方想的薪酬范围是否一样，这样我们就无须浪费我们的时间了。是这样吗？”

很有可能你会得到一个肯定的答复。于是你可以接着问这样的问题：“对这个职位的薪酬，你们一定有一个预算范围，对吧？”

同样，你应该也会得到一个肯定的答复。这时，如果你足够勇敢，可以在这里停顿，不再说别的。然后，你可能会听到他们关于薪酬范围的答复。但是，如果你不够勇敢，或者他们不愿意提供任何信息，你可以跟着问这个问题：“好吧，如果你告诉我预算范围，尽管我无法准确说出我的期望薪酬，但是我可以告诉你贵公司的薪酬预算是否符合我的心理预期。”

很明显，这一点的确不容易做到。但是，如果雇主坚持让你出价，那么他们没有理由不说出他们的心理预期，甚至是先说出来。所以，试着强硬一点，让他们先出价。

如果他们明确拒绝先出价，你还有别的选择。如果你不得不先出价，那就给出一个跨度很大的范围，并且以整体薪酬方案为条件，但要确保该范围的最小值略高于你心里价位的最低值。

例如，你可以这样说：“我无法给出一个确切的数字，因为这完全依赖于整体薪酬方案是怎样的。不过我希望找一份在7万～10万美元的工作。当然，这也取决于整体薪酬方案。”

被问及当前薪酬该怎么办

这个问题的确难以回答。技术上讲，这与他们无关；但是你又不能直白地这么说。相反，你还是要绕过问题。有多种不同的方法能够帮你做到这一点，但这里给一个建议：“我宁愿不告诉您我目前的薪水，因为如果它高于您为这个职位设定的预算，我不希望就因为这个就丢掉了本次工作机会——因为我愿意为了合适的职位适当降低收入水平。但是，如果它低于这个工作将会支付的薪酬，我也不想自贬身价。我相信您一定能够理解。”

这个回答非常诚恳，能够在不招致反感的前提下尽最大可能规避直接回答问题。你也可以说“我不想回答这个问题”，或者回答“因为我与现在的雇主签有保密协议，不能与其他人讨论具体的薪资数目”。

如果非得说出一个数额，尽可能通过谈论可以影响到整体薪酬方案的奖金、福利等，让这个数额灵活多变，或者告诉他们整体薪酬方案为 X 美元，再加上你现在获得的各种福利。

拿到 offer 的时候

如果你成功规避薪水的问题，你最后会收到一份 offer，那上面会有薪水的数额。如果 offer 上不包含薪酬数额，那你就不是真正得到了 offer，因为它并不是一份 offer。但是薪资谈判并未因 offer 的到来而结束，除非你给出报价而他们也答应了——这可就悲剧了。（顺便提一下，如果是这种情况，你就不要再试图耍心眼了。如果他们给了你要求的薪酬，那么你要么接受，要么放弃。如果你再报一个比初始要求更高的数额，不仅让对方对你印象不佳，而且很可能会因此完全失去这份工作。）

一旦有 offer 在手，你几乎总是会想还价。还价的数额由你决定，不过我强烈建议还价的数额要充分满足自己的胃口。你可能会认为提一个与他们报价接近的数目更有可能得到满意的反馈，但是一般情况下这种做法往往会适得其反。还是选择较高的价码作为还价吧。

你可能担心这样做会让你彻底失去这份 offer。实际上，只要你用得体的方式处理，并不会让这份工作落空。通常，最坏的情况就是他们坚持自己的报价，告诉你要么接受要么放弃。只要 offer 没被撤销，你总是可以告诉他们你犯了个错误，在重新衡量了一切因素之后，你认为“贵公司最初报价还是合理的”。（这一点儿都不好玩，但是如果你真的需要这份工作，你总是可以走这一步棋。）

事实上，一旦收到 offer，就不可能撤销。请记住，雇主已经在你身上投入了大量时间去面试、做出 offer，他们不会想重来一遍。你需要拿出一点点勇气。

大多数时候，如果提出高额还价的时候，你会得到一个稍高一点儿的报价。你可以接受这一报价，但是大多数情况下，我的建议是你再还一次价。不过要特别谨慎，因为你这么做可能会让对方拂袖而去。得体的处理方式是，你可以这样说：“我很乐意为贵公司工作。这份工作听起来相当不错，能与您的团队一起工作我也很激动。不过，我仍然对这个数额有一点点犹豫。如果您能提高到 X 美元，我可以今天就确定并签约。”

如果你这么做，且还价的数额不是太高，通常会得到一个肯定的答复。大部分雇主宁可多付一点钱给你，也不愿意失去你。通常，最糟糕的情况就是，他们告诉你不能再涨了。

两次还价之后，我不建议你再继续协商了。如果你够勇敢，可以一试，不过在第二次还价之后，你可能会面临失去信誉或者让交易变质的风险。你可以表现出很精明，但不能给人留下贪婪的印象。没人喜欢被牵着走或者被人利用的感觉。

最后一些建议

一定要清楚自己值什么价钱。尽可能详细地研究一下自己求职的公司的薪酬范围，研究一下与你申请的职位类似的职位的薪酬范围。尽管并不一定总是靠谱，但你还是可以利用一些网站来获得此类信息。你对自己薪酬的调查工作做得越好，谈判起来就越容易。如果你能说出准确的数额范围和统计数据，表明自己要求的薪酬相当合理，就会处于有利地位。

要求这样的薪酬的理由绝对不是“我需要这么多钱”。没人在乎你需要什么。相反，你要说清楚自己为什么值这个价钱，你能给公司带来什么好处。你可以讲一下自己对之前的雇主们的贡献，以及为什么付给你你要求的薪水是一笔很好的投资。

只要你拥有“转身离开”的能力，在任何谈判中你就都具有明显的优势。要想处于这种地位，你就需要握有多个 offer，因此你可能想一次申请多个职位。但你要小心，不要让各个 offer 之间互相冲突。你可以用得体的方式做到这一点，告诉他们你已经有几个 offer，现在正在深思熟虑，希望做个最好的决定。但是，要小心，语气不要太傲慢。自信是好事，傲慢就是坏事了。

采取行动

- 尽可能练习谈判技巧，以便克服对谈判的恐惧感。下一次去商店买东西的时候，试着讨价还价，即使没成功，也会获得一些宝贵的经验。
- 仔细研究一下行业薪酬水平，以便了解自己值什么价钱。试着找出你所在领域的公司给职员的薪酬是多少，跟自己当前的薪资情况比较一下。
- 即使不找工作，也可以试着去参加一下面试。你也许会发现，当自己无所求的时候（因为这时你并不需要找新工作），谈判更容易。说不定你能通过这种锻炼找到更好的工作。

第51章

为何说房地产是最好的投资

我知道你可能在想：关于房地产投资的章节不应该出现在这本书中。相信我，如果我没有告诉你房地产就是最佳的投资渠道，那会对你造成巨大的伤害，这本书也就不配被命名为“代码之外的生存指南”。

为什么呢？有两个原因。首先，房地产是一种投资工具，它让我在33岁的时候就拥有了充足的被动收入，并且每年还为我创造出源源不断的被动收入，让我可以坦然退休。（我将在第55章中告诉你我的故事。）其次，作为一名软件开发人员，你的收入可观，你有其他行业的人不一定有的机会涉足房地产投资。

我知道有人会说房地产投资风险太高。我还知道理财顾问会告诉你上上之选是投资401(k)[①]、共同基金，或许还有标准普尔500指数基金。我也知道有人会说我心存偏见，因为我在房地产投资方面很成功，所以才不吝溢美之词……我曾经指导过许多像你一样的软件开发人员如何投资房地产，他们中的许多人都复制了我的成功。相信我，为了让本章留在本书中，我与各种负面评论、编辑和出版商等进行了不屈不挠的斗争，因为它非常重要。所以，我只要求你以开放的心态来阅读本章即可。即使你决定不投资房地产，那也没关系，至少我已经尽到了我的责任，晚上可以心安理得地睡个好觉。

在所有个人可以做的投资中，我认为房地产投资是目前为止最好的，再没有其他投资方式像房地产一样能够保障长期收益，能够允许如此高的资本负债。但是，这并不意味着房地产投资很容易。房地产投资可不像做股票交易，只需动动手指敲几下键盘就可

① 401(k)计划始于20世纪80年代初，是一种由雇员和雇主共同缴费建立起来的完全基金式的养老保险制度，是美国诸多雇主首选的社会保障计划。——译者注

以搞定。房地产投资需要庞大的资金，这也是我认为收入比其他行业要高的软件开发人员很适合进行房地产投资的原因。

我承认，我对房地产投资有偏爱，因为房地产投资是我的主要投资选择，也是这么多年以来我最赚钱的投资方式。但是，无论是否决定投资房地产，你都应该对其如何运作以及它会给你带来什么样的机遇有充分的了解。

遗憾的是，如果你在网上搜索“如何投资房地产”或者其他类似主题，你可能立刻陷入各种承诺快速致富的毫无可信度的信息的狂轰滥炸之中。本章的目的就是去伪存真，针对房地产投资的运作原理和起步方法，提供一些真实、实用的建议。

你可能又会问我为什么要把有关房地产投资的内容作为一章包含在本书中？好吧，在我的职业生涯中，我遇到了许多软件开发界同仁提出的关于如何进行房地产投资的问题。通常，软件开发人员的薪酬比其他行业的从业人员高出一大截，所以他们可以通过学习如何投资房地产获得收益。我觉得，如果我不把有关房地产投资的话题纳入本书，给出你需要了解的相关的基础知识，是对你的伤害。

显然，在短短一章中我不可能深入探讨这一话题，但是我可以介绍一些你需要了解的相关要点，如果你选择做房地产投资的话，可以借助这些要点来深入探究这一话题。

为什么要投资房地产

在讨论如何投资房地产之前，让我们先回答一个最重要的问题：为什么要投资房地产？与持有股票相比，房地产投资上手更难、所需资金更多，那为什么它还是好的投资方向呢？

可能听起来有些莽撞，但我建议投资房地产的最大原因就是稳定性。毫无疑问，你看过房地产价格大幅波动，所以会对此说法表示怀疑，但让我来对此做一些解释。

尽管房地产价格可能会大幅波动，但是我建议投资的是可租赁房产。这种房产的稳定的收入就是——租金。

因为租金价格不会有明显波动，所以优质的房地产会一直是优质的房地产。只要你能确保自己的房产贷款采用固定利率，这处房产能给你带来的收入就是非常稳定的。即使租金有变化，通常也是上涨而不是下跌。

因此，即使物业本身的总价会大幅涨跌，但是，只要你愿意经受波动并且长期持有，瞄准租金收入而不是房产价格上升，这笔投资就是非常坚实而稳健的。我自己就经历了几次史上最严重的房地产危机而毫发无损。

房地产投资还是一种低风险、高负债的投资类型。你不可能找到一家银行愿意为你提供长期贷款去购买股票，但是在美国房地产业，你只首付 10%而银行提供 90%的贷款，这样的事情司空见惯。你甚至可以在零首付的情况下获得贷款——但是这通常并不是一个好主意。

这种资本负债的作用是非常强大的。它可能有一点儿风险，但是当以房产作为抵押物获得贷款的时候，银行承担的风险要比你的还大。接下来我们通过一个例子，看看这个杠杆效应的威力。

假设你购买了一处价值10万美元的租赁房产，其中你承担首付10%，剩下90%由银行提供贷款。你选中的这处房产属于我们所说的“以租养贷”，意思是说所有费用，包括抵押贷款、税费和保险，都由它产生的租金收入来提供保障。在这种情况下，我们假设租金够支付全部费用，不会有多余的现金流，或现金流很少。

如果刚好是这种情况那就太好了。如果你用这一房产获得了30年的贷款，30年后，你最初投入的1万美元至少增值到10万美元，如果考虑房价上涨，可能会更高。你的贷款从根本上说是由你的租户偿还，你却可以免费得到一处房产。我觉得这笔交易很划算。

但是还可以更好。这笔投资的杠杆作用可以让你从房价上涨中获得更高的收益。房价在两年内上涨10%并非不切实际。我们假设你持有的房产在两年内升值10%，达到11万美元。这时你的投资回报率是多少？

我猜很多人会说回报率是10%，但是这就大错特错了。如果你此时出售此物业，你会得到11万美元。我们假设你还有很多没有偿还，比方说9万美元的贷款没有偿还，扣除掉这部分，还剩下2万美元。也就是说，你最初投资的1万美元变成了2万美元，也就是说，投资回报率是100%，即每年50%。你听过有谁在股市里获得过这么高的回报吗？

杠杆作用能让你在房价小幅升值的时候就获得高额回报，而且风险还不大。又因为贷款的抵押物是物业，所以从技术上讲你最大的损失不过是初始投资。（尽管存在不足额判决，但如果你愿意持有房产，就可忽略不计。）

最后，让我们再讨论通货膨胀。我们前面提到过，如果遇到通货膨胀，你的债务的价值会降低，同时你的银行存款的价值也会降低。房地产投资是对抗通货膨胀的最佳对冲手段之一。

如果你经历一个高通货膨胀期，但是你保有房地产贷款，尽管银行存款贬值，但是随着房屋价格和租金的上涨，你的房产贷款是减少的。这意味着什么呢？

好吧，让我们还以你买的那栋10万美元的房子为例。在这种情况下，我们假设每个月的租金是1000美元，你的抵押贷款加税费和保险等其他费用刚好每个月是1000美元，两项冲抵，你实现了“以租养贷”。但是通货膨胀来临，吞噬了你的存款，缩减了你的收入，但同时也引发了租金上涨。你可能可以每个月收取1200美元的租金，而你的抵押贷款及其他费用固定费用仍维持在每月 1000 美元。现在你的现金流为+200 美元，能够弥补由于通货膨胀给你带来的负面影响。

房价也受通货膨胀影响而上涨。考虑到美元贬值，这种上涨不是真正的升值，它只是作为一种对冲工具。由于房价以美元计算，美元走势越弱，房产的价值也就越高。

总之，为什么房地产是很好的投资呢？如果你购买的房产用于出租，并且每个月按固定贷款利率还款，那你从这一房产中的收入就会非常稳定；你可以利用银行的钱支付购买房产所需的大部分费用，从而让自己利用资本负债获得高额回报；如果遇上通货膨胀，你的房产投资可将资本负债作为对冲工具从中受益。

我该怎么做呢

现在，希望你已经对房地产投资的前景很满意了。不过鉴于我许诺了这么多好处却没有告诉你该怎么做，你可能会有点儿不太笃定。在这么短的篇幅内，我不能给你一步步的指导，但是我可以给你足够丰富的信息，帮你了解房地产投资的运作过程，学习如何上手。

聪明的房地产投资（不是投机）始于认识到房地产投资是一项长期投资。如果你相信自己可以通过倒卖房产或者低价购买抵押房产而快速致富，那你终究会自食恶果。

世上没有免费的午餐。要想从房地产投资中获得巨额回报，需要投入耐心、勤勉和大量时间。我在投资房产时，已经做好 20～30 年后才盈利的打算。我清楚地知道，购买租赁房产会给我带来正向的现金流；我还知道，使用固定利率以租养贷，结果再差，30 年后我也会得到一处还清贷款的房产。这就是我相信并期待的结果，其他的一切都是额外的收获。

所以，常用的投资策略，至少是我推荐的策略，就是：购买一处租赁房产。这套房产要么是正向的现金流，要么用 30 年期固定利率贷款以租养贷。这一策略风险极低，但是上升空间巨大；即使赶上房地产行情大热，价格火箭般飞涨，也能保证你 30 年后获得贷款全清的房产。

第一步：学习

要执行这一战略，第一步就是房地产市场的学习。在房地产投资领域，购入房产的时候最赚钱，而非出售房产的时候。你能找到的交易越好，你的起点就会更好。还记得我们曾经讲过股市的流动性很强吗？房地产市场与之相反。流动性强的市场通常效率很高，这就意味着，股票市场的定价很悬殊的场景并不多。

因为房地产市场的流动性不强，价格差距往往很悬殊。无论什么时候问及某只股票的股价，每个人都能在几秒内知道，并且毫无争议。你可以说某只股票被高估或者低估，但是它的成交价格（quoted price）反映了它的真正价值。

房地产市场并非如此。一幢房子的价格是多少？谁知道呢？同一个物业，10位估价师会有10个不同的估价。有时候，如果缺少市场数据和同类待售房产，对房价的估算可能会差异巨大。

这对你意味着什么呢？这意味着，如果你聪明又勤奋，就能够以大幅折扣购买房地产。你只需要能够识别出优质交易，并掌握如何达成一笔好的交易。

要想掌握如何识别优质交易，你需要两样东西：实践和市场研究。如果你想投资房地产，你首先应该做的就是研究市场，了解房产都以什么价格销售。看一下这些物业的面积有多少平方米，它们的租金是多少，它们都位于哪个区域，以及其他你能了解到的因素，这样你才能对任何一处物业到底应该价格几何有些体会。

在做这些事情的同时，你还要演练模拟场景。如果你决定以给定的价格购买一处房产会发生什么？你该如何出价才能以好的价格购得这处房产？

要做到这一点，你要计算所有与房产相关的数字。你要根据房价估算出抵押贷款的成本，以及包括税费、保险、业主会费、水电费、物业维修费等在内的其他开支。

这种演练略显枯燥，但这是让你对什么才是好交易以及这种交易如何操作有感觉的最好的办法。在你坐下来签大额支票之前，你需要对自己所做的充满信心。我的房地产投资策略是基于迅速行动的。

采取行动

一旦对房地产市场有了不错的感觉，就该采取行动了。当我准备购买房产的时候，我会与房地产中介签约，一旦有符合我的条件的新房产，就给我发送消息。如果我看到某处物业是一笔好交易，或者觉得某处物业可以报一个足够低的价使其成为一笔好交易，我就会立刻行动。

我经常在没有现场看房的情况下给卖家发报价，快速测试卖家的反应，以确保自己抢在别人之前抓住一笔好交易。我几乎总是开出一个极低的报价，低到让我的房地产中介都不好意思向对方提出。有时候，卖家会接受这个报价，或者他们会还一个比我这个报价略高一点点的价格。

这并不是说我的大部分报价没有被拒绝，实际上它们都被拒绝了。但这只是一个数字游戏。给房产开出50个超低报价，只要有一位卖家接受即可。你可能可以给某处房产开出低于市价50%报价——也许卖家正急于脱手或者不关心价格。你可能难以相信，有很多卖家因为种种原因就是不关心价格。

我在没有看房就给出报价的时候，会加上一个补充条款，阐明我的报价会根据我对房产的实地考察结果而定。这让我能够有机会反悔，通过实地考察来验证房产广告上的信息，确保没有什么被掩盖的缺点。如果这处房产不合我心意，我可以随时退出交易，无须承担任何不良后果。

假如这房子看起来不错，而且你也签署了房地产合同，下一步就是上门验房。我总是请我能找到的最好、最细心的验房师验房。如果房产有问题，我希望能在投入更多资金之前就有所了解。

如果验房没有任何问题，下一步就是申请获取贷款。你甚至可以在寻找合适的物业之前就开始操作这一步，即资格预审。就像你为了给一处房产找到最好的交易价格，你也应该设法找到最优惠的贷款方案。我不打算在本章详述获得贷款的细节，但是我建议你一定要货比三家，比较各家贷款机构的价格和利率。

利用物业托管

最后，在你购买了房产之后，我的建议是物业管理要到位。我强烈反对自己管理租赁房产。在我看来，在这方面不值得投入精力，并且让人头疼。每个月我花的最值钱的钱就是请物业管理公司打理我的租赁房产。

好的物业管理公司将会管理与物业出租有关的一切事务，包括寻找租户、确定租约、筛选租户、维修保养以及收取房租等。但是找到一家好的物业管理公司是很困难的。你要货比三家，找最诚信的物业管理公司。我因为能力不足、维修费用造假和玩忽职守等问题，至少解雇了三家物业管理公司。

考虑到租金收入的 10%要付给物业管理公司，你在签订物业托管协议时要确保自己将这部分算到了租金里。好的物业管理公司能让你放手去搞房地产投资。随着时间的推移，如果你想在持有多处房产的同时还从事全职工作，一家可靠的物业管理公司必不可少。

如果我住在生活成本很高的地区呢

我理解，你是说你住在硅谷或其他一些生活成本很高的科创中心。当我做房地产投资时，我自己也曾住过这些生活成本很高的地方。在生活成本很高的地区，很难在当地找到能带来正收入（或者至少收支平衡）的优质房地产。但是，别担心，你不必在当地购买。事实上，我自己的大部分房产都位于州外，有几处房产我甚至从来没有亲眼见过。

你也许会觉得这种房地产投资方式风险太大，令你惴惴不安，其实房地产最终无非就是一些数字，无关你的感受。（学习这门课会让你受益匪浅。）因此，尽管你可能会觉得投资一处你一踩油门就可到达的房产更舒服，但这并不应该成为你在考虑投资房地产时的一项限制。

但是，如果我没有告诉你投资异地房地产的风险及其必要的预防措施，那是我的错。你大概想要飞到你投资房产的地方，亲自查看意向房产及其附近的环境。此举虽非绝对必要，但可以让你放心，你可以收集到足够的信息，这可是你不去亲自勘察做不到的。你也可以让房地产经纪人给你拍照或录像，或者让你信任的朋友帮你查看。这两件事我自己都做过。

不过，归根结底，你不应该让生活在高消费地区成为你投资房地产的阻碍。投资外地房产时，只需采取额外的预防措施，确保你知道如何管理房产，以及如何处理维修等问题。此外，如果有必要的话，也要做好飞出去参观的准备。（不过，我已经 20 年没这么做了。）

采取行动

- 今天就走出去购买租赁房产。祝你好运！
- 开个玩笑而已。恰恰相反，找出本地的一份你所在区域里可供出租用的房产清单，通过计算所有数字进行演练。试着算出各种情况下的支付金额，看看是否有可能购买此处房产，你要确保你的现金流是正向的，或者至少是收支平衡。

第52章

你真的了解自己的退休计划吗

慵懒地躺在沙滩上，捧一本书，酌一口冰镇朗姆酒，任海浪拍打在脚面上……这就是我们很多人畅想的退休生活。但是，我惊讶地发现许多人以为这样的场景理所当然，并假设这样的场景一定是在60岁以后发生。

事实是，在热带海滩上度过退休生活并非理所当然，也不只是60岁以上人群的专利。（事实上，在第55章我会告诉你，我是如何做到在33岁的时候就能实际退休的。）事实上，如果你希望乐享退休生活，你必须开始为此做一些计划，并且从现在就开始计划。

遗憾的是，大多数我看到的关于退休的建议都是完全错误的。我总会听到各种顾问告诉人们把钱存在退休金账户里，然后忘掉它。尽管这对大多数人而言是一项不错的建议，但是我猜想，作为一名软件开发人员，特别是作为本书的读者，你可以做得更尽善尽美。

在本章中，我会试图改变你对退休生活的思考方式。虽然我的大部分建议会是以美国社会为中心展开的，因为美国有灵活的退休账户，如401(k)和IRA（个人退休账户），但是我给出的处理这些账户的思维方式和策略也适用于任何类型的退休计划，即使你依靠公司提供的养老金，像世界上其他许多地方一样。

退休计划就是利用逆向思维

规划退休计划的关键就是利用逆向思维，精确计算每个月的生活费用，找出办法来确保自己的收入能满足这一要求，同时还留有余地，以备不时之需。

我读过的许多与退休计划有关的书籍和文章都犯了一个大错误，它们都假设退休人士的财务需求与在职人士一样。我不会指责做出这些假设的理财顾问，但是会非常谨慎地对待这些人的建议。他们以告诉他人如何增加财富为业，但自己却并不富裕。

事实是，当你拥有充裕的空闲时间的时候，当你再也不用储蓄、再也不用上下班的时候，有些开销会大幅减少。不仅如此，与让自己快乐的生活方式相比，我们大多数人的生活方式要铺张得多。

这很容易让人掉入思维陷阱——因为不想在工作多年后还要做出牺牲，所以退休后不想降低自己的生活水准。同时，也不想在自己的晚年还精打细算。要有多少钱才够退休，最大的决定因素是你每个月的开销是多少。如果从现在起，你能缩减每个月的开支，不但不会令你在以后的生活中感觉到生活水准降低了，而且还会让你提早退休。

你可以这么想：如果你目前每个月“需要”的生活开销是 8000 美元，那么你认为你也需要这么多的退休收入，现在你每个月的收入必须维持在 8000 美元以上才能为退休生活攒钱；等你退休后，这些积蓄会以每个月 8000 美元的速度被消耗掉。

但是，想象一下，如果你可以缩减开支呢。假设你能找到办法把每个月的开销缩减到 4000 美元。在这种情况下，你不但能更快地攒够维持退休生活所需要的钱，而且等你退休的时候这笔钱维持的时间也能翻倍，理论上讲，你也就能提前很长时间退休。节约开支可以让你两头受益——在加速存钱的同时，也让存下来的钱能更经花。

简而言之，为退休攒钱最有效的方法就是搞清楚如何缩减每个月的开支。不用投资、不用工作也不必祈求加薪，没有什么比勤俭持家更能让你获益良多。勤俭节约，才能细水长流。

计算你的退休目标

一旦算出自己退休以后每个月的生活开销是多少，当你的“被动收入”达到每月所需的生活开销的时候，你就可以正式退休了。所谓被动收入，就是不用工作就能获得的收入。你必须确保被动收入会随着通货膨胀而增加——这也是说房地产是一个很好的投资选择的主要原因。

我不喜欢从积蓄中取钱的想法。没有理由让一个人为了退休就得把积蓄坐吃山空，更何况还有如此多的方法可以把积蓄转变为被动收入。最起码，你还可以购买债券，每个月还能有几个百分点的利息收入，并且几乎没有任何风险。

你需要多少钱才能退休？这取决于你的开销、你用何种手段获取被动收入以及当前都有哪些投资机会，不过我会提供一个适用于本书写作年代的实际案例。

假设你现在有 100 万美元。如果你想用这笔钱投资房地产，我碰巧知道这笔钱差不多可以买三幢四单元住宅楼，每幢楼的租金是每月 2400 美元（这是一个保守估计）。当然，还需要为这一房产缴纳税费、保险、物业管理费以及其他费用，因此假设每个月每幢楼能带来 1800 美元的收入（这也是一个非常保守的估计）。这意味着，现在这 100 万美元每个月能给你带来 5400 美元的收入，即每年 64800 美元。

现在，问题来了，5400 美元够你一个月的开销吗？如果够，你就可以说自己已经退休了，而且最棒的就是，房地产价格会随着通货膨胀而上涨。当然，上面的数字会随时变化。房地产价格会上涨，通货膨胀可能会让 100 万美元的购买力下降许多，而且还有其他一些不可预见的情况会发生，但是，在一般情况下，总会有一种投资方式会取得类似的预期回报。

要想依靠一定资本带来的被动收入生活，首先要有资本。如果你没有 100 万美元，也就不可能靠 100 万美元生活。这是最棘手的部分。如果你生活在美国，有两种方案可选。

方案 1：401(k)、IRA 或者其他退休账户

要长期积累财富，首选也是最明显的方案就是向退休账户或者其他养老金计划定期缴款。在美国，大多数雇主会提供 401(k)这一家喻户晓的退休金计划，你可以把自己税前工资的一部分存入该投资账户。有时，雇主甚至会为你提供与你缴存数额相当的钱（雇主匹配部分）。

对有此选项的大部分人来说，这是正确之选。以最高值来缴存 401(k)至少能为你收入的很大一部分避税，同时你通过 401(k)账户获得的收益也不会被扣税。

因为我不打算描述得太具体，所以这里也不会列出确切的数字。不过，如果你能够在扣税前存上一部分收入，加上获取收益时所免掉的税，你就可以实现比其他方式高得多的回报。

这个方案的唯一弊端是，你一旦决定采用这一方案，就必须等到 60 岁时才能退休。这里的策略就是，给退休账户存尽可能多的钱，这笔钱会不断增加，也会有复利。等你到退休年龄的时候，你可以取出这笔钱而无须支付任何额外费用。

对于像 401(k)这样的退休账户，如果在 60 岁之前提前支取，会被扣 10%的罚金。这也是我建议你采取两种退休金方案的原因。如果你选择了像 401(k)这种享受税惠政策的退休账户，就踏上了漫漫长路。你不能中途改变想法，否则要缴纳大笔罚金。而且因为你将自己的大部分收入存入退休账户，所以你就没有空间去做其他类型的投资了。

但是，如果你正打算在 60 岁或 60 岁之后退休，我再怎么强调拥有享受税惠政策的退休账户的好处也不过分，特别是你还有雇主匹配的那一部分呢。如果你收入颇丰，而且你按照最高额度缴存，尽早采用这一方案，你在退休的时候情况就会相当不错。如果你对后面将要讲到的方案 2 不感兴趣，你应该马上就以最高额度来给自己的退休账户存款。

地雷：如果你为自己工作又怎样?

如果你为自己工作，你可能无权享受 401(k)或者由雇主提供的退休金计划。但是在美国，你仍然可以设立享受税惠政策的退休账户。我不想离题太远，所以我不会在本书中介绍这类退休账户方案。你可以搜索关键词“IRAs”（个人退休账户）和“Roth IRA”（罗斯个人退休账户）了解更多信息。

方案 2：设置提前退休计划，或者以致富为目标

尽管我知道大多数人都很满意在 60 岁退休，但我从来都不想等那么久。我一直希望能够提前退休、享受生活，即使这意味着年轻时要加倍努力工作，要承担更大的风险。这正是方案 2 要讲述的内容。

在详细描述方案 2 之前，我们先来谈谈为什么这两种方案互相排斥。最大的原因就是：在你达到传统的退休年龄之前，退休账户里的钱是不能动的。这意味着，如果你计划在 40 岁退休，而通过缴存退休金而积攒的资金要到 60 岁的时候才能动用，因此这笔钱现在对你来说毫无用处。

本质上，你把本可以通过做投资来实现提前退休的资金挪用去缴存退休金。当然，你也可以一边给退休账户存钱直到 60 岁，一边拿出一部分资金来做点别的投资（如投资房地产），但是如果你想双管齐下，很可能会两头都不理想。

如果你想提前退休，或者想尝试真正发家致富，你应该不往退休账户存钱。我知道这一建议听起来有点儿疯狂，这就是我不断警告你的原因。同时这也是我说大多数人应该选择以最高额度往退休金账户缴费的原因——它是最保险的方式。但是，如果你像我一样，愿意为了在年轻时就退休这一更激进、风险更高的目标而努力，那么请继续往下读。

要提前退休，你需要找出一种方法来构建超过你每月开支数额的被动收入来源，并且需要能够保证自己的收入能冲抵通货膨胀。你不能把 100 万美元都用来购买年收益率只有 2%的美国国债，并且还乐此不疲。你也许能够每年以很低的风险或者毫无风险地赚到 2 万美元，不过通货膨胀最终会吞噬你的原始资本和利润。

如果回到刚才的例子——拿 100 万美元投资租赁房产，每个月能带来 5400 美元的收益。你会看到，因为能抵御通货膨胀，还能获得更高的投资回报，所以这类投资效果更好。

唯一的问题是，要赚到 100 万美元用于投资房地产并不容易，并且房地产投资可不能放手不管。你可以掌握如何将投资都转变为被动收入的方法，但是这需要投入一些时间、精力并学习如何做到这一步。

但是投资房地产并不是产生满足你退休所需的被动收入的唯一途径。你可以选择购买高收益率的股票，股票升值的时候足以对抗通货膨胀。你也可以创立或者购买知识产权，获取版权收入。这可以是专利、音乐作品、书籍，甚至是电影剧本。你可以购买一家公司，或者创建自己的公司，最终将其转手给别人打理，而你只需要从剩余利润中分一杯羹。

如你所想，所有这些产生被动收入的投资方法都伴随着巨大的风险，所以你一定要多管齐下。达成上述这些被动收入来源中的任何一个都是艰难的，所以如我所说，只有准备好付出成功所需的辛苦工作，才能选择这条路。

那么，怎样才能获得 100 万美元或者更多资金呢？“空手套白狼”的机会很小，如果你放弃了传统的退休账户，尽管不再享有税收优惠，但也无须受时间限制，更容易积累一笔可观的资金。

然后，事情就变得微妙起来。你不得不从自己能承受得起的小规模投资开始，随着时间的推移，不断增大你的投资规模。你不必一开始就花 100 万美元买下三幢四单元住宅楼。相反，开始的时候，你可以把积攒下来的 1 万美元作为 10%的首付款，购买一处 10 万美元的房产。反复做这样的投资，最终你可以用其中的一到两处物业来进行更大规模的投资。

你必须循序渐进，始终以增加被动收入为目标。从自己持有的资产中获利越多，在购买更多能产生收入的资产方面就越有进展。随着时间的推移，就像滚雪球一样，可以产生收入的资产越多，给你带来的收入就越多，也就能购买更多的资产。

要加速这一进程，有三种主要方法。首先，我们已经谈过了，削减开支。买最小的房子或者租最小的公寓，或者免费跟你的父母住在一起，要通过各种手段做到这一点。买辆二手车，或者干脆过无车生活。切断有线电视，不要外出吃饭，买旧家具用。不只是节俭，关键还要便宜！你的生活开支越少，每个月能省下来用于投资的钱越多。（我跟你说过的，这并不容易。）

其次，赚更多的钱。如果可以，搬到旧金山或者纽约这样的大城市，这些地方通常薪水更高。如果你很聪明，能在消费高的城市找到便宜生活的方法，这样你就能把薪水的差价收入囊中。这一差价是由于居住成本而导致的生活成本的增加。如果能开始一份兼职，或者做一些自由职业，那就动手做吧。你赚的钱越多，可用于投资的资本就越多。

最后，做最有利可图的投资。这道理看起来很显而易见，但是投资的时候越谨慎，你获得的收益就会越高，资金增加的速度也就能越快。当然，这需要认真调研、掌握谈判技巧，以及找出好的交易。

正如我所说，这并非一条容易走的路。大多数人没有这样的野心，我也不会责怪他们。在我追求早日退休的道路上，我睡过直接铺在地板上的床垫，也曾一周工作过 70

小时，还曾住在很小很小的房子里（并非买不起大房子），而且当时并没有任何成功的保障。

如果我进退维谷或者接近退休年龄怎么办

并非每个人都刚刚走出校园，能够明确地选择一条道路。或许你已经在自己的退休账户上投资很长时间，现在又考虑走另一条路——提前退休。或者或许因为拖家带口，你不能立刻动身搬去旧金山以获得更高的薪水。

别担心，你仍然可以建立成功的退休计划。你只要对我的建议稍加修改以符合自己的需求就可以了。其实，我刚才描述的两种方案都是极端情况，为的是你能清楚地看到二者的不同，因为这样你才可能沿着其中某一个方向坚定前行，尽量少浪费精力。

尽管并非最佳选择，但你还是可以走在这两条道路之间。如果你已投资了退休计划，并且希望继续保持，那么在以最高额度缴存退休金账户后，你仍然可以产生足够的收入去投资房地产或其他可以产生收入的资产。

但专家们是怎么想的

注册会计师认为你有妄想症，我的财务顾问也深以为是。他们有钱吗？或者说，他们是不是仍然委身于朝九晚五的工作？我可不是在吹牛，我在这本书中给你的所有建议我都亲身实践过，我还组合运用多种不同的方式赚了数百万美元——不只是房地产。

我知道传统的“明智之举”无非是投资401(k)计划，或者投资共同基金或指数基金，但如果你真的想积累财富并在60岁前早早退休，仅仅依靠这些是不行的。（即便可以，也不能保证成功。）

与其在这里喋喋不休地重复我的论点，不如我向你们推荐另一本书，由我的朋友德马科（M. J. DeMarco）撰写的《百万富翁快车道》（*The Millionaire Fastlane*）。在这本书中德马科一针见血地指出了传统投资渠道（他称之为“慢车道”）的问题。此书绝对值得一读，可能会改变你的生活。

正如我所说，我意识到，大多数阅读本篇的读者都会对我的建议持怀疑态度，并对其嗤之以鼻。但请记住，我之所以能够年纪轻轻就实现财务自由是有原因的，这绝不是因为我投资了401(k)计划。所以，倾听你想听的，但确保你不只是为了听取别人的建议。相反，你要自己想清楚。（顺便说一句，如果你想知道我为什么在退休之后还要做这么多工作，就像我在前面几章中提到的那样，答案是我不必工作，但我选择工作，是因为我喜欢创建企业、拥有目标并追逐自己的目标。）

再说一次，我写本章不是为了吹嘘，但如果我不告诉你我现在的生活状态，以及我是如何达成的，你真的会听从我的建议吗？有很多人比我更富有、更聪明，但他们中的大多数人不会像我这样在这本书中向你和盘托出肺腑之言，把一切都摆在桌面上。亲爱的读者，我希望你比我更成功。这是我对你们真诚的希望。

采取行动

- 计算你的当前每月支出。看看如果自己愿意做出一些牺牲的话，能削减掉多少开支。
- 计算一下，精简开支后，你每月要赚多少钱才能实现退休，记得要给自己留有缓冲余地。
- 弄清楚根据不同的投资回报率（2%、5%和 10%），你要有多少钱才能在退休的时候每个月有足够的收入。

第53章

债务的危害

在你能犯的财务方面的错误里，最大的莫过于背上债务。不幸的是，我们似乎已经被培养得对“背上债务是正常的”观点欣然接受，经常看不到债务对我们生活的坏处和破坏性有多强。

身为软件开发人员，在职业生涯里面对的最大挑战之一，至少是在财务方面的最大挑战，就是如何应对成功。赚钱越多就生活得越好，对吗？不对，起码不总是对的。事实上，我发现很多财务上成功的人士，特别是软件开发人员，往往会深陷债务的泥潭，因为他们赚得多，花得也多。

真正获得财务成功的唯一方法就是用钱生钱。如果想获得财务自由，你就必须要能够让你的钱为你所用。如果说收益给我们自由，那么后面一定要再加上一句——债务会给我们套上枷锁。

在本章中，我会讨论债务的破坏性，也会指出与债务有关的最常见的愚蠢之举。我们还将讨论为什么不是所有的债务都是坏事，以及如何分辨债务是好是坏。

为什么债务一般都是不好的

关于这一点，我们之前已经谈及一二，但一般来说债务都是不好的，因为债务完全与好的一面——靠你的钱获得利益——背道而驰。当你身背债务的时候，通常会靠自己的钱去支付利息。这就意味着，别人可能通过你的开销致富。

当你债台高筑的时候，几乎不可能将自己的钱用于投资并从中获利。当然，除非债务带来的回报远远高于你要偿还的利息，这一点我们稍后会谈到。

当你在借钱购物的时候，你为获得产品或服务支付的钱高于它本来的标价。这样做的害处会随着时间的推移急剧增加，尤其是在你的还款金额低于增加的利息的时候。你欠债的时间越长，债务对你带来的影响就越会冲击你的底线。想知道为什么，让我们来看下面这个简单的例子。

假设你以年利率5%的贷款买了一辆标价3万美元的车，要在6年内还清贷款。在这6年期间，除3万美元的本金之外，你还要支付4786.65美元的利息。所以，这辆车最后花掉你34786.65美元。

实际上，这辆车的花费比这还要多。你为这辆车花费的4786.65美元的利息本可以为你赚钱。你本可以靠这些钱获得利益的，而不是白白地用来支付利息。

算出确切的数额有点儿难，但如果你把每个月用于支付利息的钱投到一项年收益5%的项目上，那么6年下来用于支付利息的这4786.65美元的回报大约是2000美元。因此，事实上，这笔债务可能花了你近7000美元。

当然，这看起来不算一笔巨款，但随着时间的推移这会持续增长。尤其是，如果你有多种形式的债务而又以复利计算利息，你支付的利率会更高。

债务越多负担就越重，要实现财务自由的阻碍也就越大。当你身背债务的时候，你很难攒下钱，攒不下钱也就无法进行投资。

你目前的债务处于怎样的水平？把你的所有债务累加起来，算一下总的利率是多少，每年为这些债务支付的利息是多少。

债务方面常见的愚蠢之举

好吧，也许你有债务。这确实会发生。我也曾身背债务——准确地说，现在我就身背债务。我欠着大约100万美元的抵押贷款，但是这一点待会儿才会讲到。如果你身背债务，你需要学习如何妥善处理债务，以便尽快减轻债务负担。

我见过的与债务相关的最大的愚蠢之举就是，一边欠债（特别是欠信用卡债务）一边存钱。对我来说，这完全不可理喻。我总会听到各种辩解，如以备不时之需或者为将来存钱，但几乎没有办法在逻辑上证明这种行为的合理性。

我认识的人里有人欠了几千美元的信用卡债务，但他们的存款账户却存着几千美元。如果你也有这种情况，不用不好意思，但你要马上做点儿什么。让我来解释一下为什么。

问题在于，在大多数情况下，你为债务支付的利息要高于你把钱存在银行里所得的利息，特别是当这笔债务是由信用卡欠款产生的时候。假设你信用卡欠款是1万美元，利率 15%，这意味着每年你要为这笔欠款支付 1500 美元的利息。除非银行为你的存款支付高于 15%的利息，否则你还不如把这笔钱取出来用来还信用卡欠款。

你可能觉得这个建议太显而易见了，但据我所知，许多人一边借着高息购车贷款一边把钱存在银行里。除非你的购车贷款的利率接近于 0%，否则这么做毫无道理。因为购车贷款利率往往低于信用卡欠款的利率，所以意识到这一点有点儿难。

在存钱之前先把房屋抵押贷款还清，这么做才合理。你必须准确计算，并且情况可能会有所不同，一旦你把钱用于按揭贷款，通常你就不能拿回来了。通常得等还清整个贷款，你才能真正体会到无债一身轻。但是，从纯数字的角度来看，如果你这笔投资的回报不大于抵押贷款的利率，那拿钱偿还抵押贷款就不失为一项明智之举了。

为了说明这一点，假设你有一笔利率 7%的抵押贷款，这意味着，每一年你都要为贷款的余额支付 7%的利息。每年你用来支付这笔贷款的款项，能给你带来 7%的保障收益。（因为在扣除抵押贷款利息后你会获得一点税收优惠，所以这一数字会略有变化。与其把钱存进储蓄账户，还不如拿来偿还抵押贷款。）

我经常看到的关于债务第二大错误是：以错误的顺序偿还债务。你偿还债务的顺序可以让你还清债务所花的时间大不相同。一定要根据利率高低来排清偿债务的优先级。确保先偿还利息最高的债务。

尽管这看起来也很显而易见，但是我的确看到很多人都是以最低还款额来还信用卡和其他债务。千万别这样做。相反，每个月给利息最高的债务还尽可能多的钱，并坚持这么做，直到还清所有的债务。

但是，在所有与债务有关的错误中，最大的一个就是不必要的债务，也就是说，在不需要欠债的时候欠债。这里我还是用购车贷款的例子，因为贷款买车是人们犯的最大错误。人们很容易就走进一家汽车经销店，买一辆新车，让自己背上不必要的债务。

问题在于，这么做完全是颠倒顺序。通常，我们是按照相反的顺序做事的。不妨这样想想。贷款买车本质上是先买车再为买车攒钱。当你这么做的时候，买每样东西你都要付更多钱。

要解决这个问题，可以先存钱再用现钱买东西。第一次打破这一循环会很难，但是一旦打破，你买每样东西都能少花钱。如果你刷信用卡买了一辆车，赶紧付清欠款。买车的时候，不要刷卡买新车；相反，可以通过继续开旧车，把钱存到“新车基金”账户打破这一循环。一旦你给新车基金存够了钱（通常需要 4～6 年时间），你就可以用现钱买辆新车，也可以马上再往新的“新车基金”账户里存钱。

通过这样做，你买车的时候实际上获得了折扣而不是多付钱，因为你为买车积攒的钱随着时间推移会给你而不是别人累积利息。

并非所有债务都是有害无益的

尽管债务被我描绘的很丑陋，但这并不代表所有的债务都是有害的。如果你能利用债务赚到的钱比为这一债务支付的利息多，那么这样的债务就是有益的。

我曾经跟一位同事有过一次交谈，他告诉我他发现自己的信用卡公司正在举行一场特殊的促销活动，如果他开一张新卡或者转账，就能以1%的利率预借现金。于是他以最高额度申请了一笔预借现金，然后购买了一份利率3%的一年期大额存单（CD）。在年底的时候，他兑现了存款并还清信用卡欠款，用银行的钱获得了不错的收益。

还记得我说过，我现在仍然有超过100万美元的抵押贷款吗？情况与此类似。因为知道自己能用借来的钱赚到比银行借款利率更高的回报，所以我举债购买了房产。我最后会还清债务，但现在这笔债务实际上为我赢得了比支付利息更高的收益。

买房子并不总是比租房好，但在一些市场上，根据不同的利率，举债买房会让你有利可图，因为你会省掉付房租的钱。

在许多情况下，学生贷款也属于这一类别。如果你能得到贷款，以便自己可以能拿到学位，帮助你获得更高薪的工作，那么这笔债务完全是一笔划算的投资。但是务必小心，因为并非一直如此。

我经常建议高中毕业生在社区学院里完成他们头两年的大学教育，然后再转学到另一所大学里完成学位。通常这种受教育方式会便宜许多。太多人债台高筑就是为了从一所学费昂贵的大学获得学位，但这可能并不能给他们带来高额的投资回报，甚至可能会导致他们破产。

背负债务的底线就是确保在背上债务之前，这笔债务实际上是一笔投资，它将为你产生的回报高于你为这笔债务所支付的利息。只有在绝对紧急的情况下，才可以背上不产生盈利的债务。

采取行动

- 列出你的所有债务的清单，把它们区分为两类：有益的债务和有害的债务。
- 把有害的债务按照利率从高到低排序，计算一下多久你可以清偿所有的债务。

第54章

如何创造真正的财富

如今，到处充斥着如何“快速致富”、如何网上赚钱，以及如何靠比特币成为亿万富翁等信息。老实说，我们很难辨别哪些确有其事，哪些其实就是在交智商税。

在本章中，我将丢掉所有的废话，直截了当告诉你如何变得“富有”（wealthy），而不仅是“有钱”（rich）——这二者之间可是存在很大区别的。

本章有可能是全书最有价值的一章。在本章中我将为你阐述积累财富的若干原则，我还会告诉你如何利用自己的技能提升收入，从而这些收入转化为被动收入。被动收入将使您终身受益。

这听起来会不会太像天方夜谭了呢？我承认是会有点儿。但我与那些夸夸其谈的“大师”们的区别在于：我所说的原则都是我亲身经历过的（我还要继续秉持），而且除了这本书标好的价钱（你已经付过了），我没打算卖给你任何别的东西。

所以，系好安全带，和我一起驶上“百万富翁快车道”吧。（顺便提一句，《百万富翁快车道》这本书是我的朋友 M.J.德马科撰写的，建议你也买一本。）

“富有”与“有钱”的区别

变得富有和变得有钱截然不同。乍一看“富有”和“有钱”像是一回事儿，没什么分别，但我见过很多有钱的人破产了，却从没见过富有的人破产。

你可能会说我这是在玩儿文字游戏，但我对“富有”的定义是：拥有稳定的收入来源，且收入远高于实际需要。在这个定义下，你的钱甚至不需要有太多也一样是富有的。

你只需要做好下面两件简单的事。

（1）拥有自动更新的收入来源。

（2）支出低于收入。

就是这么简单，再无其他了。只要你的支出低于收入，而你并不一定要通过工作来维持收入来源，那么即使你的收入低于贫困线，在我眼里你依然是富有的。我的朋友彼得（就是那位著名的 Mr. Money Mustache①）就是这么做到的。他和他的妻子在 30 岁出头的年纪就退休了，那时他们的收入都很微薄。退休之后，彼得创建了一个关于节俭生活和年轻时就退休的博客。更酷的是：他和他的妻子也都是计算机程序员/工程师。

但这并不意味着你必须居不重席才能变得富有。只要你的"睡后收入"（被动收入）足够丰厚，你也可以出手豪爽。在第 55 章里，我会分享我是如何在 33 岁就达成"富有"目标的经历。在 33 岁之后，我的"睡后收入"依然只增不减。而且即便我的开销远远低于收入水平，我依然拥有很高的生活质量。

之所以告诉你这些，我是想让你知道："富有"比"有钱"要重要得多。"有钱"只是一个相对的概念，没有人能够对"有钱"给出一个量化的标准。如果你有 100 万美元，你觉得你算有钱人吗？1000 万美元呢？1 亿美元呢？如果你有 1000 万美元，但你每年要花 500 万美元，那么要过多久你才能成为"有钱人"呢？"富有"则不然，它才是更适合作为衡量财富能力的指标，因为一旦你迈过了"富有"的门槛，只要不遭遇重大变故或者不干傻事，你就可以衣食无忧地过一辈子了。

最后补充一点，我对"富有"一词的定义部分来源于斯多葛哲学。我将在第 73 章中详细讨论斯多葛哲学。斯多葛学派有点儿类似于佛教，其主张幸福感和满足感并不来源于予取予求，而来源于降低索取和欲望。因此，对"富有"的追求不只是一个经济问题，还是一个精神问题。你索取得越少，你的欲望也就越小，你就越有可能变得富有美满。

"富有三角形"

在我们继续探索"富有"启蒙之旅之前，请允许我介绍一个我自创的实用理念，我称其为"富有三角形"。虽然我发现了这个理念并给它起了名字，但是，实际上这一理念的本质就是简单的财务规则。所以，除了给它起了个名字，我可不敢贪功太多。

想象一个三角形，三角形的每一个顶点分别代表本金、回报率和时间，这些都是"富有三角形"的基本要素。如果你想赚一大笔钱，变得富有，那你只需要在这三个要素中

---

① 彼得·阿德尼（Peter Adeney，也就是 Mr.Money Mustache），他曾和前妻西米（Simi）一起通过比同事少花 50%的钱，并将大部分收入用于投资的方式实现了财务自由。现在他是一位享誉全球的金融博主，入选过全球最杰出博主名单。他发起的 FIRE 运动（Financial Independence, Retire Early，意即"财务自由，提早退休"）让他成了最成功的博主之一。——译者注

占两个就行了。

你听说过"赚大钱必须要有第一桶金"吧？这个说法是错的。如果你手里只有一点点钱，就算利率还不错，也只是在你把钱存很久很久（如100年）最终才能获得超出想象的回报——问题在于，100年之后我们还在人世吗？这就是我坚决支持即使是在可支配收入并没有多高的情况下也要开始投资的原因——我有点超前了，稍后我会讨论这一点。

"富有三角形"的意义在于，它能帮你可视化理解上述三个要素之间的关系。只有当这三个要素有机地组合在一起时，才能发挥出威力来增加你的财富。太多人过于强调复利，就好像它拥有魔力一样，其实并没有。如果没有与"富有三角形"中的另外两个要素中的某一个相结合，"复利"一文不值。

如果你想更好地理解"富有三角形"是如何运作的，最好的练习就是拿出一个复利率计算器试一试，这可比光听我讲有效果。试着将上述三个要素进行不同的组合，看一下会发生什么。如果一开始你就有一大笔钱，当时利率稍低，但你可以把钱存很长时间，会发生什么呢？如果利率很高，但你只能存五年呢？再试想，如果一开始你只有一点点钱，但你可以把钱存30年的时间，需要多高的利率才能保证你最终挣到大钱？

如果你做了这个练习，用复利计算器尝试不同的组合，你很快就会明白我为什么反对主流媒体和所谓的金融顾问给你的混淆视听的建议了。他们的建议根本没有意义，只是利用很长的时间和夸大的利率把你的退休时间推迟到65岁而已。这可不是好办法。

"源头活水"

现在你已经理解了"富有三角形"，我接下来介绍另一个理念了，这个理念在你追求变得富有是必需的，我称之为"活水泉"。

我采用的就是这个策略。我认识的很多亿万富翁都或多或少在践行这个理念。这个理念也很简单，它能让你持久地保持"富有"的状态（同样，除非遭遇一些不可抗力，例如核弹爆炸、丧尸入侵，又或者你喝醉了带着全副身家跑到拉斯维加斯输了个精光）。

这个策略是这样子的：把你从工作、生意和任何其他收入来源赚的所有钱都拿出来投到产生高收益的资产（最好是房地产）中去，然后依靠这一资产所产生的被动收入生活。你每个月的花销只来自这项资产或者你投资的多项资产所产生的被动收入。如果到了月底你还有闲钱，就可以把钱投回"泉源"产生高收益，让钱生钱。

我们来看一个简单的例子。假设你有份工作，每个月税后收入1.5万美元。大多数人会把这些钱用在生活开销上。当然，不一定全花完，会省下一点儿。但是，如果你运用了"活水泉"这种方法，你就会转而把这1.5万美元全部用于投资房地产或者其他产生现金流的投资渠道（如产生股息收益的股票和债券）。

然后，你就可以用这个月的投资收益（可能是 8 000 美元）作为日常开销。这些钱你可以随意支配，全部花掉也没关系，因为你很清楚，下个月依然能有 8 000 美元的被动收入（因为泉水是活的）。

最终，随着时间的推移，你在创建被动现金流上投入的钱越来越多，获得的收益也越来越多。你的月投资收益最终可能会达到 1 万美元，而且越往后还越多。这些钱你尽可以全都花掉，因为你知道下个月还会有这么多收益源源不断地流进自己的腰包。这和你必须埋头苦干才能领到的工资收入不一样。

我把这种方法称为“活水泉”。一旦你开始应用这种方法，即使你在每个月把投资产生的被动收益全部花掉也不用担心，因为下个月还会有收益源源不断地流入你的账户。

你可能需要等待一段时间才能靠投资收入维持生活，在这之前你得勒紧裤腰带，但就像鱼缸里的虹吸管一样，一旦你开始投资了，收益就会源源不断涌来。随着时间的推移，你把自己的工作收入或者生意收入越来越多地拿来投资，“活水泉”中流淌的收益也就会越来越多。

你要知道，大多数人并不会创造财富，他们只会从工作或者生意中赚钱，然后把这些钱用作日常开销。如果还有节余，他们会投资一些能产生被动收益的资产。如果你能厉行节俭，并保持耐心，等到被动收入够得上日常开销的时候，你就可以尽情享受自由富足的生活了——这可是皇室才有的享受。

假如只有 1000 美元，该往哪儿投

是的，我知道你没有这么直截了当地问我这个问题，但你还是需要听听我的答案。这本书从第 1 版出版到现在已经过去 5 年了，5 年来我经常被问及这个问题，而这个问题也和我们之前讨论过的“富有三角形”和“活水泉”理念息息相关。

你应该还记得，在“富有三角形”中，我们需要同时占有三个要素中的两个才能变得富有。现在，既然你只有 1000 美元，你就需要一个较高的利率和大量的时间才能变得富有。虽然财富顾问和 MSN Money 的专栏作者会说，这不仅仅是 1000 美元的投资，它会每个月持续增加，而且会随着时间利滚利。这是一厢情愿的说法。事实上每个投资选择都是独立的，都伴随着一个完全独立的财务回报，这一财务回报是唯一的、完全属于该特定的投资选择的。

如果你被这些夸夸其谈所诱惑，例如“每月定投 500 美元、复利 8%、总共 30 年，你将会获益 739106.54 美元”，其实这笔钱看上去也不是很多，而且有很大的欺骗性，因为你最初投的那 1000 美元在 30 年后的收益其实是 10062.66 美元。其他的收益是后来的

经年累月里你投入的几十个“1000 美元”。这个回报可真是太低了。

是的，我快要告诉你这个问题的答案了。我之所以把刚才那个复利的案例原原本本地讲给你听，就是为了做好铺垫，以便可以简明扼要地告诉你 1000 美元到底应该投到何处。准备好了吗？

如果你手头只有 1000 美元，或者更少，不要投到股票上，不要投到房地产上，不要投到债券上，更不要投到比特币上，你应该投资你自己。是的，没错，投资你自己。用这 1000 美元去投资你自己，接受教育或者参加培训，以便你可以赚更多的钱，有更多的钱可以用于投资。参加一个研讨会，买一些网课，再买点儿书，参加一些培训，让这些知识转化成为你日后开拓事业的本金。只有在用知识来赚钱变得很容易时，才是你省钱去真正做投资的时机。

为什么这才是最有效的投资方式？因为这样能增加你的收入，让你有更多本金用于投资，也更容易获得可观的收益。回想一下前面讲过的“活水泉”方法，我们需要尽可能多地赚取现金来购买那些能够产生被动收入的资产。因此，你的收入越高，就越能快速做到这一点。

杠杆是创造财富的关键

本章的最后我要介绍一个重要的货币概念——杠杆。这是创造财富的关键。

杠杆是快速创造财富并积累财富的关键。如果没有杠杆的帮助，你只能依靠现有的技能赚钱。当然，软件开发人员的收入相对可观，但从整体上看，工作所得的收入其实并不多。

杠杆能让你利用他人的资源获得超出自己能力和预期的收益。想想在物理课上杠杆是如何发挥作用的：如果你有一个杠杆，你只需要把支点放在离重物更近的地方，你就可以用更小的力撬动它。你在利用杠杆来赋予自己超人一般的力量。

杠杆的理念对时间和金钱来说同样适用。我们在这里只讨论杠杆对金钱的影响。在很多方面你都可以利用杠杆来让你的财富增值。在前文中我们讨论过一个最常见也是最有效的方式，那就是投资房地产。为什么是房地产呢？因为银行会允许你贷款。这样你是在用银行的钱买房，进而用银行的钱来赚钱。通常，你只能用自己的钱去买股票和债券，所以其实你并没有在使用杠杆（不过，你可以说，利用杠杆来赚钱或多或少也是在消耗自己的时间）。

另一个利用杠杆的方法是创业，自己做老板，雇人干活儿。如果你雇佣员工或者承包商来替你干活儿，最终你会利用他们的时间和经济产出来扩大自己的经济产出。你付出的成本是管理他们的时间，以及为了从他们的劳动中获得经济收益而付给他们的钱。

是的，这听起来有点儿像奴隶制剥削，但我向你保证，这完全是合法的。

还有一些可以利用杠杆的场景，但无非就是钱财、时间、声誉和人际关系这几样。为了投资和创造财富，你可以利用能够比只靠自己努力赚来的收益多得多的任何手段。

本章到此就告一段落了。我希望富有和创造财富的理念能够让你走向康庄大道。你还可以阅读有关房地产、投资以及我的退休生活的章节，在那里你能看到更多的实际案例。最后请允许我再给你最后一个建议，在本章的开头我就已经提示过了：变得富有的最快的方法不是赚一大笔钱，而是减少开支。如果你的日常开销不大，那么你只需要少量的被动收入就能获得财务自由，将成为自己人生的主宰。

采取行动

- 拿出一个复利计算器，在网上找找你喜欢的投资方式，然后在计算器里输入不同的变量：本金、复利利率和投资时长。猜猜结果会怎样——你会对很多结果大吃一惊。
- 把复利计算器再拿出来，计算一下你现在采取的投资策略到底能不能让你变得富有，把它画出来。结果可能会让你大失所望。

第55章

我是如何做到33岁退休的

自从我开始工作，我的目标就是提前退休。这不是说我不想工作，或者说，我是个懒人（尽管我确实有爱偷懒的毛病），而是我希望生活中自己能够自由自在地做自己想做的事情。

如果你也有此愿望，即使你不想像我这么早退休，你也可能会发现我的故事相当有趣。在我自己提前退休以前，我总是在想，别人是怎么做到的呢？我也常常在想，软件开发人员如果不借助创立创业公司而一夜暴富，有没有可能提前退休。

在本章中，我会分享我自己的故事，毫无保留。我会毫无隐瞒地告诉你我究竟是如何做到的，我会向你坦诚在这个过程中我的所有失败与成功。

“退休”的确切含义是什么

在讲述我的故事之前，我要先明确自己对“退休”的定义，因为不同人对它的看法会有很大的不同。

我说的“退休”并非这样的景象——玩着沙狐球，在乡村风格的餐厅吃着早餐和晚餐，享受早到的优惠。（尽管我今天早上确实在Bob Evans①吃的早餐。）

我说的退休也不是终年坐在热带沙滩上喝着玛格丽特鸡尾酒——尽管也不排除这种可能性。我无法想象无所事事的退休生活。显然，我现在并不是无所事事，我正在写这本书。

① 以创始人名字命名的美国乡村农场风格连锁快餐店品牌，总部位于俄亥俄州新奥尔伯尼，创立于1962年，以香肠闻名。目前在美国中西部和西南部拥有超过500家的连锁店。——译者注

相反，我把退休定义为“自由”，具体而言，即财务自由——一种不会囿于财务状况被迫用自己别无选择的方式将自己的时间花费在不合心意的事情上的能力。

我从不追求永远不再工作，但是我一直追求在我不想工作的时候就不工作。这就是我目前的状态。我有足够丰厚的“被动收入”去对抗通货膨胀，如果我愿意，我也可以躺在沙滩上来一杯鸡尾酒；但是，我依然可以投身自己感兴趣的项目——那只是因为我想投身于该项目，而不是因财务原因必须投身于该项目。

现在可以这么说，我要先承认自己还没有完全做到。以赚钱为唯一目标做事是很难打破的习惯。我现在还是会花大量的时间去做一些自己不一定想做的事情，但区别在于，至少这是我自己的选择。财务自由并不像看起来那么容易。在写这本书的时候，我正式退休才大约一年的时间。我还有很长的路要走，我还要探索自己想如何生活，什么才是我想要的生活——我好不容易才赎回来的自己的生活。

另外，从本书第 1 版出版到现在，我又享受了 5 年“退休生活”。在过去的几年里，我一直在打造另一项业务——Bulldog Mindset。我还爱上了跑马拉松和环游世界，写了一本《软技能 2：软件开发者职业生涯指南》。我做了很多有趣的事情，但并不包括沙狐球！

我是如何起步的

在第 49 章中，我曾经说过自己在 20 岁出头的时候就想明白了，即使我一年赚 15 万美元，也需要 15 年才能达到 100 万美元的目标——需要大量的牺牲和耐心。即便如此，如果缺乏坚实的计划来对抗通货膨胀，我还是不能“退休”。

一开始，这确实让我非常沮丧。我真的不想在接下来的 20～30 年时间里不得不辛苦工作、节衣缩食，只求某天能够退休。我不喜欢把我的生活就搁置在那里，直到五六十岁才最终有机会做自己想做的事情。

这种束手无策的感觉迫使我努力思考。我已经告诉过你我是如何涉足房地产投资的，主要的动机就在于此。我意识到，房地产投资是让我摆脱这种疯狂的竞争的船票。这个机会可能不能让我早早退休，但是一旦把房贷还清，至少能让我退休的时候有钱。我愿意冒这个险。

我很想告诉你，我马上开始做各种人们为提前退休所做的准备工作。我想告诉你，我削减各种开支，省下我赚到的每一分钱，并且立刻进行聪明的投资。然而，我当时并没有这么做。

事实是，那时我才 19 岁，一年能赚 15 万美元，住在加州圣塔莫妮卡，距离沙滩不过几个街区。我走进一家道奇汽车经销店，我发现尽管我买得起一辆价值 7 万美元的“蝰蛇”汽车，可是对于 19 岁的大男孩，想要开着红色道奇“蝰蛇”穿梭在圣塔莫尼卡[1]的大街小巷，保险费跟购车款差不多。哎呀，躲过了一场灾难。

我也曾有过短暂的模特和演艺生涯——住在圣塔莫尼卡这是必须做的

现在，我不想粉饰错误。我也犯过一些理财方面的错误——当时我花 3.2 万美元买了一辆全新的本田“披露”轿车（Prelude），而且贷款条款非常苛刻。其实整体上说，我还是很节俭的。我把自己赚的大部分钱都存下来，积蓄可观。

租房灾难

你是不是也觉得对一个仅 19 岁、身无一技之长的软件开发人员来说，一份时薪 75 美元的工作实在是好得不真实？结果的确如此，这份工作并没有维持很久。大约一年半之后，雇用我的这家公司开始限制性裁员。我所在的项目运营得不太好，投入再多再贵的人力也于事无补——悲剧啊。

我不得不找另一份工作，但我再也找不到几年前那种千载难逢的好机会了。最后我不得不搬到亚利桑那州的凤凰城，接受了一份报酬并不丰厚的工作合同，对此我还不能抱怨。

① 圣塔莫尼卡（Santa Monica）是美国加利福尼亚州洛杉矶县的一个城市，位于太平洋沿岸、洛杉矶市以西，是一个度假胜地和住宅区，许多演艺界名流都在此居住，所以作者有此调侃。——译者注

差不多在同一时刻，我的租客也搬离了我在爱达荷州博伊西的房子。他把我的房子弄得一团糟，而我原计划要在开始新工作之后一星期我计划了一次重要的家庭旅行——这可真是快乐时光！

最终我还是给我在博伊西的房子找到了几个租客，但是一直麻烦不断。租金总被拖欠，物品被损坏。甚至街对面住着一位疯狂的邻居，把我房子里发生的违法的、疯狂的行为都拍成了录像。一家公司提出要购买我的房子，询问是否可以在签署最终文件之前就开始翻新房子。他们拆了整栋房子，然后你猜怎么着？他们没有签署文件！我已经对这处房产失去信心，心灰意冷了。

也许房地产投资并不适合我。我只有一栋破旧的房子，不仅无法出租，还一直吞噬着我的财富，这就是我们所说的“无底洞”。我该怎样做才能积累更多的房产，实现自己成为房地产大亨的计划呢？

获得外部力量从困境中脱身

我不会和你们唠叨随后几年发生的细节。因为无法出手，我最后还是保留了自己在博伊西的房产。我在全国游走，到过佛罗里达州、新泽西州，最后又回到佛罗里达。我曾计划在佛罗里达州安家，但我无法在那里找到工作。最后，我又回到了博伊西，在惠普公司找到一份工作。

那几年里，我在存钱方面进展得相当不错。我很节俭，挣的钱也不少。当我搬回博伊西的时候差不多攒了 2 万美元。在这两年左右的时间里，我对于要存多少钱毫无概念，只是把每个月结余的钱都放到储蓄账户上——当然这并不是最好的策略。（现在回想起来，我纳闷为什么那时没有多存点钱。）

最终我选择在博伊西落脚，寻找房子安居。我决定买一所房子，这样有朝一日我也能把房子租出去。我计划先在房子里住上几年，然后买一栋新房子住，再把这所旧房子租出去。我看上了一幢标价 12 万美元的联排别墅，10%的首付我刚好付得起。联排别墅大约每个月能租 800 美元，跟我每个月的按揭还款额差不多，我觉得每个月能够保证收支平衡。（实际上，算上税费、保险、业主委员会会费和维修费用之后，收支其实并不平衡。）

我看到自己的联排别墅旁边那一家挂牌出售，于是我决定加快房地产投资计划。我给隔壁的房产报价，然后支付了 10%的首付，这样我就拥有了第二套租赁房产，也是我的第三套房产。购买这处房产让我后怕，它是我第一个完全以投资为目的购买的房产。

这一次我决定聘请专业的物业管理公司。没有进行充分的调研，我就找了一家物业管理公司，结果这家公司非常不称职，不仅不能保证把房间长期租出去，还不断地伪造维修费用。于是过了一段时间，我才找到一家还不错的物业管理公司。（好吧，我聘请的第一家物业管理公司并不是完全不称职，它们非常善于用业主的房产为自己赚钱。）

在博伊西，我们自住的房子紧挨着我们出租的房子

经受磨砺

这项计划已经实施了多年。这期间，我已经购买了几处房产，实现了每年购买一处新房产的目标。我依然在惠普工作，竭尽所能存钱，以便于能够购买更多房产。由于攒下的现金不足以支付首付，要想买新的房产，我只能用自己的现有房产作为抵押来申请房屋净值贷款[①]。（这是一步险棋，但是能解决我的问题，因为当时的房屋净值贷款的利率很低。）

因为已经做了很多笔房地产投资，所以我决定更进一步，自己考一个房地产经纪人执照，这样我就能自己完成交易，省下大笔的房产交易佣金。我修完成房地产代理人课程并通过了考试。我现在可是正式的房地产代理人了。

这个时候，我有6处房产，但是没一处赚钱的。事实上，当时我每个月还要贴钱进去。我错误地计算了自己购买的房产的实际成本，结果每个月我不得不从自己的口袋里掏出2000～3000美元来保有这些房产。

尽管看起来形势很糟糕，每个月我都要从口袋里掏出3000美元，付给银行以偿还贷

① 一套房产在银行已做抵押贷款，目前还在正常还款，在这种情况下房主以房屋的净值再次申请抵押贷款，而不必提前还清银行贷款。只要能通过专业评估，即可根据评估值进行再次抵押。以上内容摘自百度百科。——译者注

款，但是持有这些房产让我得到了一大笔减税。我还是向着自己“提早退休”的计划在前进……只是进展缓慢。

是诱人的捷径还是可怕的短路

在取得房地产经纪人执照后不久，我做了一个有点儿疯狂的决定——辞掉我在惠普公司稳定、高薪的工作，以合伙人的身份加入了我朋友的公司，这家公司从事在线游戏点卡交易，同时还和他搭档销售房地产。读完《富爸爸，穷爸爸》之后，我觉得除了投资房地产和股票，我还应当有别的资产，如口香糖贩卖机，于是我还短暂地经营过口香糖贩卖机。

现在回想起来，我认识到，做出这样的决策的主要动机就是渴望通过走捷径来实现真正退休，不是通过实现财务自由，而是通过“做我想做的事情”。

不言而喻，这些举措并不成功。那时的我不谙世事又愚不可及。我不知道如何拼命挣钱、努力工作。我是一个糟糕的生意伙伴，只想着拿到自己的蛋糕再一口吞下。

我最后离开了那家公司，重新找了一份全职工作——但是依然还有 20 台口香糖售卖机没有脱手。也许我不适合创业。

经受更多磨砺

在接下来的几年里，我继续奋战在一个普通的工作岗位上。不过，我的职业生涯有了一些起色，赚的薪水也比以前高一些，能剩下一些钱了。于是，我拿出所有钱都投资到房地产上。

每个月我还是要从自己口袋里掏出相当多的钱来还房地产的抵押贷款，但是在接下来的几年时间里我又积累了几处房产。我拥有三幢独栋住宅、一幢四单元住宅楼、两个复式单位和几个商务办公单位，每个月一点点地还贷款。

我还是走了一点儿弯路，试图再次创业，结果又失败了。我的几个朋友开始办理短期贷款业务，我做了他们的合伙人，并且他们付薪水给我，只要我为他们开发一套新的软件系统。同样，因为不谙世事又愚不可及，可能还有一点点懒惰，一年后创业又失败了，最终我又找了一份公司的工作。

在我工作的那段时间里，我赚的钱从来没有自己 19 岁时在圣塔莫妮卡捧着金饭碗时候赚的多。也就是说，直到后来我在爱达荷州拿到了一份工作合同，相隔 10 年，我的薪水才再次达到每小时 75 美元。也就在那时我才意识到，多年前我得到的第一份高薪的工作是多么幸运。

有一段时间，我出租口香糖贩卖机

大约就是在这个时候，房地产市场开始暴跌——艰难时刻降临。很多投资房地产的朋友都惊慌失措，纷纷抛售自己的房产。幸运的是，我的所有房产都是以 30 年期固定利率贷款购买的，所以房价下跌并没有真正影响到我。当然，我的房产价值缩水不少，但是我的按揭贷款没变、房租收入没变，又有什么关系呢？

真正影响到我的是，银行发放新贷款时有了限制。我原本计划，在 15 年之内每年购买一处房产，然后把最老的房产卖掉，将所得的利润用于生计。但是，当银行限制每个人最多只能有 4 笔贷款时，我的计划就难以维持了。

我只好转向商业贷款（而不是住宅贷款），筹措我在密苏里州堪萨斯城购入大笔房产所需的资金。一位住在堪萨斯城的朋友曾问我如何开始房地产投资，当我思考这个问题的时候，我发现堪萨斯城的房价极低但房租奇高。

我打算在那里购买两幢四单元住宅楼，每幢 22 万美元——这可是我最大的一笔投资。但是，经过认真计算我发现，如果首付仅需 10%的话，每个月我至少会有 1000 美元装入口袋。但问题是我无法获得贷款。

最后，幸运降临，拥有这些房产的银行同意向我提供贷款，以便于让这些房产从它们的资产负债表上消失。它们还给了我其他一些优惠条款，最终成交。现在，我日益增长的资产负债表里又多了 8 处租赁房产。

即便如此，这笔交易依然十分可怕。当时我每个月已经要为自己投资的房产支付几千美元的按揭贷款，而房地产市场又持续下跌，我又在两幢自己都没见过的大型房产上投入了将近 5 万美元。这项投资要么让我咸鱼翻身，要么让我万劫不复。

转折点

购入密苏里州的两幢四单元住宅楼之后——顺便说一下，我并没有去看房，事情开始发生了转变。虽然当时我的现金流还是负的，但是我拥有了大量由租户负担的不动产。我信心十足，就算按最坏的情况打算，我也能在 20 年后轻松退休。最棒的是，在我退休的时候，也不会仅仅依靠微薄收入来维持生计。如果还清所有房产的贷款，我就能坐享差不多一年 10 万美元的被动收入。

所以，那时我选择离开当时那份薪水丰厚的工作，为一家小公司工作，这家小公司为我提供在家办公的机会。我一直想在家办公，而我计算过，即使我的薪水会下降，但是因为我再也不用上下班通勤，所以我可以随意去自己想去的地方，并且拥有更多的时间。

在开始这份新工作的时候，我决定我将开始自己的副业：开发属于自己的软件。我想要找到一种获得更多被动收入的方法，并且职业生涯也到了一个节点——我有信心去创建任何东西。我开始通过创建一款 Android 应用来学习 Android 开发。这款应用会在人们跑步的时候告诉他们“加速”或“减速”，从而让他们在跑步的时候保持一定的节奏。

在接受这份可以在家办公的新工作后不久，我被介绍给一位绅士——戴维 • 斯塔尔（David Starr）先生，他最终改变了我的生活。

早几年，我开通了自己的博客，尽管并不是非常欢迎，但有些文章还是得到了关注，特别是与 Scrum 有关的文章。戴维看到了我的这些文章，我也跟他在博伊西的一家代码训练营里有过一些交流。他一直在为一家叫 Pluralsight 的新兴在线培训公司工作。他听说了我已经开发的一款 Android 应用，于是跟我提到，Pluralsight 有兴趣创建一款 Android 应用，也有兴趣开设一门 Android 开发课程。

当时，我不确定自己是否想给别的公司开发 Android 应用，也不确定自己是否愿意教 Android 开发——毕竟，当时我的计划是开始利用空闲时间开发 Android 应用，创造被动收入。最开始我并没有把与 Pluralsight 看作一个好机会，于是我决定先试着给它做一门在线课程看看再说。

幸运降临

当时，我的房地产投资表现相当不错，我也从自己的新 Android 应用中获得一些被动收入。这款应用被流行的女性健身杂志《Shape》提及。我每周还写几次博客，阅读许多软件开发和房地产投资方面的书籍。

在我获得与 Pluralsight 合作的机会之前，我的人生中发生了很大的转变。我知道自己能用于开发这门课程的时间非常有限，于是提交了一个演示模块作为试讲，结果竟被接受了，这让我大吃一惊。最后我用 3 个月的时间完成了我的第一个 Pluralsight 课程。

与 Pluralsight 合作的伟大之处在于，他们除了付给我制作课程的费用，还会付给我课程的版税。如果订阅了他们的服务的开发人员观看了我的课程，我就会每个季度收到版税。当时我没看出来这有多大的价值，但马上我就发现这是个宝藏。

在我完成第一个课程之后，我做出了两项重大决定：搬到佛罗里达居住，这样可以离家人近一些；为我的那款跑步应用开发 iOS 版本。（好吧，第二个看起来似乎并不像是一项重大决定，但后来真的变成了一项重大决定，因为它导致我制作了关于 iOS 开发的第二个和第三个 Pluralsight 课程。）

那年 8 月，我跳上汽车，开始从爱达荷州博伊西去佛罗里达州坦帕的远征。在整个过程中，我要么忙着开发 iOS 应用，要么制作 Pluralsight 课程，更别提我还有一份全职工作。

我的工作环境也不够理想。我的办公场所被我戏称为“床上办公室”。我住在一套很小的公寓里，所以我的办公桌一边挨着卧室的墙，另一边刚好顶着床。我基本上日夜都待在这个房间里。白天我做正常工作，晚上我做自己的业余项目。

当我收到第一张版税支票时（这一门课我就收到大约 5000 美元的支票），我知道这是一个幸运符，它可以真正加速我的退休计划，只要我最大限度地拼命工作。

“艰苦工作”模式

我真的不知道接下来的几年自己是怎么熬过来的，无法想象，如果换作是现在，我是否还有精力去做我那么繁重的工作，但是我知道，像与 Pluralsight 合作这样的机会，一生只会垂青我一次。

接下来的几年里，我每天白天工作 8 小时做我的正常工作，每晚花四五个小时制作 Pluralsight 课程，周末的工作量更大。在两年半的时间里，我创建了 60 门 Pluralsight 课程，其中总共有 55 个正式发布。我录制的教学视频足够你 24 小时不间断地看上一周。

在此期间，我还坚持每周更新一次博客，开播了一档关注开发人员健身的名为“Get Up and CODE”的播客，开始每周制作一期视频发布在 YouTube 上。我很想说这种生活并不艰难，我很享受那段时光，但真相是那段日子苦不堪言、异常艰苦，我一直幻想着有朝一日我自己可以彻底解放。

源源不断的被动收入

这时，我开始拥有源源不断的多个被动收入流，我的博客也开始通过广告和加盟销售开始赚钱，我出售自己编写的跑步应用的 Android 和 iOS 版本，我也有每个季度都会送达并且持续增加的 Pluralsight 版税支票，并且我在房地产投资上也看到有几个月出现了正向的现金流。

我搬到坦帕之后，我立刻开始利用自己拥有的全部房产进行再融资，从而降低利息支出。仅此一项就让我每个月少了 1600 多美元的开支。随后我又开始把自己从 Pluralsight 课程赚到的几乎所有的钱和工作攒下来的钱拿来还清房产贷款。

我的目标是每个月有 5000 美元的被动收入。如果我能达到这个目标，我知道我就可以正式退休了。在 2013 年 1 月，我记得很清楚，我的目标达成了。于是我写邮件给我的老板，告诉他我要辞职，原因不是我找到了更好的工作，也不是不喜欢这份工作，只是不需要再上班了。我自由了。

快速分析和小结

我的故事有些奇特。开始时有些崎岖坎坷，后来仿佛得到了幸运女神的眷顾，突然间我就可以退休了。尽管我确实有一些运气，而且这些运气也加速了我的退休计划，但是事情不止于此。

仅有运气是不够的。我需要用自己从 Pluralsight 课程赚到的钱做一些事情，这样才能真正退休。我可能会赚到 100 万美元，甚至 200 万美元，但是，如果我不知道如何将这笔钱用于投资房地产或其他类似地方，我也不可能退休。我可能还要继续工作，因为我不可能靠一两百万美元度过接下来的五六十年。

投资房地产是我能够成功至关重要的一环。与 Pluralsight 的合作只是加速了我的房地产投资计划。如果我从来没有获得 Pluralsight 提供的合作机会，我依然会在 10 年左右的时间里退休，届时我将是 43 岁，也不赖。

如果我没有很好地营销自己，让自己脱颖而出，也就不可能有机会做 Pluralsight 课程。我之所以能认识戴维 • 斯塔尔就是因为我的博客，因为我在代码训练营做演讲。我还一直尝试打开幸运之门。我投身很多不同的项目，在技能和职业生涯上精心投入。我相信，即使没有 Pluralsight 这样的机会，也会有其他能够改变生活的机会取而代之。事实上，我相信这是真的，因为实际上我已经不得不拒绝了一些其他的机会。

我的观点是，运气是必要的。我不会假装自己从来没得到幸运女神的眷顾，但在一定程度上，是你给自己创造运气。如果你脚踏实地、努力工作，总是尝试提升自己和周围的人，那你获得好运气的可能性会大大增加。

等式的最后一部分是努力工作。Pluralsight 的很多作者也有着和我一样的机遇。我不是说他们不努力，只是我更积极、更努力，我是 Pluralsight 课程库中课程最多的作者。为了让自己梦想成真，我静下心来工作到很晚，周末也不例外。

仅仅获得机遇是不够的——即便这一机会千载难逢。你必须充分利用机遇，否则再好的机遇也没用。

现在，在结束本篇之前，我想提一个我认为对自己的成功非常重要的因素。我不知道你是否有宗教信仰，在本书中我也不打算说服你接受我的信仰，那毕竟不是本书的主旨。而且，坦率地说，信仰的问题相当复杂。但是，在某个时候，我突然决定把我挣的钱的 10%捐给慈善机构。

当我开始自己的职业生涯时，我就决定将自己收入的 10%用于奉献什一税——实际上我把这部分收入捐给一家慈善机构，以帮助印度的孤儿。就在我做出这次捐献之后的第二周，我的收入就增加了，增加的数额正好是我当时捐献的数额。我个人认为，我们的成功很大一部分就是因为这种对奉献的承诺，一直恪守到今天。

即使你不信仰任何宗教，我认为这一点也有某种符合逻辑的解释。我认为，你把钱看得越重，你就越难以在理财方面做出明智的、成功的投资选择。自愿把自己收入的固定数额奉献或者捐赠给慈善机构，可以改变你对金钱的看法。这一思想上的转变让你从金钱的所有者变成管理者。

好了，我希望我的故事能对你有所启发，至少能让你对如何实现提早退休有所了解。我之所以愿意与你分享我的故事，部分原因是为了让你能看到我一路上犯过多少错。如果我当时拥有我现在拥有的这些知识和经验，那我会更快成功。也许你可以从我犯的一些错误中吸取教训，避免自己也犯同样的错误。

采取行动

- 现在是认真思考你的长期目标并将其记录下来的好时机。希望我的故事能对你有所启发，能够帮你看清各种可能的选择。那么，读完本章后，你的退休计划和路径是什么呢？
- 我自认为我之所以能够成功，很大一部分原因要归功于我能够像你们在本章中看到的那样，能够坦然面对自己的失败和错误。你的成功要素是什么呢？到目前为止，你从生活中学到了什么？把它们都写下来，这样你就能将它们牢记于心并时时复盘。
- 你觉得我在本章最后讲到的“参与慈善活动”怎么样？要不要也尝试一下？挑选一个慈善项目，每月从你的收入中拿出一定比例投入其中。

第六篇 健身

人的身体就是人的灵魂的最好写照。

——路德维希·维特根斯坦

你可能会觉得奇怪，一本写给软件开发人员的书为什么会用一整篇来讨论健身，但我丝毫不会诧异。事实上，我反而认为将这一篇内容写入本书是我的责任，因为如果你不注意自己的身体健康，老实说我并不看好你能成为顶尖的程序员。

在很长一段时间内，我都认为，在软件开发人群中教育和普及体育健身方面的知识是非常迫切的需要。在我刚开始从事编程工作时，软件开发人员的典型形象就是一个书呆子，瘦骨嶙峋，戴着一副厚厚的眼镜，活脱一副笔尖保护套的模样。现在，这一形象似乎已经改变，不过是变得更糟了。如今，很多人认为，软件开发人员都是胖胖的男士，留着络腮胡子，穿着一件脏兮兮的白色T恤还吃着比萨。

显然这两种刻板形象都是错的——有很多软件开发人员，不管是男性还是女性，都不是这种形象，但是第二种形象比第一种形象更让我害怕，因为我觉得有些开发人员已经开始认为自己应该就是那样的。

本篇的目的是让你了解健身的基础知识，鼓励你打破成见，并且让你认识到，身为软件开发人员并不意味着男的不能健康，不能英俊潇洒，女的不能光彩照人。你同样可以保持好身材，可以拥有健康，但一切都始于正确的教育和坚定的信念——相信这些都是可能的。

你可能还想知道我为什么有资格写饮食、营养和健身的话题。我的确没有任何营养学方面的学位，也不是认证的私人教练，但是我拥有的是经验。我从 16 岁起就开始学习健身和节食。我 18 岁时第一次参加了健美大赛。我还指导和帮助过很多人（包括软件开发人员在内）塑形、减肥、增肌以及达成其他健身目标。尽管我不是专家，但是在这一领域，我知识相当广泛，并且经过实践检验。

请允许我再做一个小小的免责声明。我不是医生。因此，在开始任何新的饮食或锻炼计划之前，你可能应该咨询你的医生。我不确定到底应该咨询谁，但如果你事先做相关的咨询，那可是你的错，不是我的或者其他人的。

第56章

健身的好处

> 健身不仅是保持健康体魄的关键要素之一，也是灵活的、具有创造性的脑力活动的基础。
>
> ——约翰·肯尼迪

我该如何激励你健身呢？让我想想……这个理由怎么样：心脏病是全球头号杀手，中风紧随其后，而健身能让你活得更长久？或者试试这个：研究证明，锻炼能让你更具创造性，能够激发你的思维？这些理由太虚？好吧，我已经知道答案了。谁不想自己外形迷人呢，至少我知道我肯定想。举重和减掉一些脂肪可以让你更有魅力，并且给你更多机会扩大你的……遗产。

而且，我们要面对现实——大部分软件开发人员每天都伏案工作很长时间，一坐就是一整天。作为软件开发人员，我们更应该坚信，学习如何让身体保持健壮和健康能让我们获益良多，因为我们的工作往往会把我们推到另一个方向上。

在本章中，我们会更加深入地了解坚持健身的一些理由，我还会尽力说服你立即开始健身——就是现在，不是明天，也不是下周。健身能让你成为更好的软件开发人员。这就是原因。

自信心

我不打算一开始就将你的现实愿望诱导到“保持健康”上来。我们都希望保持健康，我们中大多数人对于要做些什么才能让自己更健康至少都有一些想法，但我们还是会拿起一块辣肉肠比萨，或者深夜里大快朵颐塔可钟。变得很健康并不是去健身的足够强大的动力——至少，在你的生命直接面临威胁之前是这样的，但我们应该未雨绸缪。

相反，我会从关注自信心着手，它是健康饮食和锻炼的最重要的好处。你可能觉得自信心没那么重要，或者你会说："嘿，老兄，我早就信心十足啦。"但是，无论你觉得自己已经自信心爆棚，还是你并不明白自信心为什么如此重要，我都要告诉你，为什么你需要拥有自信心，以及为什么自信心多多益善。

加州大学伯克利分校哈斯商学院进行的一项研究表明，自信心比天赋更适合预测成功。也有其他研究表明了类似的相关性。

但是，健身怎么能增强自信心呢？很简单，好身材能让你自我感觉良好，也能让你对能完成自己设定的目标这件事感觉良好。这种自信心可以展现出来，体现在你和他人的交谈与交往当中。此外，还有一个不太科学的解释：当你看上去很好看的时候，你的感觉也会很好。

想象一下，当你穿上紧身牛仔裤、衬衫的针脚贴合在自己胳膊上的时候，你的感觉会有多好！感觉自己身材健美，感觉自己身体健康，会改变你的行为方式。它改变了你对自己的看法，让你不会再感到周围的人通过他们的成就对你造成的威胁；同时，它也改变了别人对你的感觉和对你的看法。

本书很大一部分内容是关于如何走出去闯荡江湖的，这需要相当程度的自信。仅靠思考很难变出自信心，但是我在举重馆训练过的每一个人，或者在我的帮助下减掉体重的每一个人，都几乎突然找到了自信——他们从不知道自己可以如此自信。

大脑的力量

锻炼真的可以让人更聪明吗？我不确定能否变得更聪明，但是最近斯坦福大学的一项研究表明，走步能大幅提高创造力，高达 60%。在这项研究中，Oppezzo 博士让一组学生去完成一些创造力测试。这些测试包括猜想物体的用途，以及其他一些归因于创造力的活动。

学生们先坐在桌边完成测试，然后他们被要求走在跑步机上完成类似的测试。几乎所有学生都表现出创造力大幅提升。即使学生们被要求在走完之后再坐下来接受测试，结果仍然显示为创造力提升。

这说明了什么？这表明走步至少能对大脑的一项功能——创造力产生显著影响，不过我怀疑它还能影响更多。

从我的个人经验出发，我可以告诉你，我锻炼得越多就越健康，我在工作中的表现也越好。我注意到，当我体能最好的时候，我的注意力最集中，效率也最高。我还与许多其他宣称有类似经历的开发人员进行了交谈。

我不能肯定，是锻炼或者体脂率引起你大脑的化学变化或结构变化，从而让你更聪明、更专注，还是只是你感觉更好，因此更加努力地工作。原因是什么真的很重要吗？

另外，当你总觉得疲倦、无心工作的时候，或者你觉得自己状态不佳的时候，你可能会发现，改变饮食和加强锻炼可以让你的身心同时获得新活力。

恐惧

我不想马上打出恐惧牌，但我认为它仍然是如此重要，值得一提。如果你体重超标、处于亚健康状态，那你罹患各种可预防性疾病的风险就很高。

我专门为软件开发人员运作一档关于健身的播客，名为“Get Up and CODE”，在这个播客上，我采访了许多坚持健身的软件开发人员，他们这么做不是因为想增强自信或者提升脑力，而是因为他们觉得自己正在叩击死亡之门。

与卡拉斯科·米格尔（Miguel Carrasco）谈论他的健身经历，我记得尤为清楚。他曾经也是那种对自己体重或是健康毫不在意的软件开发人员，直到有一天，他因为严重恐慌而被送去医院，从此改变了他的生活。

那天，他驾车载着他的儿子从托儿所回家，突然他感到自己的左手发麻。他以为可能是外边冷，或者自己撞到什么东西了，所以就没把这当一回事。

那天晚上，他想躺下休息了一会——对他而言，这实在是反常之举，因为他几乎总是熬夜。他的妻子询问他的这些怪异表现，他说他觉得自己整个身体左侧发麻。他的妻子害怕他得了中风，说服他赶紧去医院。

到了医院之后，他发现自己的血压为190/140——这可不妙，非常不妙。

原来他的血压一直是正常的，所以这也不是什么大毛病。接下来医生给他做了一些检查，并且让他第二天再走，但是接下来的一个月他一直留院观察，做了更多检查。这一经历把他吓坏了，并且永远改变了他的心态。

我清晰地记得，卡拉斯科告诉我，并不是锻炼计划、特殊饮食或者走进健身房让他在180天的时间里减掉约33公斤体重，而是心态。恐惧让他认真对待自己的健康和身体，以至于他辞掉软件开发这一职业，转而成为一名健身教练，激励并帮助别人实现他们的健身目标。

我讲这个故事并不是要吓唬你——好吧，其实我还真是想吓吓你——但是我真诚地希望能通过Miguel的故事吓到你，因为如果这是你自己的故事，到时候就为时已晚了。Miguel是幸运的，因为他的恐慌并不是什么大事儿。他的恐慌只是一个警告，让他迈入正确道路。但是很多人却没有这么幸运。有时候，你根本就没有得到警告。有时候，在你还没来得及认真对待这些预警，就死于心脏病发作或遭受其他严重伤害。有时候，一切都已经太晚了。

不要让自己醒悟得太晚，从现在起就认真对待。不要等到出了健康问题才开始关心自己的健康。我知道你并非出于获得健康这一主要动机而购买这本书的，但是，如果我能帮你找到更好的工作或职业，这就太棒了，我会为你高兴；但是如果我还能帮你保持身材，让你更长寿，让你能够看到自己的孩子们茁壮成长，那我会认为这本书取得了更伟大的成功。

采取行动

- 在深入本篇内容之前，你要对自己的健康做出承诺。也许你已经很健康了，那么接下来各章内容只不过是帮你复习一下。但是，如果你知道自己需要获得健康，承诺你将会认真对待自己的健康，也会在生活中真正做出一些改变，我会把我知道的所有健身和健康建议倾囊相授。但是，如果你不想做出改变，那我也无能为力。

第57章

设定你的健身目标

没有目标，你永远也达不成目标，健身也不例外。正如你需要知道自己写的代码是用来做什么的一样，你也需要知道在忍饥挨饿、挥汗如雨之后，你要得到怎样的结果，否则你就是在浪费时间。

在本章中，我们会讨论如何设定切实可行的健身目标。我们将着眼于利用短期目标和长期目标来获得更好的效果，以及如何通过长期坚持健康的生活方式——而不是快速节食和4小时的有氧运动——来获得长效的改变。

作为软件开发人员，容易长期伏案、疯狂工作数小时，所以为自己制订一份明确的健康标准至关重要，因为对你来说保持健康的生活方式可能更难。

挑选一个具体目标

经常会看到人们讨论开始健身或节食的时候会说目标是“保持好身材”。这个目标看起来很好，但是并不具体。究竟“好身材”的真正含义是什么？你怎么知道自己什么时候已经有了好身材？

这并不是说，没有一个具体的目标，锻炼身体和合理饮食就不会产生良好的效果。无论你是否心里有一个特定的结果，如果没有一个具体的目标，你想让自己坚持锻炼计划、看到实际改变的可能性降低。

有许多不同的健身目标可供你挑选。谨记每次不要试图挑选一个以上的目标。如果你想减肥，那就专注于减肥，就不要再想着还要增长肌肉。如果你想通过跑步改善心血管健康，那就专注于这个目标，即使在此过程中可能会减掉一点儿体重。

同时达到多个健身目标是非常难以实现的，因为这些目标之间经常会是直接冲突的。例如，你很难在增长肌肉的同时又减掉脂肪，因为为了增长肌肉通常需要处在热量过剩的状态，而为了减掉脂肪则需要处在热量短缺的状态。

可能的健身目标

- 减肥（减掉脂肪）。
- 增肌（增长肌肉）。
- 增加力量（不一定是增长肌肉）。
- 增加肌肉耐力（改善运动表现）。
- 改善心血管健康。
- 在某些运动上表现更好。

创建里程碑

大约 6 年前，我右侧胸大肌撕裂。当时我正在做一组杠铃卧推运动，有人提出要帮我，我接受了，但是当他把我的手臂向外而不是向上拉的时候，我立刻后悔了。我清楚地听到“刺啦”一声，然后我的手臂无力地垂在身侧，肌肉完全被从骨头上撕裂了。

不用说，这次事故之后我很久都不能举重。我一直心有余悸，直到现在我都还不能做卧推举重，所以我做了多数人在这种情况下都会做的事情——我停止锻炼，变得很胖。

那时，我的体重大概有约 131.5 公斤。我身高约 192 厘米，这个体重比标准体重整整多出约 40 公斤。最后我终于觉醒了，意识到自己已经受够了自我嫌弃和身材臃肿，我意识到我要减掉 40 公斤。

减肥 40 公斤看起来似乎是一个不可能完成的目标。我到底该怎样做才能减掉那讨厌的 40 公斤，恢复原来的身材呢？这需要多长时间呢？我意识到，对于“减掉 40 公斤”这个目标我实在是缺乏动力，所以我必须得弄清楚如何才能把这一艰巨的任务分解成小任务。

我想出了一个点子。我设定了一个每两周减掉 2 公斤的小目标。尽管总目标还是减掉 40 公斤，但是我不再忧心忡忡；相反，我每次只关注两周时间。我只要做到站上体重计，显示我比两周前的自己轻了 2 公斤，这就是我的目标。

我花了很多个“两周时间”，最终真的减掉了 40 公斤，甚至还稍微超了一点儿。在这个过程中，我从来没有迷失过一次目标，其中的关键就是将自己的大目标分解成若干更小的里程碑，这些里程碑组合在一起给我标示出通往成功之路。

一旦决定了健身的主要目标，你就应该想办法创建一系列里程碑，沿着里程碑前进你就一定会到达最终的目标。如果你想减肥，你就要像我那样，确定每一周或每两周减掉的重量。如果你想增长肌肉，你的里程碑就应该是在类似的时间间隔内增加多少肌肉重量。

一定要确保里程碑是可以实现的。如果你设置的里程碑是每周减掉 4.5 公斤，那么当你无法达成或接近此目标时你很快就会气馁，所以最好设定不那么雄心勃勃的、能够轻松实现的里程碑，而不是遥不可及的目标。不断获得成功的势头可以帮你不断前进，不断给你直到达到最终目标的动力。

地雷：如果没时间锻炼呢

作为一名软件开发人员，你可能非常繁忙，还得经常出差，那么你该如何找时间改善饮食、参加锻炼，去追求健身目标呢？你该如何追求你的健身目标呢？关于这一点没有简单的答案，但是我的最好建议就是把健身当作优先事项。我之前常常把跑步、举重这些锻炼以会议请求的形式专门列入我的日历中。如果你很难切实坚持履行计划，我建议你不妨也这么做。没有人知道你早上 7 点的会议其实是跑步。

测量你的进展

在你向着自己的目标努力前进的时候，采用正确的方法测量自己的进展也是非常重要的。每个时间间隔，你都需要知道自己是否正朝着正确的方向前进。

想想可以用来测量你向着自己试图达到的目标所取得的进展的最佳方法。如果想减肥或增重，最基本的测量工具就是体重计。如果想增加力量或者增长肌肉，可能需要画进度图表来记录自己举起的重量是多少，能举这个重量多少次。

但是，我会尽量避免使用过多的测量项，因为数据太多很容易让我不知所措。我通常会尽量选择一项主要的测量项，然后使用图表来标识我的进展状况，然后在更长的时间间隔里引入其他测量项。

也许最常见的测量项是体重计上的重量，但是你应该谨慎使用该测量项，因为吃了什么、喝了多少水都会引起每天体重的大幅波动。

我建议你每天都测体重，但是只使用每周测量值来制作进度表。我曾有过一次一天之内体重波动高达 4.5 公斤的情况。如果每周测一次体重，而不是每天测一次，你就不太可能受到自己每日体重大幅波动的冲击。

保持健康的生活方式

实现健身目标，一开始你会感觉很棒。但是，很快这种感觉就迅速转化为绝望、沮丧，然后一切回归如初。相信我，在我的人生中，有好几次我实现了宏大的健身目标，很快又搞砸了。事实上，很多靠节食减肥的人最终又胖了回来，一部分是因为激素分泌让他们感觉饥饿，另外也是因为他们又回到自己的老习惯中。

达成健身目标，你的战斗还远没有结束。如果不能切实改变自己的生活方式，你取得的进展很快就会消失。你不能永远节食，所以必须为自己找到一种新的生活方式，将自己辛辛苦苦获得的健身成果保持下去。

我建议，在你达成任何健身目标之后，你逐渐减少之前的节食和健身计划，而不是迅速切换回“正常生活”。我们的目标是让“正常生活”处在实现目标时的生活状态和健身之前的生活状态之间。在减掉 22.5 公斤之后暴饮暴食会让你体重恢复如前，甚至可能更重。

你必须弄清楚如何将健康的生活习惯引入你的生活，以便让定期锻炼和健康饮食成为你日常生活的组成部分。这并不容易做到，尤其在你采用极端的节食或健身计划的时候，因此，尽管挨饿可以让你迅速减肥，你最好尝试着引入一系列只比自己当前生活习惯略微严格一点点的节食与锻炼计划。

在接下来的几章里，我会介绍一些工具，帮你做到这一点。我们将讨论，如何计算出你的身体需要多少卡热量才能保持体重，如何吃得健康，以及如何锻炼身体。有了这些信息，你就可以学着去实现自己的健身目标，但更重要的是，你就可以学习如何根据你的日常惯例创建一种健康的生活方式，在以后的人生中持续保持。

采取行动

- 确定一个大的健身目标，写下来。
- 接着，列出一系列切合实际的里程碑来实现这一目标。
- 确定自己实现第一个里程碑要采取的行动。

第58章

如何减肥（或者增重）

如果想减肥或者增重，你需要了解究竟是什么让你的体重增加或者减少。出人意料的是，健身行业对于体重增加或减少的直接原因存在争论，即体重的增减到底是与摄入的热量有关，还是与消耗的热量有关。

在我看来，这一问题很好解决。我们知道，热量在一定程度上影响着体重的变化，但热量到底有多大作用的争论却不容易有定论。

在本章中，我无法给你一个绝对的有确切证据的答案，但我会给出一些充分的理由，说明为什么我倾向于赞同热量是影响体重增减的最主要的因素这一观点。我还会帮你了解什么是卡路里[①]，掌握如何确定自己一天消耗了多少卡路里的热量。

什么是卡路里

在确切了解热量是如何影响体重的之前，我们需要先解决一个问题。到底什么是卡路里？为什么我们要高度关注它？

卡路里（卡）根本上讲是能量的计量单位。用在营养和食品标注上时，1 卡路里指的是将 1 克水在 1 个标准大气压下由 14.5℃提升到 15.5℃所需的热量，约等于 4.186 焦耳。

你吃的食物是你身体的主要能量来源。这也是用卡路里进行测量的原因。我们也用卡路里来测量能量消耗的量。

① 卡路里有两种解释，一种是热力学里“卡”的概念，另一种是食物热量的“卡”。本书英文原著中没有做具体的区分，所以在翻译时按照具体的语境选择对应的词汇。——译者注

在大多数情况下，你可以假设所有进入身体的热量要么被消耗了，要么被存储起来。虽然也有些热量被白白浪费，但是人类的身体是一台非常高效的机器。

不同种类的食物为身体提供的热量不尽相同，所以摄入食物的数量并不完全决定热量的多少。西兰花提供的热量（卡路里）要比同等大小的一块黄油少得多。

每克碳水化合物、蛋白质和脂肪提供的热量各不相同，因此有些食物要比其他食物“结实”些。每克碳水化合物和每克蛋白质提供的热量大约 4 千卡，而每克脂肪提供的热量约 9 千卡。请记住，因为我们无法消化纤维，所以来自纤维的热量基本上可以忽略不计。

减肥很简单

如果用卡路里来表示能量，而身体只能从食物中获得能量，那么其实想弄清楚如何减肥就很容易了——只要吃下去的热量比燃烧掉的热量少就可以了。如果吃下去的热量要比体内燃烧掉的热量少，最终就可以减肥，我想不会有人对此持有异议。产生争议的地方在于如何精确地计算实际燃烧掉的热量到底有多少卡。

好消息是，虽然你无法确切知晓每天自己燃烧掉或者消耗掉的热量到底有多少，但是你可以做一些估算。如果误差控制在合理的范围之内，你基本可以保证完成减肥或者增重计划。关键就是做好估算。

做好估算的前提是了解脂肪消耗量与热量之间的换算关系。我假设你的目标是减掉脂肪而不减掉肌肉。从能量的角度来讲，0.45 公斤脂肪约等于 3500 千卡。如果想减掉 0.45 公斤脂肪，要消耗掉的热量要比吃进身体的热量多出 3500 千卡，非常简单（顺便说一句，这一算式对男性和女性都适用）。

只是，实际情况并没有想象的那么简单。很不幸，在减肥的时候可不只是在减掉脂肪。的确，如果你真的能做到消耗的热量比摄入的热量多 3500 千卡（就是“能量赤字”为 3500 千卡），你的体重就会减轻，但是减掉的不只是脂肪，还有一部分是肌肉。

如果想减肥，你必须保证自己摄入的热量要少于燃烧的能量，“能量赤字”的大小决定了你能减肥多少。这意味着，如果想减肥，你必须先搞清楚两件事：你摄入了多少热量，你燃烧了多少热量。

摄入了多少热量

计算自己摄入多少热量不是太难。我们购买的大多数食物上都有一个标签，列出每份食物包含多少热量。对于没有标签的食品，可以使用 CalorieKing 这样的应用程序来查找某种食物包含多少热量。

遗憾的是，食品标签并不总是100%准确。应该给食品标签的标称值加上10%的误差。如果是在餐厅吃饭，要加上高得多的误差，因为你不能相信一个厨师会对每一件食材都进行精确计算。在一盘菜里多放入一点点黄油就可以极大地增加摄入的热量总数。

此外，吃的食物制作过程越复杂，精确测量热量就越困难。这就是我在节食的时候尽量多吃简单食物的原因。我还尽量经常吃同样的食物，这样我就不用总是查热量值。

燃烧了多少热量

计算燃烧了多少热量就有些难度了，但你还是可以得到一个比较好的估值。

无论是在跑步还是在沙发上睡觉，你的身体都在燃烧热量。你的身体需要一定数量的热量来维持生命。这部分基础热量被称为基础代谢率（basal metabolic rate，BMR）。

你可以把自己的体重、身高、年龄和性别等参数组合在一起计算自己的基础代谢率的近似值。这一计算结果会告诉你要维持生命需要多少热量，因此这也是计算一天需要燃烧多少热量的很好的起点——你知道自己每天至少要燃烧多少热量。

为了方便计算基础代谢率，你可以使用一个在线工具。你可以搜索关键词“BMR 计算器”（BMR calculator）。以我为例，我身高约 192 厘米，体重约 131.5 公斤，年龄 34 岁，所以我的基础代谢率是每天约 2251 千卡。

如今，我们中大多数人并不只是整天坐着无所事事，所以基础代谢率并不是你真正燃烧了多少卡的精确测量值。为了得到更加准确的估值，我推荐使用哈里斯-本尼迪克特公式，根据运动水平计算每天燃烧掉的热量的近似值。

哈里斯-本尼迪克特公式

几乎不运动 ＝BMR×1.2

轻度运动（每周 1～3 天）＝BMR×1.375

中度运动（每周 3～5 天）＝BMR×1.55

重度运动（每周 6～7 天）＝BMR×1.725

极重度运动（每天 2 次）＝BMR×1.9

我每周跑步 3 次、举重 3 次，所以通过使用哈里斯-本尼迪克特公式，我每天燃烧的热量应该是 2251 × 1.725 = 3882 千卡。但是，如果我想减肥，为了安全起见，我应该把自己归为较低一类做一个保守的估计，即我燃烧的热量应该是 2251 × 1.55 = 3489 千卡。

现在就来计算每天你燃烧多少热量吧。在计算之前，可以先估算一下，然后看看估算值与计算值之间的偏差是多少。

利用卡路里来实现自己的目标

好了，现在你知道了热量的工作原理，知道了如何计算摄入多少热量和燃烧多少热量。你可以利用这些信息制订一个减肥或者增重计划。

假设我想减肥，比方说，我的目标是每周减0.45公斤。那么，为了实现这一目标，我该如何使用到目前为止已经知道的信息制订一个健身和节食计划呢？

好了，首先我得计算每天自己燃烧的热量。如果我没有对自己的日常生活做出任何改变，那么每天我会燃烧掉大约3500千卡的热量。所以，如果我一整天都不吃东西，我会减掉0.45公斤，但是我也会因此而变得暴躁。

如果我想每周减0.45公斤，也就意味着每周我的能量赤字大概是3500千卡，3500除以7等于500。也就是说，我需要每天维持大约500千卡的能量赤字。

如果我每天燃烧的热量是3500千卡，而我最多摄入3000千卡的食物，那么我的能量赤字就一定够500千卡。理论上讲，就是这样的，但是实际上，我可能看不到我所期望的结果。

尽管数字表明我应该能达成目标，但是各种原因导致我实际上并没有每周减掉0.45公斤。我可能会算错食物，每餐少算了大约100千卡，这就会导致我每天比预计的多摄入300千卡。我的运动量也可能比我的估计要少很多，这就会导致我燃烧的热量不足——尽管我已经留有余地。

所以，我要做的是把摄入的热量减少10%，即300千卡，只有这样才能确保我能实现自己的目标。这将意味着，每一天我吃下去的各种食物全加在一起热量值应该大概是2700千卡，这样我才能对实现自己的目标充满信心。

你可以采用相同的步骤为自己制订一份减肥或增重计划。不过，要谨记，因为减肥初期你的基础代谢率会大幅下降，所以最终你需要进一步降低热量的摄入，或者增加运动量，这样才能保持持续减肥。

有人质疑："这可不是热量摄入和输出这么简单的事"

我知道，今天会有很多健康专家告诉你：你肥胖不是你的错，这不只是热量摄入和输出那么简单。但在很大程度上，这种说法不过是一厢情愿而已。

现实情况是，他们的观点确实有一些可取之处。激素在身体成分和体重增加中起着巨大的作用。某些人在基因上倾向于保有更高的体脂，而有些人的骨骼可能天生就粗大。

但是，尽管如此，我在本章中告诉你们的仍然是事实：如果你热量不足，最终你的体重就是会变轻；如果你热量过剩，你会体重就是会增加。这既是你身体的工作方式，也是热力学原理。

我发现减肥和调节胰岛素等激素的最佳方法之一就是禁食，因为胰岛素会导致脂肪的堆积。我将在第 63 章中深入讨论这一点。但现在，我们要知道：无论我们多么不愿意，热量的摄入和输出仍然是减肥问题最重要的因素（其他还有一些因素，但是都可以忽略）。

采取行动

- 跟踪至少 3 天你摄入的热量的总量，这会让你正确了解自己的热量摄入。在进行跟踪记录之前，做一个估算，然后看看是否与实际结果接近。
- 计算一下你的新陈代谢率，并使用哈里斯-本尼迪克特公式近似计算每天燃烧的热量的近似值。将这一数值与每天摄入的热量进行比较。看看自己的重量是在增加还是在减少。
- 不论是要减肥还是要增重，利用这些信息制订一个基础计划，要同时考虑热量和运动量两个方面。

第59章

健身的动力从何而来

实现任何健身目标最难的不是设定目标，也不是了解如何去实现这一目标，更不是要达到目标需要做哪些工作。实现健身目标最难的是获得并保持健身的动力。

作为一名软件开发人员，你可能很忙。你可能要操心中断的构建，还要有需要修复的故障。看起来你一直有各种理由将锻炼身体和改善饮食推到以后。唯一的问题是，“以后”永远不曾到来。

如果你想减肥成功，成为最健美的程序员，或者你只是想保持健康，那你必须学会如何激励自己，如何持久保持动力。本章内容就是关于如何避免让健身计划只停留于想的阶段，将计划落实到行动上，并且持之以恒地坚持下去。

什么能激励你

我们可以被不同的东西激励。能激励你的东西未必能激励我，反之亦然。所以，花些时间去思考一下哪些东西可以最大限度地激发你的动力，这非常重要。是什么让你从睡梦中醒来开始新的一天？相反，又是什么让你逃之夭夭躲藏起来？

如果你能为自己找到一个能够激励你实现健身目标的因素，你就可以利用它来帮助自己离开椅子，立刻投入健身运动中。如果我让你去商店拿一些东西，你可能会无动于衷。但是，如果我要你去商店拿 1000 美元，可能我话音未落你已经跳上车子开出老远了。正确的激励因素会产生大不相同的效应。

过早奖励自己

如果你想扼杀自己的动力，那么你尽可以犯这样的错误：在做好工作之前就因为“做好工作”而奖励自己。

就在上周，我为一位预支给我费用的客户做了一些工作。他们在我实际开始工作之前，预支给我大约 24 小时工作的费用。通常情况下，我会积极努力地在这一周之内为该客户完成相当于 24 小时计费时间的工作量，但是这一次我感到毫无动力。为什么呢？

这是因为我的银行账户里已经打入了一大笔钱。我在实际开始工作之前就收到了报酬，因此我并没有被激发出去努力工作的动力。

同样的事情可能也会发生在你的身上。我经常看到这一幕：给你自己买一双价格昂贵的优质跑鞋或者一台崭新的跑步机来激励自己开始锻炼计划。然而，你在憧憬着得到一台价值 400 美元的新搅拌机能够激励自己吃得更健康的时候，结果却恰恰相反。因为你已经得到了奖励，所以你的动力已经一去不复返了。在自己努力争取之前就急于给自己实际的奖励，这实际上会让你失去动力。

相反，你应该告诉自己，如果能坚持跑步 3 个月，就会奖励自己一台新跑步机和一双新跑鞋；你应该告诉自己，如果能保证健康饮食整整一个星期，就可以去全食（Whole Foods[①]）买上一大堆健康食品。总之，要尽量保证你只有努力做到之后才能获得奖励，这样你才可能会更积极地去实现自己的目标。

实际上有一些科学证据也支持这一观点。如果有兴趣阅读有关“意志力”的书籍，可以参考凯利·麦格尼格尔（Kelly McGonigal）所著的《自控力》（*The Willpower Instinct*）一书。在这本书中，作者列举的几项研究表明，在达到目标之前就给予奖励会让人觉得自己已经实现了目标。

保持动力的做法

即使你可能已经想出了最大的激励因素让自己立刻开始转变成一个全新的、健康的你，但是久而久之激励很可能最终会失去效力——事实上，关于这一点我知道得很清楚。我失去动力的次数已经多到数不清了，如果和开始节食又放弃的人聊天，你也会发现同样的问题。你需要找出其他方式来解决自己的动力问题。

在各个地方张贴图片，提醒你自己想变成的样子，这是保持动力的一种好方法。这些图片可以帮你追踪并专注于自己的目标。这样，当你下一次盯着一块巧克力蛋糕看的

① 全食是一家始建于 1980 年的美国连锁超市，目前已经拥有分布于全美各地的 187 家商店。全食倡导高质量生活、绿色健康食品和环境保护，它的宗旨是“健康的食品、强健的人类、生机勃勃的星球”。——译者注

时候，阿诺德・施瓦辛格就会盯着你的脸说："难道你真的要吃那块蛋糕吗？"

制作进度图表并且不断提醒自己你已经走了多远也是有帮助的。本来今晚我不想写本书的任何一章，但是我提醒自己我已经写完第 58 章了，这可以激励我继续坚持下去。有时候，只是知道自己走了很远就能带来足够的动力继续前行在这条路上。人人都讨厌打破长时间的连胜纪录。

另一种强大的保持动力的方法是游戏化。游戏化背后的想法很简单——把不喜欢做的事情变成游戏。当前有相当多的健身应用，可以帮助你像打游戏一样锻炼身体、养成健康的生活习惯。

游戏化的健身应用

- Habitica
- Super Better
- Fitocracy
- Zombies, Run!

这些应用还可以帮你找到举重或者跑步的同伴，甚至能让你开始新的节食计划，或者向朋友发起挑战。与他人交流，分享自己的经验，不论好坏，都能让你的健身之旅更乐趣无穷，并能让你持久保持动力。我发现，当我有一个举重同伴的时候我总是更勤快地跑去健身房。

下面列出了另外一些能够帮你坚持健身计划的激励因素。

- 听有声书：我跑步或举重的时候会一直听着有声书或者播客，我发现这件事值得我每天都期待。
- 在跑步机上看电视：如果你只允许自己在跑步机上跑步时才看电视，你可能会有更大的动力去跑步。
- 外出跑步：如果你喜欢户外活动，那么外出跑步对你而言可以是一个巨大的动力。
- 离开孩子一段时间：我们都需要给自己一点儿休息时间，许多健身房有看护服务，能在你锻炼的时候照看你的孩子。

计划了就一定要执行

如果你能让自己持久保持动力，这确实很棒。但是，有时候不论有没有动力，你都得咬紧牙关坚持计划。一定要提前做好决定，这能给你约束，让你致力于自己想要采取的一系列行动。

早上醒来觉得疲惫的时候，不是决定要不要去跑步的好时机；拿着免费的甜甜圈出现在办公室的时候，也不是决定要不要坚持节食的好时机。提前做好决定，能够让你不管自己的感觉如何，都会坚持到底，直到未来某个预定好的日期。

试着通过提前计划，尽可能减少生活中的各种抉择。准确知道自己每天要吃什么、做什么，也就不太可能做出糟糕的决定，也不会过度依赖激励。

当你的动力消失殆尽的时候，用原则来代替激励。每当我精疲力竭不想再跑步的时候，我都会用自己高度尊崇的“善始善终”原则提醒自己。为自己的人生创建一组格言，在世事艰难的时刻信守这些格言。

人生格言

- 善始善终。
- 成功者决不放弃，而放弃者永远不会成功。
- 一分耕耘，一分收获。
- 时间短暂，如果想在生命中做某件事，现在就去做。
- 一切都会过去。
- 坚持到底就是胜利。

注意，有一件事你必须小心处理，那就是仇恨者和批评者，这会削弱你的积极性。

采取行动

- 列出你要健身或改善健康状况的原因。从这份清单中，明确三项最重要的激励因素，打印出来并张贴在不同的地方，确保自己每天都能看到。
- 从本章讲述的保持动力的做法中选出几条，并在生活中实践。或者找几个可以激励你的人的照片，张贴在你能看到的地方，或者找一个新的有关健身的应用，把锻炼身体变成乐趣。
- 在达成健身计划的某个里程碑之后给自己一个奖励。把你的进展状况画成图表，达成目标的时候奖励自己。
- 当你想要中断锻炼步伐的时候，停下来问自己，如果不放弃，3 个月后、下一年会怎样。不管怎样，那一时刻总会到来的。

第60章

增肌

想不想肌肉发达充满“神力”？

让我来帮你做基础力量练习！

在本章中，我们将讨论如何锻炼肌肉。只要愿意投入练习，这一点儿都不难。我们会介绍导致肌肉生长的原因是什么，了解如何刺激自身肌肉生长。我们还会回顾一下饮食问题，讨论应该吃哪些食物来最大化地增长肌肉。

作为书呆子——不对，作为计算机专业人才，肌肉发达可是一个很大的优势。它不仅能让你看上去很酷，感觉良好，还能让你打破人们对我们这一职业的刻板印象，这种独特性也有助于提升你的职业生涯。

如果你是一位女性，我知道你不想让自己看起来虎背熊腰。我同意，看起来像绿巨人的女士一点儿都不吸引人。不过不必担心，除非你体内的睾酮分泌超标，否则举重不会让你变得很壮硕。

无论你是男性还是女性，本章的所有内容都适用于你。男人和女人的举重练习并没有什么不同。对于女士而言，举重会突出你的体型，改善你的体质。让你的体形看起来虎背熊腰是非常非常难的——你又没有注射化学激素。所以，别担心，举起杠铃吧——还有别忘了深蹲！

肌肉是如何生长的

人类的身体具有令人惊讶的适应性。如果你用手抓住粗糙的东西，手掌上会生出老茧来保护双手；如果你长跑，你的心血管系统会产生适应性，让长跑变得更轻松；如果你举重，你的身体会长出更大的肌肉。

秘诀就在于你的身体有这样的能力。但是，不会只因为你想看起来健美就会长出肌肉。所以，你可以整天站在镜子前，期待自己看起来像大力神，但是如果不真正去练习举重，什么都不会发生。

如果你练习举重，但是杠铃的重量不够，也就是说杠铃的重量不足以对你的身体带来挑战，那你的肌肉就没理由生长，所以也就不会生长。因此，关键就是，通过增加你要求肌肉完成的运动量来逐步增加肌肉的负担，使身体以增长肌肉作为回应。从根本上讲就是，你要让自己的身体相信：在增加新的肌肉之前，你需要更大的肌肉。

增大肌肉规模是让肌肉能够适应超负荷工作的一种方法。肌肉在力量和耐力方面也能得到提升。如果想优化肌肉的生长，即肌肉的规模，就必须给肌肉适当的压力。

举重的基础知识

刚开始举重练习会有点儿吓人。有各种不同的动作，要知道自己要练哪一种还真有些难度。好消息是，基础训练都很简单。

首先，我们需要了解一些与举重相关的术语。当你举起杠铃的时候，你通常把举重练习分解为不同的动作。假设你要做一个叫作深蹲的普通的举重动作，基本上就是从站立姿势到深蹲姿势。

重复每个动作（在我们的例子中就是深蹲）就是一个完整的训练周期。通常，一个动作你会重复一定次数，如 10 次深蹲，然后休息一下。如此称之为一组。一组练习基本上就是同一动作连续做上好几次。

你的目标是完成 3 组，每组重复 10 次。这将意味着你要做 10 次深蹲动作，然后休息一会儿，如此重复 3 轮。

各种各样的目标

还记得我说过肌肉在各个方面具有适应性吗？肌肉如何适应主要由举重方式决定。现在你已经知道什么是重复次数、什么是组，我们可以谈谈你如何利用重复次数和组通过举重训练来实现不同的目标。

力量

如果你的重复次数较少，而每组之间的休息时间较长，你基本上是在增强力量。随着肌肉增强，力量也会自然而然地增强，但是同样大小的肌肉在力量上的差别是很悬殊的。所以，肌肉的力量增强并不一定意味着肌肉一定会增大，或者至少不会和其他令肌肉增大的锻炼方法的效果一样。

通常情况下，如果你的目标是增强力量，那么每次练习的重复次数是 1～6。但是只限制重复次数还是不够的，每次重复练习中你都要举起自己能举起的最大重量。判断的方法是，如果你的目标是重复 4 次，那你的身体无法支撑你在第五次重复的时候举起这个重量。

规模

你想实现的下一个目标，也许也是最常见的目标，就是增大肌肉。肌肉增大也被称为肌肉膨胀。肌肉增大主要是通过中等的重复次数和适量的休息间隔实现的。为了最大限度地增大肌肉，你应该试着重复 8～12 次。同样，在这几次重复中，你也要举起自己能举起的最大重量。如果重复次数更多，在精疲力竭之前肌肉就会有酸痛感。俗语说“一分耕耘，一分收获”。（这里做一个简短的补充说明：你可能会发现，在 4～6 次的范围内，每组练习重复次数越少，你能做的组数就越多。如果每组 8～12 次对你不合适，试试看调整一下每组的次数。我发现每组 6 次对我来说是最合适的。）

耐力

最后，你可能会对提升肌肉的耐力感兴趣。我敢肯定你已经猜到了该如何做到这一点——进一步增加重复次数。如果每次练习你的重复次数很高而休息的时间相当短，你就会最大限度地提升肌肉的耐力。这就意味着，你的身体在负重的情况不容易产生疲劳。

为了提升肌肉的耐力，你需要将重复次数提高到 12 次以上。你可能会重复 20 次或者更多次以提升肌肉的耐力。但是请注意，如果专注于提升肌肉耐力，你可能看不到肌肉增加，甚至可能看到肌肉缩小。想一想短跑运动员和长跑运动员在身体上的差异，你就知道为什么了。

准备开始

好了，现在你可能想知道自己应该选择哪种举重练习，以及如何开始。好消息是，这并没有很多健身杂志和健身专家描述的那么复杂。你可以从一些基础的举重练习开始，这些练习能让你在最短的时间内获得最大的成效。

让我们先以一周为单位谈谈如何安排自己的练习。我是举重的铁杆粉丝，一周要练习 3 次，但是如果你愿意，你可以在我给你提供的练习的基础上增加锻炼的频率。

在刚开始锻炼的时候，你可能会想做一些改善你整个身体的举重练习；但是最后，你还是要把这些练习拆分开，在一段时间内只锻炼特定的身体部位。（你需要增加运动总量，以便让你的身体不断适应。）

我把举重练习分为推、拉和腿部 3 类。推就是把杠铃朝着远离你的方向推出去。这种练习通常会运用你的胸部肌肉（胸大肌）、肩部肌肉（三角肌）和肱三头肌。拉就是把杠铃向自己拉过来。这种练习通常会运用你的背部肌群和肱二头肌。当然啦，腿部练习就是锻炼你的腿部肌肉。

刚开始的时候，你可能想在同一天里把推、拉和腿部练习都练一遍。那么每个身体部位只练一个动作——我们将决定哪个动作会多做一点儿。第一次举重练习后，你可能会感到肌肉非常酸痛。这种酸痛被称为延迟性肌肉酸痛症（DOMS），将于第二天发作，通常会持续一周左右。不用担心，如果你坚持锻炼，那这种酸痛感会得到缓解并且较少发作。

进行 2～3 周的全身锻炼之后，你就可以把自己的锻炼计划拆分为 2 天，分别锻炼上肢和下肢，或者拆分为 3 天，分别锻炼推、拉和腿部动作。

补充几句。在我写这本书的第 1 版时，我发现推、拉、腿部动作是最有效的。但在过去的 2 年里，我每周健身 3 次，每次都在尝试进行全身锻炼，就像我推荐给初学者的那样。我发现我每次进行全身锻炼能收获更好的效果。现在，尽管为了做好高级全身训练课程，我每次需要在健身房训练 1.5～2 小时才能获得足够的全身锻炼。因此，你可能也想尝试一下。我目前的身高是 192 厘米，体重 100 公斤，我的体脂率只有 8%左右，这种身材可是保持得相当好的。你的数据可能会有所不同。

你应该做哪种举重练习

好了，既然你已经有了一个基本的锻炼计划，也知道如何实现自己的目标，那么现在你就需要了解自己应该做哪种举重练习了。在这一节中，我会针对我认为是最全面的、可以锻炼身体每个部位的动作给你一些建议。我不打算在这里深入探讨每个动作的细节，但是你可以在我最喜欢的健身网站 Bodybuilding 上找到完整的描述，以及相关的图片和视频。

挑选好的动作的总体策略就是，要做尽可能多的复合运动。复合运动就是会涉及身体多处关节的练习。参与运动的关节越多，参与运动的肌肉也就越多，获得的效果也就越好。我在这里推荐的许多动作都可以锻炼不同的肌肉，但是它们都只会主要锻炼一个肌群。

也许你可能想一开始的时候练习的组数少一些，也许只练1～2组，然后逐渐增加到每个动作练3～5组。通常，我尽量让每次锻炼的总数达到20～25组，耗时约1小时。超过这个数量不见得有好处。

最佳的全身运动

你可以选择各种动作和动作的变种，但是这里我列出的都是我为自己或者为别人创建的固定动作。你可以从中挑选出最好的。

推

胸肌

- 卧推——这是核心的胸部练习之一。了解一下如何准确完成这个动作。你也可以针对这一肌肉的不同部位进行上斜卧推或者下斜卧推。
- 哑铃飞鸟——另一种很棒的胸部练习，可以真正帮助你增大胸肌。

肱三头肌

- 过顶臂屈伸——我喜欢坐着做这个动作。我发现这是锻炼肱三头肌的最佳动作之一。它可以锻炼整个肱三头肌，并且能让你的臂围增大。
- 滑轮下压——这个动作不是针对肱三头肌，而是肱三头肌的外侧头，这样可以让你的肱三头肌呈现出完美的马蹄铁形。(如果你不知道马蹄形的肱三头肌长什么样，可以上网搜索一下相关图片。)

肩部三角肌

- 杠铃推举——如果你站着做这个动作，它还可以锻炼你的腹部肌肉。做这个动作要小心谨慎。开始练习的时候重量要轻一些，动作一定要正确。总体而言，这是最好的肩部练习之一，也是很好的复合运动。
- 哑铃侧平举——这个动作锻炼三角肌的外侧部，这个部位的肌肉通常难以增长。尽管它不是一个复合运动，但是我仍然强烈推荐。

拉

背部

- 单臂哑铃划船——这是一个痛苦的练习，至少对我来说是这样的。但是它对背部肌肉的增长效果无与伦比。每次练习一只手臂以获得最大的效果。
- 引体向上——主要用于锻炼背部，增强背阔肌。你知道的，背部两侧会赋予我们V形身材，让你看起来像是多了一对翅膀。如果你做不了引体向上，可以借助机器，直到可以独立完成这个动作。

肱二头肌

- 哑铃交替弯举——这是锻炼肱二头肌最好的方法之一。如果你同时在进行其他背部练习，这一动作也是必不可少。任何背部练习动作都能练到肱二头肌。试着别让你的身体来回摆动，这虽然会让这个动作简单一些。

腿部

- 深蹲——这是重量练习的王者！没什么动作能比深蹲让你感觉更好。这一动作可以锻炼你腿部几乎所有的肌肉，甚至能锻炼到核心肌群。学习一下如何正确地做这个动作吧，不要回避。
- 硬拉——这是另一个很好的练习，但是有点儿难学。别紧张，提着杠铃慢慢练习就是了。这个练习可以锻炼整个身体，但是强度很大。我建议重复这个动作不超过 5 次。你肯定要花些时间学习如何正确地做这个动作，因为如果动作不当，会殃及下背部。这个动作主要锻炼你的小腿肌肉和下背部肌肉。
- 提踵——怎么锻炼小腿肌肉并不重要，但要确保做这个动作时要有一些变化。如果你躯干壮硕而下肢瘦弱，会看起来有点儿怪异。
- 弓箭步行走——我已经开始用弓箭步行走代替深蹲和硬拉，并且收到了更好的效果，尤其是在臀大肌的增长方面。在我开始有规律地做弓箭步之前，我的臀部是平的。如果你不喜欢深蹲和仰卧起坐，或者在做这些动作时有背部问题，那弓箭步行走是一个很好的选择。

如果你只能选几个动作，按照价值我依次推荐以下几个动作：深蹲、硬拉、卧推和杠铃推举。即使只做这些动作，你绝对也会看到肌肉生长。

怎么锻炼腹肌？如果你读过本书的第 1 版，你就会知道，当时我不建议直接进行腹部训练，我认为我在上面的段落里提到的核心提升已经足够了。现在，我改变主意了。我开始每周也进行几次剧烈的腹部训练，我发现即使在体脂率较高的情况下，我也能看到腹肌。所以，锻炼腹肌有些好处，但前提是你要像锻炼身体其他部位一样锻炼腹肌。（我将在第 61 章中详细介绍这一点。）

确保你仔细查看了每个动作的做法，并正确掌握了如何做这些动作总是从较轻的重量开始，然后一步步循序渐进。

吃些什么

即使你举重练习做得非常好，如果你的膳食不够合理，也看不到任何效果。幸运的是，合理膳食并不难做到。你只需要确保自己摄入的热量有盈余，并且得到足够的蛋白质。

我建议，每天每 0.45 公斤“瘦肉体重”摄入 1～1.5 克蛋白质。如果你的体重是 90 公斤，其中大约 20%是脂肪，那么你的瘦肉体重就是 72 公斤，那么你每天应该摄入至少 160 克蛋白质以确保你吃的足够增长肌肉总量。

尽量吃健康食物，这样你摄入的大部分热量都用来去增长肌肉而不是增加脂肪。但是你应该知道，脂肪的增加是不可避免的。你在增长肌肉的同时也会增加一些脂肪，事实如此。

至于补剂，其实你并不需要。锻炼之后来一份高蛋白奶昔会有帮助。如果你喜欢也可以试试肌酸。肌酸是我发现的唯一真正有效的补剂之一。它可以帮助你举起更重的杠铃，让你的肌肉看起来更饱满。最后，我以前曾经推荐过BCAA（支链氨基酸），但我不再相信BCAA了。我已经用它们做过实验，我没有看到任何显著的区别，甚至可能有一些负面影响。但是，再强调一次，你不需要任何补剂，几乎可以肯定它们都是智商税，但我建议你服用维生素 D_3，因为大多数人都缺乏维生素 D_3（需要与 K_2 搭配）。

采取行动

- 办一张健身会员卡，为自己创建个人健身计划。如果你觉得有些胆怯，可以聘请一位私人健身教练，让他教你几周。立刻行动，不要等待。
- 去Simple Programmer网站找到“软件开发人员生活手册”（*The Software Developer's Life Manual*），查看本章提到的动作。观看视频，学学该怎么做这些动作。先不拿杠铃试试这些动作吧。

第61章

如何获得完美腹肌

如果有一个人人都想知道答案的健身问题，必然是“怎样才能拥有6块腹肌？”腹肌似乎是体形健美和身体吸引力的完美标志。拥有腹肌能让你成为特殊俱乐部的一员，不再受到人类交流的普遍规律的限制。

但是，如何才能拥有腹肌呢？如何才能跻身于身材健美的高级殿堂——在泳装模特、好莱坞明星、古罗马雕塑中占有一席之地？这并不容易，但是令人惊讶的是，答案是只需要做仰卧起坐或者卷腹。

在本章中，我会拉开幕布，卷起袖子，告诉你如何获得梦寐以求的腹直肌。

厨房造就腹肌

我既有好消息也有坏消息。好消息是，你可以停止做仰卧起坐和艰苦的腹部训练，它们没有任何实际效果。坏消息是，要获得腹肌你必须做更难的事——遵从一个规则，将身体的脂肪降到一个很低的百分比。

大多数人认为反复训练自己的腹部肌肉就能拥有腹肌。尽管就像其他部位的肌肉那样，你可以通过渐进性对抗性训练增大你的腹肌，但是大多数人之所以没有腹肌，不是因为腹肌不够大，而是因为他们看不到。

你可以做仰卧起坐、卷腹、抬腿以及其他你能想到的腹部练习，但是如果你不能显著降低身体的脂肪，你就永远看不到自己的腹肌。大多数进行举重训练的人不做专门的腹部训练也拥有傲人的腹肌——我就几乎没有直接练过腹肌。问题在于，特别是对于男性来说，腹部区域是脂肪最容易堆积的主要区域之一。

除非你天赋异禀，不容易在上腹部堆积脂肪，否则你就需要极低的身体脂肪水平，才能看到自己的腹部肌肉。即使情况不是这样，基于你已有的举重训练的知识，你可能也能猜到卷腹和仰卧起坐主要是训练腹部肌肉的耐力的，因为对抗性训练不足以形成肌肉膨胀。

如果你想要拥有 6 块腹肌，你应该从厨房开始。我们已经对减肥进行了颇多的讨论，但是在超重 5 公斤、10 公斤甚至更多的状态下减掉脂肪与身材健美的状态下减掉脂肪有着极大的不同。查看本书第 58 章，了解更多有关饮食和营养的信息，以了解为了看到腹肌所需维持怎样的体脂率。

想拥有腹肌之前，不需要先有一个好身材。如果你遵照前几章中的建议，做到这一点并不难，只是需要一些时间。但是一旦体脂到达平均水平，要将体脂率降低就需要非常严格的训练和相当大的牺牲。

你的身体不想让你有腹肌

我们看到一张健身模特的照片，模特的完美腹肌清晰可见，这时会想："哇，这人看起来真棒。"但是，我们的身体又有不同的观点。如果我们的身体有自己的思想并且能说出来，它的反应可能会与你的截然不同。看到同一张图片，你的身体可能会说："额，天哪！这个人快要死了，他快要饿死了。为什么他的身体还不救救他？"

你要明白身体是一台非常复杂的机器，它并不在乎你穿泳衣是否漂亮，它的主要关注点集中在确保让你活着。对你的身体来说，洗衣板般的腹肌是一个很严重的问题，洗衣板般的腹肌表明你离饥饿和死亡仅有几周的时间了。你可能会对明天一定会有充足的食物充满信心，但你的身体却比较喜欢为长期的灾难做好准备。这就是身体要存储脂肪的原因——有备无患。

出于让你活着这一自私的目的，你的身体会无所不用其极地阻止你减少脂肪。只要脂肪减少，肌肉也跟着减少，不过用处不大。但是当你的体脂率很低的时候，你的身体会"不怀好意"地试图扼杀你的减肥大计，把肌肉分解提升到更高水平。你的身体会让更多的肌肉燃烧热量，以此来保护宝贵的脂肪存储。

如果你想一下，这一切完全讲得通。肌肉每天都需要相当多的热量来维持。拥有的肌肉越多，燃烧的热量就越多。所以，如果你的热量不足，看起来就要把自己饿死了，那你的身体有一个一石二鸟的方法那就是利用肌肉获得热量，在得到额外能量的同时又可以减少对能量的需求。

你的身体不但通过消耗肌肉的方式来破坏你获得泳装身材的努力，而且还做了其他隐蔽的事情，例如，增加胃饥饿素——一种能让你感到饥饿的激素的分泌，同时减少瘦素——一种能让你产生饱腹感的激素的分泌。根本上讲，你减的脂肪越多越感到饿，也越难有饱腹感。

在这里我就不做详细讲述了，不过我想你已经抓住了要点。一旦身体的体脂率低于临界值，为了维持生命，你的身体就会疯狂地试图启动各种额外的干预机制。

你该怎么做

不幸的是，没有灵丹妙药。体脂率极低的职业健美运动员大多都服用类固醇和其他药物，而这些药物或许是你不愿意服用的，因为这些药物相当有害并且危险。事实上，如果你对职业健美运动员和健身模特用来减脂的极端减脂药剂感到好奇，不妨搜索一下“DNP”（2,4-二硝基苯酚）。这种毒性巨大的化学物质基本上会关闭你的线粒体，停止小学生都知道的 ATP（三磷酸腺苷）循环，然后你的整个身体变成一个有毒容器。（声明：不要随便使用 DNP、合成代谢类固醇或者任何其他非法物质去减肥或者增肌——这不值得，你有可能会失去生命。）

可是，对于不愿意关闭线粒体的普通人来说，应该怎么办？对你而言，答案就是严格控制饮食，并且长期坚持。如果你为了看到腹肌想要将体脂降低到很低的水平，那么需要精确计算你的热量摄入并保证你的体重不会下降得过快或者过慢。你可能会经历钢铁般的锤炼，尤其是面对不断增加的饥饿感的时候，但你终会成功。

你不仅要调节自己的饮食，放弃任何禁忌的食物，还要确保自己像试图增加肌肉时那样继续做举重练习。如果你继续进行举重练习，在减肥的同时，你也可以在一定程度上减少肌肉的分解。在节制饮食的同时进行举重练习是很困难的。通过持续的举重练习，你给自己的身体发出了需要这些肌肉的信号。

你可以尝试高强度间歇式训练（HITT）来减少脂肪。HIIT 就是短时间内高强度的有氧运动，想想每次在一两分钟时间内冲向山顶或以最快的速度奔跑。与长跑等常规有氧运动相比，这一有氧运动能更好地在燃烧脂肪的同时保留无脂肪组织。

总而言之，如果你想拥有完美的腹肌，就需要大量的训练。可以说你是在与你的身体进行一场生死较量。

何时以及怎样锻炼腹肌

自从本书的第 1 版出版以来，我改变了一些想法。我看到有些 YouTube 上健身主播似乎都有完美的腹肌，但其实他们的体脂率都比我高。

在过去的几年里，我开始采用定期负重训练的方式来锻炼腹肌，我注意到，因为我的腹肌更大，所以我可以在相对较高的体脂率的情况下腹肌很明显。但是，别忘了我的体脂率常年维持在8%。所以，你仍然需要维持一个相对较低的体脂率才能看到你的腹肌，但如果你的体脂率已经低至10%（这是男性的数据。女性的话略高一些，在17%左右）还没有看到腹肌，那得考虑一下其他原因。

如果你真的想要锻炼腹肌，那么就像我在本章前面所说的那样，忘记仰卧起坐和侧弯，专注于负重练习。你可以使用带有重量设置功能的腹肌专用训练器械，甚至在你做仰卧起坐或高抬腿时随手抓上一些重物。一句话，如果你想看到效果，你一定要进行负重训练。

此外，值得一提的是，是否能够拥有惹人注目的腹肌，有很大一部分取决于遗传因素。有些人天生就有完美的八块腹肌，而有些人的腹肌天生不对称，充其量只能是四块。大多数人永远不会发现遗传因素的作用，因为即便是为了证明这一点也需要艰苦的锻炼，付出辛劳与汗水。

采取行动

- 在网上搜索不同体脂率的人的照片，看看你能否计算出要想拥有6块明显腹肌体脂率应该是多少。这一数值有着巨大的性别差异。

第62章

开始跑步

不管是想减肥还是想改善心血管健康，你都可能会对跑步感兴趣。我知道我不应该这么说，但是我得对你坦白——我讨厌跑步。我曾经试着去喜欢它。当我在跑步机上跑步的时候我会一边告诉自己“我很快乐”，一边倒数着还有多久就要结束了，或偷瞄一眼手机看看还剩下多少公里，事实上，我的确不喜欢跑步。

不管怎样，我还是开始跑了。通常我一周跑 3 次，一次约 5.6 公里，已经坚持了 5 年。尽管我不喜欢跑步，但是由于定期跑，它还是成为我的一种日常惯例。但一开始并不容易。如果你以前从来没有跑过，不可能一出门就慢跑 5 公里。或许你可以做到，但我第一次跑步的时候，连一个街区都跑不完。

在本章中，我们会讨论为什么你要从制订跑步计划开始，跑步如何影响你的身体，以及你如何开始跑步。

> **快速更新** 自本书第 1 版出版以来，许多情况都发生了显著的变化。过去我的确讨厌跑步，但现在我爱上了跑步。我已经参加了多次全程和半程马拉松比赛。我决定在本章的前半截保留第 1 版的论述，而在后半截展示现在我对跑步的态度，这样你就可以看到我对跑步的态度发生了怎样的改变。

为什么你想要跑步

和多数人一样，我开始跑步的最大原因是为了心血管健康。显然，跑步并不是增强心脏、增加肺活量的唯一方法，任何形式的运动都能做到这一点，但是跑步却是最容易的。它简单到无论你在哪里只需要出门跑就行了。（尽管如此，如果你的关节有问题或有其他一些状况妨碍你跑步，骑自行车或游泳可能都是不错的选择。）

相同的思路，跑步也是燃烧额外热量的好途径。减肥主要在于限制热量的摄入，光跑步不能让你减肥，但是跑步能对减肥产生影响。跑步已经被证明会抑制食欲，所以在饿的时候跑步，一举两得，能让你离减肥目标更近。

尽管在跑步的时候我其实并未乐在其中，但是跑完之后会感觉非常好。我发现总的来说跑步能让你更快乐，这一观点也得到一些研究的支持。跑步是治疗轻度抑郁的天然良药，能让你自我感觉更好。如果你曾经听说过“跑步的快感”这个词，那么你可能会知道，跑步能以化学变化的方式提升你的情绪。最初，我通常跑不到那么远，所以无法感受这种效果——可能是我以前不喜欢跑步的原因。

跑步还有很多其他的好处，例如，增强膝盖和其他关节，提升骨密度，降低罹患癌症的风险，也能延长寿命。（有些好处比其他好处更容易证明。）

准备开始跑步吧

如果你以前从来没有跑过任何类型的长跑，那么跑几公里的想法似乎不太靠谱。但几乎任何人都能跑相当长的距离，甚至是马拉松。

长跑的关键是制订跑步计划，随着时间的推移逐步增加跑步距离。某些标准的马拉松训练计划能让你在 30 周内从一开始只能跑 5 公里变成能跑完 42.195 公里的全程马拉松。

但是在考虑跑马拉松之前，你首先要能跑完 5 公里。5 公里是一个很好的起点，一旦能跑到，你就能参加各种 5 公里赛跑，也能决定是否想为了更大的目标而继续训练。

几年的停滞之后，当我又开始跑步时，我使用了最近比较流行的跑步计划 Couch-to-5K。最初的 Couch-to-5K 计划是由一个叫 Cool Running 的跑步团体创建的。

这个计划的理念很简单：每周逐步地增加你的跑步距离。开始你只需要短时间地走路或跑步，等训练计划结束时，你就能够跑完完整的 5 公里（尽管增长幅度不总是逐步的）。

这个计划最棒的地方就是：它是为那些没有跑步经验、体型可能不是很好的人设计的。每周进行 3 次 20～30 分钟的跑步训练，花 2 个月就能完成该计划。

我在实行这个计划的时候，使用了一款让一切异常简单的移动应用。这个应用能够追踪我所在的训练阶段，告诉我什么时候跑、什么时候走。你可以在 Simple Programmer

上找到这个应用的官方的 iOS 版本，如果搜索“couch to 5K”，你能在所有的移动应用商店找到它。

入门建议

在开始跑步之前，最重要的就是下定决心。如果不能坚持一周跑 3 次，即使你一开始就实行 Couch-to-5K 计划，也不会有任何实际进展。如果你不能坚持跑步，你不仅不会进步反而会退步。锻炼耐力需要时间，而失去耐力却不需要太多时间。

此外，刚开始跑步的时候不要太关注进展。开始的几周你可能是走和跑混合的——Couch-to-5K 计划提倡这种做法是有原因的。随着时间的推移，你的跑步距离会不断增加，最终会到达你设定的目标。你必须坚持并有耐心。如果你过早地急于求成，很可能会变得心灰意冷，无法继续。

跑得越远快乐越多

的确，当我撰写本书的第 1 版时，我很讨厌跑步，但我还是做了一些跑步练习。大约两年后，我有了一个重大的突破。那天，我像往常一样准备跑上 5 公里，但那天我打算在跑步时录了一个播客——现在看来这真是一个明智的选择。在录制播客时，我意识到：如果我能一边跑步一边说话，那我就能跑得更远。于是，那天我不止跑了 5 公里，而是跑了 11 公里之多。

那一刻我才意识：我一直都在限制自己。我之所以没有跑得更快，跑步对我而言也没有变得更容易，都是因为我没有逼迫自己跑得更远。我一直都没有进步。我只是希望通过一周又一周地做同样的跑步程序来加快速度，让事情变得更容易。

那天之后，我开始越跑越远，以至于我可以一次跑上接近半程马拉松的距离。那时我想：“我敢肯定我能跑个半程马拉松。”果然我做到了。从那以后我就上瘾了。我报名参加了几次半程马拉松，越跑越远。事实上，现在，正在我写本章的更新内容时，我正准备在今天跑 16 公里。这正是我备战全程马拉松比赛训练计划的一部分，这将是我的第四次全程马拉松。以前我可从没想过我能够一口气跑 42.195 公里。

是什么改变了我？我对跑步怎么如此痴迷呢？我发现，你跑得越远，越能体验到跑步给你的身心健康带来的益处。跑步令你体会到酣畅淋漓的感觉，你所取得的进步激励着你继续前进。此外，我还非常享受一边跑步一边收听有声读物的欢乐时光。拜我疯狂的跑步计划所赐，现在我一年听大约 50 本有声书。（我以 3 倍速收听。）所以，我从没想过我会这么说，我真的很爱跑步。

如何开始长跑

希望我的跑步的故事能够吸引到你，如果让你也想跑 5 公里以上。别误会，刚开始即使跑 5 公里也是一个挑战，如果你想跑得更远，下面是我的建议。

在完成 Couch-to-5K 的跑步锻炼计划之后，直接报名参加一个半程马拉松。给自己留至少 12 周的时间，因为这是大多数半程马拉松训练计划所需的时间。给自己找一个半程马拉松训练计划——类似的优质资源有很多，然后就开始按照计划锻炼。

起初，半程马拉松对你而言是不可能完成的任务，就像你从未跑过 5 公里一样。但是，如果遵循训练计划，几乎任何人都可以跑个半程马拉松。这是轻而易举的事情。只要按计划跑完每天应该跑的里程数，在不经意间你就可以跑 21 公里了。如果你已经参加过数次半程马拉松，还想迎接更大的挑战，那就报名参加一个全程马拉松（全程马拉松需要 16 周或者更长时间训练）。

另一个选择是聘请一位长跑教练。长跑教练相当便宜。我的教练为我制订了精确的训练计划，让我为比赛做好准备，我的付出仅仅是每月 130 美元左右。这是一个非常明智的选择，尤其是在你想要提高的时候。不管怎样，你不必跑上很长的距离之后才能体会到跑步的好处，但如果你跑得越来越远，你就越会发现长跑的乐趣。

采取行动

- 访问 Cool Running 网站，了解 Couch-to-5K 计划。
- 如果你对跑步感兴趣，下载 Couch-to-5K 这个应用，在日历上排出每周用来跑步的时间，承诺要完成这个计划。你可以找一个同伴和你一起开始这个计划。有伙伴同时进行同样的训练能让你更有责任感，也让训练更有乐趣。

第63章

我的减脂增肌秘诀

在我完成本书第 1 版写作后不久，我决定去夏威夷旅行两个月来庆祝我正式开始退休生活。我唯一担忧的问题是，这两个月在夏威夷之旅会打乱我严格的饮食计划。我的饮食计划可以帮助我保持清瘦，并为锻炼提供能量。

我可不想从夏威夷回来拖着 10 公斤的赘肉（像我过去的几次旅行那样），但我也不想错过享受美景美食的机会，所以我制订了一项计划。当然这个计划听起来有点疯狂，但正是这个计划改变了我的生活，也完全颠覆了我看待食物和饮食的方式。

我的计划是只吃晚饭。是的，我知道这听起来不像是一个靠谱的计划。但我的理由是：如果只吃晚饭的话，这一顿饭我可以毫无顾忌地享受夏威夷的美味佳肴，因为在一顿饭里我需要摄入供一整天消耗的热量。我决定在旅途中全程执行这项计划，这样在我回来的时候，我可以让身体所受的影响最小。

最后的结果让我大吃一惊。两个月后，我的体重非但没有增加，反而掉了 13.6 公斤。我比以往任何时候都更强壮，力量和肌肉也突飞猛进。我的饮食并没有清淡到只吃鸡肉和西兰花，也没有按健身教程说的那样一天吃 6 顿饭，而且在不吃饭的时候我一直在举重和跑步……发生了什么事？是我偶然间解锁了减肥秘籍吗？我得弄清楚才行。

提示 在进入本章的正题之前，我建议你在开始任何形式的禁食方案（包括一日一餐）之前和你的医生聊一聊禁食的问题。对某些患有某些疾病的人来说，禁食是不健康的。我不是医生，不能对你的具体情况提供建议。不过，如果有医生觉得你不可理喻也请不要感到惊讶，或许你得多找几位医生谈一谈。

最有效的减肥方式

夏威夷旅行结束后我做的第一件事就是对禁食进行了广泛的研究。我很好奇我是不是发现了保持身材的神秘法器，更好奇其他人是否也有类似的经历。旅途中我所做的关于禁食的一切行为都与我所学到的健康和饮食知识截然相反。

没过多久我就发现，还有其他人也在采用类似的饮食方式。奥里 • 霍夫梅克勒（Ori Hofmekler）写了一本很受欢迎的书，书名是 *The Warrior Diet*①，这本书里提到了和我非常相似的饮食方式。我还发现了另一本书，由冯子新（Jason Fung）博士撰写的《肥胖代码：减肥的秘密》（*The Obesity Code*），这本书里不仅提倡一日一餐，还倡导辟谷②（更长时间的禁食，辟谷期间除了喝水什么也不能吃）。

过去我一直被灌输这样的理念：如果你太长时间不吃东西，身体会进入饥饿状态，进而失去肌肉，而只剩下一身脂肪。很显然，这是一个彻头彻尾的谎言。我研究了一段时间后渐渐发现，并不存在所谓的“饥饿状态”。在你禁食的时候，你的身体实际上进入了一种维持肌肉的状态。这很容易理解：我们的祖先可能没有条件一天吃三顿饭，而在他们最饥饿的时候，他们仍然需要调动身体的肌肉奔跑捕杀动物来填饱肚子。

相信我，几乎所有的饮食方法我本人都尝试过。在生酮饮食③还没风靡的时候我就已经试过了。我试过低脂饮食、低热饮食，甚至尝试过间歇性禁食，每天禁食到下午一两点钟再吃饭，但最有效的减肥并保持肌肉的方法还是不吃东西。这是一个非常简单但没什么人想到过的解决方案，因此很多人告诉我们不吃饭是不行的，是不健康的，但这根本不是事实。我做过研究来佐证我的观点，更重要的是，我的亲身实践证明了这种方式的有效性。

从有了这个发现以后，我就成为了禁食的忠实拥趸。不过，我还是建议你在尝试禁食之前咨询一下你的医生。但是，如果你有条件尝试一下短期的两到三天的辟谷，你会以前所未有的方式减肥。

禁食的其他好处

我知道你在想什么：“约翰一定是疯了，禁食可一点儿也不健康。”你还可能会想：

---

① 由奥里 • 霍夫梅克勒在 21 世纪初创建的减肥方法，据说是模仿古代战士的生活方式，即白天训练和战斗，晚上举行大规模的盛宴来补充热量。“战士饮食法”（The Warrior Diet）严格要求 20 小时“禁食时间”和 4 小时“进餐时间”，并伴随各种运动要求。这有时也被简称为 20:4 饮食或 20:4 禁食。对饮食没有任何限制，但在禁食时间禁止吃任何食物。——译者注

② 辟谷，又称却谷、绝粒、休粮等，源自道家的养生术，即不吃五谷杂粮，在一定时间内断食。——译者注

③ 一种以低碳水化合物，适量蛋白质和高脂肪为主要内容的饮食方式，主要用来治疗癫痫。——译者注

“天呐，约翰在告诉我们应该得厌食症才好。这可真是匪夷所思啊，约翰。”但事实上，禁食不仅能让你减脂（尽管它的确能让你减掉很多脂肪），还能改善你的健康状况。但在我们谈论这个话题之前，我想先聊聊历史。

这里有一些值得思考的问题。世界上几乎每一种宗教都把禁食作为其宗教活动的一部分。耶稣在旷野中禁食了40个日夜，穆斯林每年有斋月的传统，只在太阳落山之后吃东西，印度教徒每个月有两天的断食日，而佛教徒的禁食历史则更长，如每天只吃一顿饭，他们称之为“修行者的习俗”。你有点儿相信禁食作为这么多宗教习俗的一部分，的确有其好处，对吧？

事实证明，禁食有相当多的好处，而且人们一直在发现更多的好处。首先，正如我发现的那样，禁食实际上是在保存肌肉（这个概念的解释已经超出本章要讨论的范围了，读者可以了解一下冯子新的说法），而不仅是限制热量摄入。之前我尝试减肥的时候，我秉承少食多餐的原则，每天吃5～6顿饭。但是，我发现我在消耗脂肪的同时也损失了大量的肌肉。在我开始禁食之后，我发现即便我摄入的热量变少了，我依然能够保有更多的肌肉。事实上，在两三天的禁食结束之后，我常常能在健身房突破我的最佳成绩。

此外，科学研究已经证实，禁食可以完全逆转许多患者的Ⅱ型糖尿病。我之前提到的冯子新医生治疗过很多的Ⅱ型糖尿病患者。之前他一直遵循标准方案给患者注射胰岛素以维持患者血糖稳定，而在他发现禁食这个方法之后，他的病人通过禁食增强了对胰岛素的敏感性，并减轻了体重，而且在许多案例中，病人最终完全摆脱了Ⅱ型糖尿病。

一直以来都有研究表明，禁食可能对某些只代谢碳水化合物的癌细胞产生影响。禁食可以断绝癌细胞摄取能量的来源，从而使癌细胞死亡，而其他正常细胞则可以继续利用脂肪来生存。

最后，禁食还被证实可以延缓衰老，延长寿命。虽然还没进行过人体研究，但在小鼠和其他哺乳动物的实验中，禁食已被证明是延长寿命最有效的方法之一。这背后的科学原理比较复杂，但可以归结为一种称为自噬的效应，即你的身体会吞噬较弱或者已经产生病变的细胞，合成新的健康的细胞。[①]

显而易见，我已经成为了一名禁食的忠实拥趸。这不仅是为了减肥，还是为了保持身心状态最佳。

一日一餐的约定

一种快速付诸实践的办法就是每天禁食22～23小时，这同样能帮助你控制和减轻体

① 作者原文如此。关于“自噬”效应，医学上的解释与此不尽相同。——译者注

重。就像我之前提到的，我偶然萌生了每天只食一餐的想法，然后自己默默遵守。那时我还不知道有多少人也在这么做。但在过去的几年里，这个理念已经变得非常流行，被称为"一日一餐"（one meal a day，OMAD）。

女性朋友请注意：有研究表明禁食（尤其是长时间的禁食）会对某些女性产生潜在危害，对此你需要阅读更多资料。对于男性，禁食则好像没有类似的问题。

"一日一餐"的理念很简单：每天就吃一顿饭。如果你想减肥，在我看来这就是最简单的饮食方式。我帮助过很多人实施健身和减肥计划，他们中几乎所有人最后都遵守了一日一餐的约定，因为这个约定真的很简单又很有效。甚至 Facebook 上有几个专门的"一日一餐"讨论组，我也在自己的 YouTube 频道上录制了有关"一日一餐"的一系列视频。

直到今天，仍然有人一直问我："每天饿不饿？"答案是："不饿"。但在刚开始"一日一餐"的时候，我通常会在每天下午 3 点左右开始感到饥饿。我发现自己的身体需要两周时间来适应这种饮食方式，之后就变得容易多了。原因超出了本书的范围，这与你身体里掌管饥饿感和饱腹感的激素、生长激素和瘦素。

另外，实际上你在什么时候吃每天唯一的一顿饭并不重要，但我发现把吃饭的时间放在晚上会容易很多，尤其是在平时的社交和家庭活动中。另外，你可能想知道如何给孩子或其他家人做饭？"一日一餐"会不会影响工作？实话说，这确实是个挑战。有很多个清晨，我都会前往 IHOP（国际煎饼屋），点一杯咖啡，然后坐下来看别人吃煎饼。最终，你只是为别人做饭和与别人坐在同一个饭桌上，这并不意味着你必须进食。

为什么我每天只食一餐

过去 5 年我每天都只吃一顿饭。是的，5 年。现在，我承认有几天我违反了约定，多吃了几顿，但只有屈指可数的寥寥几次。

所以，您的下一个问题一定是："约翰，你这么做一定是有原因，对吧？不然你就是纯粹喜欢折磨自己吗？"是的，我经常折磨自己（今年年初，我参加了一个"头铁挑战"，连续几天，第一天跑 5 公里，然后是 10 公里，再然后是半程马拉松，最后连续几天跑全程马拉松）。但"一日一餐"这件事可不是为了折磨我自己，我真的很喜欢这么做。下面是几个原因。

我喜欢"一日一餐"最主要的原因还真不是保持身体健康，而是能让我保持心理上的满足。还记得我描述的我在这之前尝试过的其他饮食方式吗？几乎每种饮食都有一个共同点，那就是要求你不能吃这个，不能吃那个，还不能吃多了。但如果你每天只吃一顿饭，这一顿饭你就可以在合理的范围内随心所欲地吃自己想吃的，而且不会影响你的身材。

如果你可以通过一顿饭摄入了一整天所需的热量，这顿饭就可以是一顿相当丰盛的大餐。你可别曲解我的意思，我不是在鼓励你吃垃圾食品。我的饮食结构依然非常健康，即使我偶尔会去餐厅吃些不健康的东西，也不会有懊悔之意。在我吃健康食物的时候，我可以正常吃，甚至吃得比平时多一点。这对我来说比吃五六顿不能饱腹的饭更快乐一点。

说到少食多餐这个话题，我发现和健美运动员保持完全一致的饮食习惯是很困难的。我曾经这样坚持过，但实在太花时间了，每天都在不停地做饭、备菜、思考食谱、吃东西。但当我每天只吃一顿饭的时候，一切都变得简单起来。如果我愿意，我可以只下一次厨，而且不会打扰我的工作，我也可以出去吃，我也只需要付一次钱就可以了，这比吃三顿饭省钱多了。

我还发现这样做能消除我往常不得不在“健康饮食”和“节食”中间二选一的纠结。如果我给自己的规定是每天下午 5 点之前不吃东西，5 点之后只吃一顿饭的话，我就不用在吃早餐的时候纠结是应该吃蛋白粉还是松饼，又或者在中午的时候还得思考我是该出去吃还是拿同事带的小蛋糕应付一下，如果是吃小蛋糕的话，我还得算一算最多吃几个。要做出的判断越多，判断错的概率就越大。在生活中，赢得胜利最好的办法就是尽量减少做决定的机会——尤其是诱人的决定。

当然，正如我之前讲的，除心情舒畅之外，“一日一餐”还能大大改善健康。在采用“一日一餐”之后，我的身形一直保持在最佳的状态。我从来没有在降低体脂率的同时保持这么高的肌肉含量。而且，因为我的身体已经适应了在禁食的状态下锻炼，不用以摄入碳水化合物的方式来补充能量，我可以连续跑几公里不嫌累。我每周都会在禁食的状态下跑上 65～80 公里，举重 3 次，只在锻炼之后吃东西。采用“一日一餐”之后，我的免疫力确实提升了许多，几乎没怎么生过病。不过，我很难从科学上解释这一点。我坚信“一日一餐”还延缓了我的衰老，别人认为我才 26～30 岁，但事实上我已经 39 岁了。

如果你想采用“一日一餐”的方法，只需要花一些时间来调整你的身体，还要有一点点意志力和自控力，这一点儿都不困难。一开始你会觉得很饿，觉得早午饭不可或缺。但我发现，大约两周后，当身体适应了之后，“一日一餐”就会变成新的常态了。说个题外话，在敲代码或者干其他活儿的时候，你不也会经常忘了吃早饭和午饭吗？

不管怎么说，你不一定非要采用“一日一餐”的饮食方式，但我觉得有必要与你分享我的发现，因为它确实大大改善了我的生活。老实说，我不想再退回到之前一天三顿饭的饮食方式了，至于你到底该吃几顿饭，那还得你自己试试看。

采取行动

- 在开始任何形式的禁食方案（包括一日一餐）之前和你的医生聊一聊禁食的问题。对某些患有某些疾病的人来说，禁食是不健康的。我不是医生，不能对你的具体情况提供建议。
- 尝试辟谷两天，在这两天里你只喝水，不吃东西。这是一个很好的决心测试，也是一个很大的挑战，但如果你做到了，你一定会为自己感到骄傲。
- 体验一两周“一日一餐”，看看它是否会影响你的日程安排，也看看你是更适合每天只吃一顿大餐，还是少食多餐。

第64章

站立式办公及其他窍门

作为软件开发人员，你可能会像我一样对任何可以帮自己以更快、更省力的方式达成健身目标的窍门或者捷径感兴趣。我一直想找出能够事半功倍地提高健身效果的方法。

在过去几年里，我想出了不少在日常生活中利用的一些小技巧，让减肥、增肌和保持健身目标变得更容易。鉴于我们中的大多数人整天都坐在电脑前，这些技巧也能帮你改善身体健康，也算是额外收获。在本章中，我会和你分享这些窍门和技巧。

站立式办公和跑步机上办公

你有没有想过自己可以一边工作一边在跑步机上走步，从而燃烧掉很多多余的热量？我想过，事实上我还付诸了行动。此刻我正坐在书桌前，但是几步之外就是一台跑步机，其上配有能放笔记本电脑的支架。

白天，我常常花 1～2 小时一边工作一边在跑步机上慢走。通过这种方式，我每天能毫不费力地额外消耗一些多余的热量。我把跑步机的速度调得很低，一边能让自己很轻松地走步，同时能打字、移动鼠标。

原本我打算一整天都在这个装有支架的跑步机上工作，但是后来发现这并不现实。尽管在跑步机上慢走时并不费多少力气，但是还是要花一些力气的。另外，这并没有坐在桌前办公那么方便，特别是桌上还有大显示器。

我发现慢慢调高跑步机的坡度就能多消耗一些热量。相同步速下，我还能轻松打字和使用鼠标或触控板，但是燃烧热量的热量却更多了。我还可以每天压缩出大约一小时的时间。

地雷：如果你不是在家里办公呢

当然，要这么做，你需要要么在家办公，要么有很宽松的工作环境。对于许多人来说，站立式办公是一个更简单的选择。尽管站立式办公燃烧的热量没有在跑步机上办公燃烧的热量那么多，但是一直站立也能燃烧相当多的热量。

此外还有额外的好处，站着明显比坐着更有益于健康。有大量的研究表明，久坐对健康的危害极大。

同样，还有一个额外的好处，如果你也像我一样使用番茄工作法，那么你可以在 5 分钟的休息时间里进行拉伸、俯卧撑、引体向上和别的练习。

饮食窍门

为了保持体形，最难做到的事情之一就是处理食物。健康的饮食通常需要事先做大量的准备和烹饪工作。去餐馆吃饭要比自己做饭容易很多，但是如果想保持健康，你还是要尽量自己做饭。

我一直试着在找一种办法，让我吃得更健康，因此我开发了一套我认为很实用的饮食窍门。

用微波炉烹饪鸡蛋

我的第一个饮食窍门是关于鸡蛋的。鸡蛋是一种极好的食材，因为它们富含蛋白质，你可以通过控制自己吃的全蛋的数量和蛋清的数量来调节热量和脂肪的摄入总量。唯一的问题就是怎么把蛋清和蛋黄分离以及烹饪鸡蛋都很让人头疼。

但是，我找出了让事情变简单的方法。首先，你可以购买只有蛋清的蛋类替代品而不是完整的鸡蛋。你可以在商店的盒子里买到。尽管蛋类替代品必须冷藏，但是它是获取纯蛋白质来源的极好的方法，还是相当方便的。

但要如何烹饪鸡蛋呢？我发现实际上用微波炉就能很好地烹饪鸡蛋和蛋清。一开始我对这种方法也有点儿怀疑，但事实证明，一旦能用微波炉很好地烹饪鸡蛋，你就会发现很难将其与用平底锅做出来的鸡蛋区分开来——只要你喜欢炒鸡蛋。

以前，当我还吃早餐的时候（在我开始实施“一天只食一餐”之前，参考第 63 章），我每天的第一顿饭就是加了冷冻菠菜的微波过的鸡蛋。我先将一些冷冻菠菜放在微波炉容器里加热几分钟直到解冻，然后倒入蛋类替代品，或者真正的鸡蛋，或者二者的混合。（我发现放入至少一个真鸡蛋能让口感更好。）最后，我会用微波炉加热 1～2 分钟，搅拌后再继续加热，直到它们凝固在一起。

最后一步是给鸡蛋加一些切达干酪或者萨尔萨辣酱。如果希望保持低热量，我会选择低脂的切达干酪。我能在 10 分钟之内做好一顿饭，并且因为没有增加过多配料，非常易于吸收。在鸡蛋中加一点菠菜是一个很好的补充，能让我不觉得饿；此外，菠菜对你也很有益处。

我的大多数窍门都是以无须太多烹饪即可获得大量蛋白质为基础的，因为我平常要么是需要增肌，要么是在减肥的同时保存肌肉，而这两种情况都需要高蛋白饮食。

原味脱脂希腊酸奶

我的另一个技巧就是利用原味脱脂希腊酸奶作为另一个易吸收、无须烹饪的蛋白质来源。我发现，在大多数商店里都能买到的原味脱脂希腊酸奶，它几乎是纯蛋白的，热量很少。

原味脱脂希腊酸奶唯一的问题就是口味欠佳。调味希腊酸奶的口味更好一些，但是含糖量高，所以一点儿都不健康。没关系，我有办法解决。

事实证明，如果在酸奶里加一点柠檬汁、香草香精或者其他低热量调味料，再加一点无热量的人造甜味剂（我最喜欢的牌子是 Truvia），就能制作出口感相当不错的高蛋白、低热量酸奶。

如果你喜欢，你甚至可以加一点儿你爱吃的新鲜水果或者冷冻水果。添加水果能让味道更好，同时热量也很低。

冷冻肉类

对于肉类，我也找到了一些很好的解决办法。我一直讨厌烹饪鸡肉，不仅花时间、难料理，而且我很害怕烹调鸡肉。尽管我知道鸡胸肉是健美人士的一大主食，但是我就是不喜欢它们，也没办法烹饪好。

不过，幸运的是，我发现我可以买到冷冻的半成品红烧鸡胸肉，甚至更好吃但稍微有些肥的红烧鸡腿。我找到了几种不同的品牌，不过在美国最大众的品牌是 Tyson，能在好市多（Costco）、山姆会员店（Sam's Club）或 BJs 等仓储超市买到。

为了做一餐简单、美味又健康的正餐，我只需要把几块冷冻鸡肉放入微波炉里，过几分钟后就可以吃了。尽管新鲜的鸡肉料理更健康一些，但是当我想冲出去吃快餐的时候，便利的半成品鸡肉就能将我从这种冲动中拯救出来。此外，它的口味也不错。

同样的道理，我还找到了冷冻的火鸡肉丸。当我得知瑞安·雷诺兹（Ryan Reynolds）在塑造他的一个角色需要减肥时吃的就是火鸡肉丸的时候，我得到了这一灵感。这想法听起来不错，于是经过一番研究，我发现火鸡肉丸能提供均衡的蛋白质、碳水化合物和脂肪。

你可以在大多数商店买到火鸡肉丸。你只要把它们放到微波炉里加热，几分钟后就可以吃了，极为方便。

快餐能吃吗

当我不在家吃饭的时候，我也发现了很多健康饮食的方法。对于大多数快餐店，我都能找到一种方法来摄取高蛋白、低碳水化合物和低脂肪的食物。以下是我的一些最爱。

当我不想做饭的时候，Chipotle[①]是我的首选。在这里我会点一碗黑豆（而不是米饭），因为它们富含纤维。接下来，我会加入双份或三份鸡肉或牛排，一些法吉塔蔬菜。我不会选择奶酪、酸奶油等，只添加一些生菜。这一餐似乎不那么吸引人，但它热量低，蛋白质含量高，而且我觉得很好吃。

如果我去麦当劳，通常我会点一两份烟肉蛋麦满分汉堡套餐（Egg White Delight McMuffin）。如果我想降低热量摄入，我会点3～4份且不要英式松饼，或者只点不带英式松饼的套餐。

星巴克也有一个非常好的选择，叫作“一口吃蛋白”（Egg White Bite）。这是一种超低热量、高蛋白质、口感极佳的食物，是跑步时的最佳选择。

雇一个厨师，或者享用备餐服务

我发现了另一个很棒的技巧——因为我一直都很忙，不想去买菜或做饭，所以我要么雇一个私人厨师，要么享用备餐服务。

虽然这项服务并不便宜，但对我来说还是值的，为我节省时间。我在Craigslist上发布广告，请一位厨师为我烹饪符合我宏观需求的饭菜。（之所以说“宏观”，是指食物中的营养搭配脂肪、碳水化合物和蛋白质的比例。）因此，我可以告诉他们每顿饭应该摄入多少热量，以及我想要摄取多少蛋白质、脂肪和碳水化合物。然后，他们每周会送上一两顿饭，借此我可以很容易地坚持我的健康食谱，只吃这些食物。非常简便。

我尝试过的另一种选择是选择一家餐饮备餐公司，或者是一家为你提供外送服务的

① 全美排名前三的快餐，全称为Chipotle Mexican Grill（墨西哥卷饼）。Chipotle在墨西哥语里是“小辣椒”的意思。——译者注

预制餐饮公司。这跟拥有一名私人厨师类似，只是你可能无法确切地指定你的宏观需求和热量。如今有许多餐饮准备服务公司，既有本地公司也有商业公司。

采取行动

- 看看在本章提到的这些饮食窍门里，有哪些能用于你的生活中，让你更轻松地实现健身目标。
- 看一下你现在的日程和健身计划，找出你觉得在日常生活中最恼人和最耗时的部分。你怎么样做才能找出窍门，让事情变得更容易?

第65章

利用高科技装备健身

不知道你情况如何，反正我是一个标准的装备极客。我喜欢利用科技让自己的生活变得更简单。就像我现在坐在这里敲这一章内容的时候，围绕着我的是由一台电脑连着的 5 台显示器。为什么需要 5 台显示器？好吧，我想说这让我工作效率更高，并且在某种程度上，我肯定确实如此，但实际上，我只是想拥有更多的显示器并把它们当作不动产。与技术相关的一切都能激励我，尤其是与健身相关。（实际上，在写这个第 2 版时，我选择的是一个超宽显示器。它有两个屏幕那么宽，中间还没有缝隙。我喜欢它！）

本章介绍的都是能帮助你实现健身目标的或者能让你的健身过程更充满乐趣的科技装备。我们已经进入了全新的时代，当下我们比以往任何时候都更了解自己，了解自己身体的运转规律。这种自我认知也被称为“量化自我”。在本章中，我会带领你领略各种技术，并从中选出一些最有用的装备来帮你“量化自我”。

不过有一点需要注意：记得我在第 59 章告诉过你，在你达到目标之前不要买一堆健身器材作为奖励。这种逻辑在此仍然适用。用好你的判断力。

步行计数器和计步器

我觉得从步行计数器和计步器开始说起可能比较合适，因为它们是你现在能看到的最常见的科技装备。

我是拥有某种计步器的超级粉丝，因为它不仅能帮你明确自己的实际运动量是多少，还能通过了解你的运动量来改变你的行为习惯，从而让你更有活力。

市面上有很多不同种类的可穿戴计步器或者步计数器，目前最受欢迎的，特别是在开发人员圈子里最流行的，非 Fitbit 莫属。Fitbit 有很多型号可选，基本款的 Fitbit 能够追踪你一天走的步数。你可以把 Fitbit 与手机自动同步，即时查看自己的数据。

如果你还没有 Fitbit 计步器或是它的竞争对手出品的类似设备，我强烈建议你买一个。它们的价格相当便宜，但是它们能提供给你的对日常活动的洞察力是无价的。我建议你挑选一款能够使用表用按钮电池并且一块电池就能维持几个月的型号。我发现对我来说，日常佩戴 Fitbit 的最大麻烦就是得记得给它充电。

我还发现，你最终可能想要停止使用计步器。有 6 个月的时间里，我一直有规律地使用 Fitbit，但是当我意识到自己可以估算出自己的步数的时候，我也就不再戴了。我已经对自己的日常行程和从 Fitbit 上获得的读数非常熟悉了。

不过，如果你经常跑步，那你可能需要考虑一些更高级的装备，如 Garmin 手表。我现在有 Garmin Fenix 5x，它有步进计数器，但也有许多其他功能。这款手表也适用于追踪自行车和游泳活动，Garmin 还专门为这些活动定制了一些款式的手表。

无线体重计

我最喜欢的一款科技装备是无线体重计，由一家名为 Withings 的公司出品。这台设备最酷的地方就是无论何时，只要我站上去，它就能自动将我的数据通过无线网络上传到云端。它甚至适用于家庭。它会自动分辨是哪位家庭成员上秤了。如果分辨不出，它会让你手动分配“这是谁的测量值”。这台体重计看起来毫不起眼，却令人惊奇：只要我站上去，其他的都不用做，就可以很轻松地获得自己体重的完整历史数据。

它不仅能记录我的体重，还能记录我的体脂率。尽管体脂率读数的精确性有待商榷，但我更关心的是读数是如何随时间变化而变化的。尽管我获得的数据可能不够精确，但我能够看到相对变化，了解自己的体脂率是在升高还是在降低。

我强烈推荐我正在用的这款体重计，因为它能让你更好地了解自己的当前体重和变化趋势。有人说有了测量才能改进。即使你每天都站在体重计上，但只有看到体重随着时间的变化曲线时，你才会真正受到触动，向着正确的方向前进。

在过去的 7 年里，我一直在持续追踪我的体重和体脂率的测量！所以，我可以看到：随着时间的推移，数据都发生了怎样的变化。

复合设备

当我撰写本书的第 1 版时，市场上没有任何复合设备能够告诉你你走了多少步，你的心率是多少，你的压力水平，以及你晚上的睡眠情况，但现在几乎所有的可穿戴设备公司都在生产能够生成这些数据的设备（甚至包含更多功能）。事实上，在这本书的第 1 版中，我写道："有传言说苹果公司正在开发一款智能手表[①]，这款手表可能包含一系列与健身和健康相关的传感器。"如今，苹果公司已经发布并更新了好几代智能手表了。

Apple 的智能手表是一个不错的选择，可以获取大量关于你的健康和体重的数据。我用过一块苹果手表好几年，我发现它的确非常有用。

正如我之前提到的，我现在使用的是 Garmin Fenix 5x，我将其与外部心率监测器配对。我喜欢现在这只手表，不仅因为它的外观看起来不错，而且它还能够测量复杂的跑步数据，包括我的心率、步幅以及其他统计数据。

Fitbit 也有自己的版本，现在还有其他几家公司争先恐后地推出自己生产的智能手表和可穿戴设备，可以为你提供大量数据。你应该找出哪些功能对你而言是最重要的，并以此为基础进行搜索。有些设备在某些方面比其他设备做得更好。例如，我之所以放弃 Apple Watch 而选择了 Garmin Fenix 5x，是因为后者能提供更为详细的跑步指标。

PUSH 的长处

另一个让我很兴奋不已的设备是PUSH（尽管在我写这本书的时候它还有没有面世），但我有幸通过我的"Get Up and CODE"播客采访过这家公司的 CEO，因此我有机会了解到这一健身设备的一些独特想法。

我发现 PUSH 设备非常有趣，它不仅是一款能够追踪步数和活动量的设备，更是为改善举重运动而设计的。你可以在举重的时候把这款设备戴在手臂上或者腿上，它就会追踪你的重复次数和组数。同时它还能追踪你产生了多大的力，做了多少功，平衡性如何，以及你举起杠铃的速度有多快。

对我而言，这些数据就是金矿。我在举重的时候，要想追踪重复次数和组数是相当麻烦的。此外，我也一直想知道举重速度会对训练效果产生怎样的影响。

耳机

在我锻炼的时候，最重要的技术装备就是耳机。我经常在锻炼的时候听播客或有声书，因此我需要一副可以插入手机的好耳机。

---

① 作者指的是苹果于 2014 年 9 月正式发布的 Apple Watch。——译者注

对于我，最大的问题就是有线耳机了。我不能使用耳塞式耳机或者任何其他有线的耳机，因为在跑步或者硬拉的时候，会拉到耳机线，耳机会从耳朵里掉出来。此外，当我去抓耳塞式耳机的时候，它们的线总是缠绕在一起。

幸运的是，我找到了一副非常好的无线耳机。当我撰写本书第 1 版时，无线耳机并没有太多选择。现在我主要使用 Apple AirPods，无论是健身还是日常使用场合，AirPods 都表现良好。现在还有很多竞争对手研发类似的无线耳机，所以你挑选适合自己的无线耳机应该不会再有任何困难。

我绝对推荐投资购买一副好耳机。蓝牙技术如今已经能让无线耳机输出相当好的音质，也能轻松与智能手机相连。借助一副好耳机，你能充分利用锻炼的时间。你可能还想订阅 Audible 听听有声书。

应用

我们也别忘了应用。市面上有大量针对各种锻炼目的的健身应用。由于数量众多，我不会一一列举这些应用的名字，但我会给你一个你可能想找的是哪类应用的思路，以及我喜欢的应用。

有各种能追踪你的跑步情况的跑步类应用。我之前开发过一款之前叫 PaceMaker 现在改名 Run Faster（因为商标纠纷）的跑步应用，有 Android 版和 iOS 版两个版本。这款应用在你跑步的时候追踪你的跑步情况，通过“加速”或“减速”的提示来帮你保持一定的跑步速度。

我最喜欢的一款跑步追踪类应用名叫 Strava（也很适合骑自行车），也是我目前主要使用的跑步追踪应用。它有很多不同的功能，能让你更全面地了解自己的跑步情况，包括时间分配、海拔变化以及你的心率。它还可以让你看到你朋友的锻炼活动。

我使用的另外一款应用是用来追踪我的举重锻炼情况的。以前我用纸笔记录，但是拥有一款能追踪你的锻炼情况的应用更简单、更方便。它能告诉你下一步该做何种举重量，同时让你了解以前的举重量。如果你还没有开始追踪自己的举重锻炼的状况，那你绝对应该马上开始。

我试过了几款不同种类的应用，但是没有一款能让我特别兴奋的。我遇到的最大问题是，不能创建实际训练计划，因为太耗费时间，也不能分享给他人。

我最后决定使用 Bodybuilding 这款应用。这款应用能让我通过该网站在线创建实际的锻炼计划，然后我能将其保存并分享给任何人。由于这个应用不那么直观，因此使用起来有点儿麻烦，但是后来我找到了解决办法，发现它还是很好用的。

采取行动

- 买一个无线秤，每天在同一时间穿着同一级别的衣服站到秤上。无论你的健身目标如何，这都是你必须迈出的第一步。
- 列出你想要跟踪的数据类型的优先级并给出理由，然后搜索一些可以帮助你跟踪数据的科技工具。不要只是为了购买而购买，否则就是一种浪费，你不会正确使用它。
- 在健身的同时，给自己开设一个音频账户，开始听有声书。相信我，这将是你做过的最好的决定之一。你甚至可以听《软技能》的音频版本来帮助你复习所学的一切。

第七篇

心态

如果你不征服自己，你就会被自己征服。

——拿破仑·希尔

在本书中，我们已经讲了在实践中如何改善职业生涯，如何利用营销打开机会之门，如何通过教和学拓展思维，如何通过持久的专注力让工作更富有成效，还讲了关于理财的基本理论、让财富为你工作而不是你为财富工作的心态，最后还告诉你如何强壮身体和重塑身形，但是本书还欠缺了一个可以将上述所有内容关联起来的纽带。

如果我们只是一台简单的机器，就没有关系，但事实是，我们并不是简单的机器——我们是人。我们不只是一个与思想相连的躯壳，我们不能只下达指示然后就期望身体能完成这些指令。这个世界存在着另一股很强大的力量，它能带领我们走上成功之路，把我们推向成功。你可以按照自己的意愿随意称呼这种力量，但是出于本书的目的，我称之为心态。

本篇说的是身体与心智之间的无形联系，这种联系能够激发我们采取行动，并最终控制我们充分发挥自己的潜能，或者只能退回到相信自己就是周遭环境受害者的无奈境地。在本篇中，我的目标是用工具武装你，征服你面对的最强大的敌人——你自己。

第66章

心智是如何影响身体的

到现在为止，本书中的所有内容都至少是有一些科学证据支撑的，但是现在我们要触及一个无法量化的领域。我不得不说接下来要讨论的主题大多数是我个人经验和观点的结合。

为什么要认真对待这个我不得不说的话题呢？这确实是一个很合理的问题。我可以告诉你，在这里我要说的就是我确信在生活中曾经引领我走向成功的体会，但是或许你不想跟我一样，或者你对此印象不十分深刻。在这种情况下，一个更强有力的论点是，我在本章中给出的观点也不全都是我自己的。

本章中的很多概念来源于比我更著名、更成功的一些作家的著作。但更重要的是，来自这些书中的一些观点，特别是心智能够对身体产生强大影响的观点，已经是20世纪最伟大、最成功的一些思想的成功标志。

我有一个习惯，每次只要一有机会跟非常成功、非常知名的人士谈话，我就会问他们一个问题：在他们的一生中，哪本书对他们的影响最大？难以置信的是，许多人都提到同样的两三本书——这些书我会在第70章中提到。

从心智开始

如果你不相信自己能够做到，你几乎做不成任何事情。你的思想对身体的影响有多大、对你能够获得成功的影响有多大，这是令人惊叹的。“如果你相信，你就能做到”这个观点很容易被迅速忽视，但是这个观点确实有些道理。至少，这个观点的反面更有道理：如果你不相信，你肯定不会获得成功。

即使是想把最细小的计划付诸实践，也必须学会如何利用内心的力量、如何掌控内心。这可不是一件容易的事儿。你确实不能盲目地让自己相信一些东西。你曾经尝试过吗？

如果愿意，你现在可以尝试一下。试着去相信大象是粉红色的。你能说服自己相信这一点吗？即使你的生命依赖于它，你能改变这个简单的信念吗？几乎没有诡计能让你的大脑去相信一些武断的信息。

这并不意味着你永远都不会相信大象是粉红色的。只要有一些有力的证据就会转变你的想法——但是貌似无法找到强有力的证据来证明这个不符合逻辑的谬论。事实上，你的内心是如此的强大，以至于即使展现在你面前的证据完全与你所认知的大象的颜色相反，你还是会相信你所认知的、能让自己感觉舒服的那个观点。

现在，你明白了，控制思想不像看起来那样简单。在某种程度上，我们是大脑进化过程的受害者。我们不是动物，是人类，所以我们有能力克服这个基本的生物过程，因为我们有意识，我们有选择的自由，我们有自由的意志。

我可能无法说服自己相信大象是粉红色的，但是我可以长时间重复这个主张，根据自己的喜好改变我的许多信念。我有能力塑造我自己的思想——你也可以。

但是，改变自己的信念有什么好处呢？拥有能改变自己的想法和思维方式的特殊能力有什么意义吗？物质世界的改变能够改变你对现实的感知吗？

这就是让事情变得有趣的地方。我不会用“是的，可以”来回答你，因为如果我那样做了，你可能就会放弃阅读这本书，然后把它扔到垃圾桶里。当然，你的物质现实观并不是完全由你的想法和信念塑造的……不是吗？

所以，在我回答这个问题之前，让我们先退一步。让我们来想想这个物质世界是如何被改变的。假设桌子上有一个障碍物，你想把这个障碍物移到另外一个地方。如果你不相信这是可行的，就不会尝试去做。但是，如果你相信这是可行的，并且相信自己能移动自己的手，拿起这个障碍物，把它从桌子上拿下来，那么你就能用大脑控制身体完成整套动作。从技术层面讲，你所相信的确实有能力去塑造你的实际经历——它只是一个需要用到你的身体的间接塑造。

意识是如何能发送信号到我们的神经系统以移动四肢，这个过程很神秘。当然，我们知道其中的化学过程和物理过程是怎么完成的，但是我们不知道是什么触发了这一切。我们不知道我们所拥有的无形思想是如何能够直接操控有形世界的——我们到底是如何激活第一个神经元的？

现在，我并不幼稚，我知道很多人会告诉你我们的确知道这是如何发生的：我们只是一堆与环境相互作用的化学物质，我们就是完全基于环境条件下的自动自发产生的一连串化学反应。但是，如果你相信这是真的，那么，你怎么会选择读这本书？为什么我能写这本书？任何一系列复杂的反应都不可避免地产生这两种行为——我们都没有选择，我们只是凑凑热闹而已——或者还有些其他东西，那些我们还无法识别的东西，给了我们……自由的意志和选择的权利。

心智和身体的联系

当我用“心智”和“身体”这两个词的时候，我将心智定义为你身体内非物质的部分。不管你是把它称为一种精神还是一种意识的机械机制，它都不同于身体（包括大脑）的较低功能。

区分这两者很重要，因为当我说“心智影响身体”的时候，我的意思是它也会影响你的大脑。我们马上就能证明这点——安慰剂效应，在这一效应中大脑以为接受的是一些药物，但是实际上服用的是一些糖丸或者其他一些替代品，这一效应都是有据可查的。就像小飞象的羽毛给了它飞行的能力，你的心智以你不能有意识控制的方式影响你的身体。

因为我们知道，我们的心智通过思考的力量操纵宇宙（通过身体实现为活动），我们还知道我们所信仰的或者我们所思考的都有能力影响我们的现实世界。

从字面上看，这意味着你所想的变成了现实——至少在你身体的力量和心智的力量可及的范围之内就实现了。这个原理以不同的形式体现在哲学中。一种流行的哲学是“吸引力定律”，指出“物以类聚”，如果想法是负面的，结果也是负面的，反之亦然——第 67 章再做详细讲解。

你可能也听说过朗达•拜恩（Rhonda Byrne）的畅销书《秘密》（*The Secret*），这本书有点儿神秘，但很合我的口味，这本书以许多方式揭开了一个在过去已经被证明、在将来还会被反复证明的重要真理：那些想要改变自己信念、控制自己想法的人，通过积极的正念可以将其想要的变为现实。

我真的不想在这里给你带来所有神秘的东西。我是一个务实的人，因此我相信对这个机制的运转方式有很多实用的解释，但同时我也不会假装不存在不能忽视的一些神秘元素。

信念决定思想，
思想决定言语，
言语决定行为，
行为决定习惯，
习惯决定价值，
价值决定命运。

——圣雄甘地

不管这个机制是如何运转的，重要的是你要理解自己的所思所想影响并塑造了你现在的生活。你甚至不用读这一章就可以证明这一点。看看周围就知道了。

当你想到每天和你交往的人的时候，你注意到某种思维模式导致某种行为模式和结果了吗？你认识的任何一个成功人士，他们会对生活持有消极态度，对自己或别人缺乏信念和信心吗？你见到过有些人一直说自己是生活的受害者，但实际上他们的悲惨命运并不是因为任何外力的作用——尽管他们不断声称是由外界导致的？甚至当你反省自己过去生活的时候，你又有多少次由于过度的担心、过度的恐慌而对曾经心有余悸的事情太过悲观？

如果你真的想为自己的生活定好方向并控制好它，那你就要学会如何利用内心的力量、思想的力量。无论我在本章所论述的“心智和身体的联系”是否能够说服你，至少你要明白你的心态和信念会给你的生活带来正面的影响，也会带来负面的影响。下面几章会为你提供一些实用的建议，告诉你如何塑造自己的心态，如何将你的成长过程塑造得更加富有成效。

采取行动

- 找出心智和身体之间的联系。试着在你自己的生活中找一个例子，什么样的想法给现实带来了积极的影响，什么样的想法又给现实带来了消极的影响?
- 你最近一次取得巨大成功的时候心态是什么样的?
- 你最近一次遭遇重大挫败的时候心态是什么样的?

第67章

一切都源自积极心态

让我问你一个问题：你将自己的想法归类为积极的还是消极的？这可不是给你自己贴上乐观主义者或悲观主义者的标签。有很多的乐观主义者，他们在表面上满怀期望和希望，但内心却怀着各种会直接破坏他们的工作成果的负面想法和情绪。

实际上，积极思考的观点有科学证据可以支撑——积极思考不只是外表乐观，而且还对健康有益，能延年益寿，并且给你的生活提供其他的好处。同时——或许是更重要的——反过来想，消极的思考会产生完全相反的效果。消极思考会对你产生实质伤害，而且会妨碍你通向成功的人生。

本章讲述的是如何拥有正确的心态。我们来审视一下积极的态度意味着什么，为什么它对你的幸福生活如此重要，如何培养强大的、积极的态度——实际上积极的态度是可以传染的。

什么是积极性

我相信你可能已经知道拥有积极心态意味着什么，但是由于这句话经常被提起，以至于失去了它的本意。此外，如果你的心态是消极的（这对我们大多数人来说都是要面对的），在这里给出两个善意的小提示：“积极”的确切含义是什么？为什么它如此重要？

许多人对积极思考的想法持拒绝态度，因为他们觉得，不切实际的乐观主义是毁灭性的。我常听到有人抛出这样的反对意见，说“我很现实”，持这种想法的人应该多想想彩虹、独角兽和热带海滩之类的景象。

相反，我想说，积极思考与现实主义是不矛盾的。事实上，积极思考在应用层面上是现实主义的最终体现，因为它是一种信念，这种信念让你有力量改变现实，让你确信你不是环境的受害者。

积极思考问题的根源是这样一种信念——你比你随处的环境更伟大。这种信念让你总能先看到事物好的一面，因为无论身处何种环境，你都有能力改变自己的未来。这是人类成就的最高信念，是世界上最强大的力量。这种信念能让你利用这种力量，这股力量就静静地躺在你的心田，却又不那么虚无缥缈。

积极的心态就是来自于这些想法的积累，随着时间的推移这些想法会由内向外地彻底改变你。当你拥有一个积极态度的时候，你就不是活在与现实分离的虚幻世界里，而是生活在一个最理想的世界里，一个你能看到的最理想的未来世界，一个你一直以来都在苦苦追求并努力实现的未来世界。

从更现实的层面来讲，积极思考就是选择从好的一面（而不是从坏的一面）去思考问题。你对生活中遇到的每一种状况都可以有自己的理解。这些状况本身并不存在“好”或者“坏”。是你自己来解释这些状况，所以是你决定它是“好”的还是“坏”的。一个持有积极心态的人看到的好的一面往往比坏的一面要多，并不是因为这些状况客观上就是好的，而是因为他们认识到他们有选择的权利。

讲一个我很喜欢的故事，能够很好地证明上述观点。很遗憾，我不记得故事的出处了[①]。

曾经有一个农夫。有一天，农夫唯一的一匹马挣脱了畜栏跑了。农夫的邻居都听说马逃跑了，来到农夫家查看畜栏。当他们站在那里时，邻居们都说：“哦，真倒霉！”农夫回答道：“你怎么知道这是坏事呢？”

大约一个星期后，那匹马回来了，还带着一群野马，这位农夫和他的儿子很快将马群关到了畜栏里。邻居们听到了围马的声音都跑出来看。邻居们站在那里看着畜栏里的一群马，都说：“哦，你运气真好！”农夫回答道：“你怎么知道这是好事呢？”

几个星期后，农夫的儿子在试图驯服那群野马的时候腿摔断了。几天后，摔断的腿感染了，他儿子发烧变得神志不清。邻居们听说这个意外，来看望他的儿子。当他们站在那里时，邻居们说：“哦，运气真差！”农夫回答道：“你怎么知道这是坏事呢？”

在同时期的中国，两个敌对军阀之间爆发了一场战争。需要更多的士兵，军官来到村里征用年轻人当兵到战场上去打仗。当军官找到农夫的儿子时，发现这个年轻人的一条腿断了还发着烧。因为军官知道他的儿子没办法打仗，所以就把他留在了村里。几天之后，

① 根据上下文判断，作者讲述的故事正是“塞翁失马”的故事，该典故出自《淮南子•人间训》。——译者注

他儿子不发烧了。邻居们听说他儿子没有被带去打仗，而且还恢复了健康，都来看望他。当他们站在那里时，每个人说："哦，运气真好！"农夫回答道："你怎么知道这是好事呢？"

积极性的正面作用

记得当我说有真实存在的科学证据证明积极思考会对你的生活产生影响吗？我不是在开玩笑。这里有一份被证实效果的清单，这些效果都是由积极思考产生的。这些结果来自实际的科学研究：

- 发展友谊；
- 婚姻美满；
- 收入更高；
- 身体更健康；
- 延年益寿。

这些科学证明的结果足以说服我努力克服"星期一综合征[①]"，但同时也有其他结论很难通过科学研究证明。我知道的一个事实是，我的工作态度会直接影响我的工作表现。关于这一点，我是用自己的工作效率来做的度量。我知道，当我保持一个积极的态度时我就更愿意去面对任何障碍，把挑战看成要克服的困难，而不是消极地认为是环境把我逼到了绝境。

除此之外，如果没有什么理由能够让我们积极思考，只是感觉良好，这是不是值得去尝试呢？去体验积极乐观的情绪而不是消极悲观的情绪，这样感觉会不会更好呢？当我们拿出自己的所有财产作为抵押去贷款的时候，当我们怀揣伟大抱负的时候，当我们参加足球训练的时候，当我们上电视节目的时候，当我们深夜吃零食的时候，这些难道就真的都是我们生活的目标吗？难道我们不就是想要快乐吗？如果是的话，为什么不去积极地看待问题呢？

如何重启你的态度

只想着要积极一点儿还不够。你会在极度渴望一个积极心态的同时又一味地谴责自己那虚无缥缈的远大抱负。

还记得我说过，你无法轻松地改变你的信念。所以，将你对这个世界的看法由消极

① "星期一综合征"指在星期一上班时，总出现疲倦、头晕、胸闷、腹胀、食欲不振、周身酸痛、注意力不集中等症状。由于在双休日过分耗费体力处理工作之外的事情，待到双休日过后的星期一，人们必须又要全身心重新投入于工作和学习，难免出现或多或少的不适应，这即是所谓的"星期一综合征"。以上根据维基百科编写。——译者注

转变成积极并不太容易做到，这是真的——尽管很奇怪，但换一个角度看问题似乎更容易些。

改变自己的想法

如果想改变自己的态度，你就必须改变自己的想法。如果想改变自己的想法，你就必须转变自己的思维模式。你的思维模式是由你的习惯决定的，因此我们可以追溯到改变你生活中处理任何关键事情所采用的主要方式——养成一个习惯。

但是，如何养成积极思考的习惯呢？大多数情况下，使用养成其他任何习惯的方法就能养成这个习惯——通过坚定地、持续不断地、有意识地重复做一件事情，直到由潜意识来掌握大局。

你可能没有能力用积极的想法去应对某个事件。例如，你在摸索着看手机短信的时候追尾了前面一辆车，你很难会去想“哦，这是好事”，你会去想“哎呀，太糟糕啦”。你甚至可能会一面大声呼喊叫人来实地勘察一面思考……喔，当然是消极的想法。

但是只要你愿意选择，你一定会有力量选择更积极的想法。现在你可以停下你手头的活儿，想象一下积极的想法。首先，假装我们都坐在感恩节的桌子旁，想一想快乐的事情。够简单吧？关键是有目的地、积极地尝试着一整天都怀着这样的假想。重点是提醒自己，尽管你可能无法做到在任何情况下立刻控制自己做出反应，但是你确实可以控制如何有意识地去选择你想要怎样的体验。

越频繁地练习这种思维方式，你就越容易给自己假想出一幅积极的画面，然后你就能看到一线曙光，你就能越容易把它变成你的一个习惯。于是，在你面对任何事故或者不幸时，你就越有可能做出积极的反应。你可以训练你的大脑从更积极的而不是从消极的角度看待问题。

冥想

我承认我不是冥想主义者，尽管如此，我还是想花一些时间来养成冥想的习惯。某些论点表明经常冥想的人更容易体会到正面情绪，所以你也可以尝试把冥想作为提高你积极思维能力的修炼之道。

顺便说一下，一个最受欢迎的冥想类应用叫作 Headspace，此外还有很多其他的应用，如果你有需要，可以去应用商店搜索一下。

劳逸结合

我相信你一定听过一句谚语“只知道工作不知道休息，约翰尼就是个愚钝的孩子”。

这显然会让他更加消极和沮丧。我个人可以追踪我的许多负面情绪与我忘记休息之间的关联关系。我发现当我花时间休息后更容易保持积极心态。可能这种方法没什么大不了，但是还是值得参考。

推荐书籍

我在第 70 章将推荐一些帮助你养成一个积极心态的好书。如果你现在就想找到相关的书，试着看看由诺曼·文森特·皮尔（Norman Vincent Peale）写的《积极思考就是力量》（*The Power of Positive Thinking*）。

关键是积极思考不会从天而降，也不是一夜间就能获得的，你要付出持续的努力，将思想转向积极的方向。但这是值得付出的努力。不单是因为积极思考能让你活得更长久、更健康、更成功，还因为这绝对会让你活得更有乐趣，同时你可能会影响你周围的人同样生活得越来越有乐趣。

采取行动

- 捕捉你的想法，记录可以帮助你理解你脑子里在想些什么，让你更专注于你想专注的事情。记这一周的思维日志。只要有机会就把自己的想法写下来，不管是积极的还是消极的。每一天都将这一天发生的任何有意义的事情记录成日志，给每天固定的时间段都创建一个条目。
- 审视你的思维日志。几乎都是积极的想法还是消极的想法？消极的想法源自哪里？积极的见解呢？
- 试着在控制自己的想法的同时尽可能多地唤出积极的想法。当某件事发生在你身上的时候，花点儿时间试着去了解并不是整个宇宙都在和你作对、跟你过不去——又不是只有你一个人会碰到这样的事。强迫自己找到一线曙光。不要只是消除消极的想法，同时还要将消极的想法替换成积极的想法。

第68章

如何改变你的自我形象

光想着一些快乐的事情和保持良好的心态还不够。当然，将你的态度从消极变为积极会让你看到更多的成功——不用说对健康有好处，但是要真正实现你想过的生活，你还要学会如何规划自己的大脑来实现自己的目标。

> 那些不能激励自己的人一定是甘于平庸的人，无论他们的其他才能有多么令人印象深刻。
>
> ——安德鲁·卡内基（Andrew Carnegie）

你真正要做的是战胜平庸——从大脑开始。你是如何看待自己的，这一点拥有惊人的力量，可以限制你的发展，也可以让你加速前进。

在本章中，我们要研究的是你如何规划自己的大脑来创建一个积极的自我形象，这个自我形象会在你脑海中自动引领你去实现自己的目标。

什么是自我形象

自我形象是在甩掉别人对你的看法，摆脱所有用来自我安慰的谎言和欺骗以后，你看到的自己的样子。

很有可能你对自己的真实的自我形象丝毫都不了解，因为很大程度上它存在于你的潜意识里。你可以对自己半真半假地描述自己眼中的自己，你也可以对着他人虚与委蛇，但是你不能欺骗自己的潜意识。在内心深处，我们都有一个自己的形象，这个形象将真实地反映出我们的大脑对真实的我们自己的看法。

这种自我形象是很强大的，因为你的大脑往往不允许你做任何事情以违反它的自我评估。这种人为的局限性很难克服，只是你可能甚至都没有意识到它们的存在。

一个被认为不善于投掷棒球的男孩，他会成为一个好投手吗？很有可能他不会。除非他学着去改变他的自我形象，从而看到另外一面的自己，否则他永远都不可能成为一个好投手。他的大脑对他自己的认知有局限性，这将导致他遵从于他自己设定的自我形象。

很可能你也有过相似的局限性，只是你可能从来没有注意到而已——你可能把这种局限性看成是一成不变的、不可改变的事实——这就是生活的方式。你笨吗？你懒惰吗？你数学不好吗？你与人难以相处吗？你不容易集中注意力？又或者你很害羞或者很内向？

尽管所有这些性格特征很可能看起来有相当一部分跟你的身高或者眼睛的颜色一样，属于你的 DNA，但是实际上并不是。那些关于你自己身体上的特性是无法改变的，但是其他许多对你自己的自我想象是后天获得的，是自我形象的现实表现，许多情况下是随机出现的。

或许在你很小的时候，在一个派对晚宴上，你躲在父母的背后听到有人说："小约翰尼是一个害羞的男孩。"其实那时候你可能一点儿都不害羞，但是就在那一瞬间，你的大脑突然锁定了这个观点并植入了你的自我形象中。

自我形象是很难改变的

研究结果表明，你有改变自我形象的能力。在第 16 章中我们已经介绍过"假装自己能成功"这个观点。这个概念的背后是说，如果你重复做一件事同时假装你已经是自己想成为的那样的人，你最终将变成那样的人。

这个道理看似很简单。的确，很简单。但是我们无法这么思考问题，有时候我们很难相信我们能改变自己的性格特征，因为我们确信本质上那是属于我们自己的一部分。

这就好像我们得了某种病，这种病让我们把自己的弱点和局限性当作了自己重要的一部分。问一个急脾气的人他是否愿意改变脾气，他很有可能说"不"。因为对于他来说这无异于你在问他是否愿意放弃一只手臂或者一条腿，因为他深信急脾气是他自己本质的一部分，改掉急脾气相当于是他对自己的最高背叛。你看看，潜意识的能量如此强大，它让你如此坚守自己的自我形象。

但是问题的真相在于，你并不是那个在社交场合会感到尴尬或者因为帽子掉了就大发雷霆的你。你并不是那些穿在你身上的衣服。事实上，你穿的那些衣服会对你的认知产生戏剧性的影响。你可能发现，穿短裤和拖鞋的你和西装革履的你在行为举止上有很大的不同。

如果只是暂时转变你的自我形象并没有那么困难，难的是让你确信转变你的自我形象是可行的，并且让你有欲望去完成这个转变。如果你可以接受"我能改变那些自己坚守的关键信念"，那么你就能根据自己的喜好去改变你的自我形象。这个概念被称为固定心态与成长心态[①]。卡罗尔·德韦克（Carol Dweck）[②]所著的《终身成长：重新定义成功的思维模式》（*Mindset: The New Psychology of Success*）是一本关于这一主题的好书。

想象一下这样一种力量，能够把你变成任何你想要的形象，能够把你从一个害羞的患有社交恐惧症的人转变成一个迷人的、魅力四射的交际花，能够把你转变成你心向往的那种领袖或者转变成一个运动高手。

这一切都是可能的，我对此深信不疑，因为我在很多方面改变了我自己。在我年轻的时候，我总是觉得自己像一个笨蛋。我说的不是那种愚蠢的人，因为尽管我觉得自己很聪明，但是我对研究或者学术从没真的感兴趣过。我还有社交障碍，我希望被关注但是又非常害羞——连给陌生人打一个简单的电话都会令我害怕。

在我高中二年级的时候发生了一些事。我无法具体告诉你是什么事，因为我不记得了。可能是我行大运了，又或者是我遇到了一些挫折，总之这件事情让我产生了"我可以决定我想成为怎样的人"的想法，然后改变就这样发生了。

这种转变虽然不是在一瞬间发生的，但是转变得确实很快。我扔掉了旧衣服，买了我想转变的那个形象的新行头。我开始练习举重，加入摔跤和田径的行列。（我以前不经常运动，因为我觉得我自己体育不好。）我决定我不能再害羞了，所以我假装自己不害羞。我迫使自己陷于尴尬的境地。我不断重申并告诉自己我现在是谁。在我的脑海里我为自己描绘了一幅崭新的形象。

令人惊讶的是，我坚持了下来。当然，尽管我还是成了一名计算机程序员，但是在高中毕业以后我曾步入模特和演艺界。我从害羞转变为完全不害羞。我从一个不善于运动的人转变成为每周都要跑步和举重的人。直到今天，我还在细致地刻画我想成为的那个形象，并控制我的自我形象为我服务而不是阻碍我的发展。

---

① 固定心态认为事物是一成不变的，任何事情，合适就是合适，不合适就是不合适。例如，固定心态的人相信，恋爱最重要的就是"找到合适的人"，工作最重要的就是"拿到最好的 offer"等。所以，他们面临问题时更倾向于通过寻找来解决，而不是通过努力来解决。成长心态认为事物是可以改变的，任何事情，合适不合适更多取决于个人努力。例如，他们相信，恋爱最重要的是通过双方的努力让感情更好，工作最重要的是不论拿到什么 offer，把工作做到的极致，让自己更加适应。——译者注

② 卡罗尔·德韦克，现任美国斯坦福大学刘易斯及维珍尼亚·伊顿心理学教授，因其研究成果荣获超过十项终身成就奖。她率先提出"成长心态"理论，鼓励学童积极评估及发展自己的潜能，在教育界影响深远。这里提到的《终身成长：重新定义成功的思维模式》（*Minset: the New Psychology of Success*）是她的代表作，已被翻译成 25 种语言。——译者注

对你的大脑“重新编程”

如何有目的性地对你的大脑“重新编程”？如何像我当年那样改变自我形象？公式相当简单：只需要花点儿时间，再加上持之以恒地正确执行。

一开始，设定一个你想成为的清晰形象。你的大脑有惊人的能力去寻找摆在它面前的任何目标。你只需要想象一下这些目标，直到这个目标足够清晰到让你的大脑能够带领你走向你需要走向的那条道路。

为你树立一个理想形象。在你的脑海中牢固地树立起一个形象——“这就是我想要成为的形象，没有什么能够阻止我”。想象一下你自己更坚定、更有自信地走进房间；想象一下你优雅地跳跃着、奔跑着，而不是将自己绊倒；想象一下你可以激励别人，可以非常时尚。不要给自己设定任何的人为限制，除非是那些你没有办法改变的身体特征（例如，不要把自己想象成个子很高，除非这么做能让你感到更自信。只是别指望这么想真的能让你长高。）

一旦你在自己的脑海中设立了这样的形象，接下来的任务就是开始执行“仿佛”模式。“仿佛”你已经变成了你想变成的那个人。无论是言行举止，还是穿着打扮，都像你想成为的那个人一样，甚至像你想成为的那个人一样刷牙。不要太关注现实是怎么样的，不要太在意别人如何议论你的“变化”；相反，假装你已经达到了你想要的目标，你的新行为只是这个新个性的自然延伸。

你还要给自己很多正面的肯定，这会在你潜意识深处植下你的新思维模式的种子。事实证明，正面的肯定不是胡言乱语，你的大脑会真的开始相信你告诉它很多遍的东西。还记得我说过的改变信念是多么难的一件事吗？如果持续传递一致的信息给你的大脑，你就能改变自己的信念。

我建议用一句名言或者一个肖像提醒你，你理想中的那种精神状态。让每一天都充满正面的肯定，这样就能更加确认并加强你的新信念。花一些时间，在精神层面上虚构一个你想成为的那个自己。很多体育运动员就是利用这样的过程来提高自己的成绩的。在参加重大赛事之前，他们会在脑海中做一次彩排。他们会在脑海中想象比赛的过程，然后看到他们获得成功。研究表明，这种假装的练习实际上比真实的练习更有效果。我读过关于一支职业橄榄球队——西雅图海鹰队的一个故事。他们就有冥想课程，在课程中要求队员想象他们成功了。

最重要的是，看看你都说了些什么。你说的关于你自己的事情，都是你相信的。你的潜意识就是一个倾听你的声音的敏感的孩子，相信你所说的一切。如果你常常说自己笨或者说自己健忘，你的潜意识就会相信事实的确如此。

采取行动

- 列出你的优点和缺点。不仅试着想想你是如何认知自己的，也试着想想别人又是如何认知你的。这份清单不一定完全正确——你的自我形象的很多方面被埋在了潜意识的深处，但它会是一个很好的起点。
- 你觉得这份清单上有哪些方面是无法改变的？为什么？想想这些方面是永久性的，还是只是因为你的信念给你自己带来了局限。
- 尝试至少改变自我形象的一个负面的方面。用本章提出的建议来进行改变。试着用这个“假装自己能成功”的方法和正面的肯定来强化自己的新信念。

第69章

爱情与恋爱

我思考过是否要写这一章，因为我不是恋爱专家，并且这本书确实也不是关于寻找爱情的。但是我想，如果我一点儿都不提这个主题，这本书就不是真正的软件开发人员的人生指南了。

关于爱情和恋爱有太多东西要说，以至于只用一章很难介绍全部的内容，所以我决定把本章浓缩在一些会给软件开发的世界带来困扰的最重要、最相关的问题上——无论男性还是女性。

为什么软件开发人员有时很难找到爱情

我会再次退回到以老派的软件开发人员的身份来尝试解答这个问题。当然，我承认，所有的成见，特别是认为软件开发人员充满书呆子气，充满社交恐惧等这些成见，可能并不适用于你，但是如果适用——或者至少部分适用——你或许和我这里要谈的现象也沾边儿。

有一种流行的叫“永远孤独”的互联网文化基因。这基本上表示的是这样一种想法：你感觉很孤独，并且永远都找不到“爱情”。根据我的经验，很多软件开发人员，特别是在他们年轻的时候，深受这种文化基因的感染。

遗憾的是，对这种文化基因的认同感实际上可能真是一个让人恼火的问题。这是一个关于人类如何追求爱情和伴侣的不可思议的问题。这其实就是一场猫捉老鼠的游戏。在任何给定的时间，都是一方在追另一方在跑。只要双方偶尔切换一下角色其实就没问题了。但是，如果一个人总是在追，另一个人就会跑得越来越远。

这样的追求太难，很多人都往往要面对这个问题。所以，当你走出去，过于努力地追求时，最终会充满绝望。这种绝望引发排斥，排斥又会导致自尊心受打击，造成更进一步的绝望。这是一个恶性循环，很多人都陷在其中不能自拔。

很多人遇到这种情况往往选择掩藏起火热的内心。他们开始将自己的痛苦和孤独感投射给世界上的其他人。“只有让他们体会到我的痛苦，并意识到他们是怎么伤害我的，才能让他们理解我。”你可以看到那些发布在 Facebook 上的个人状态，他们用绝望的措辞来引起关注，让全世界都知道他们有多么悲伤、多么孤独。

正如我确信的那样，你一定能够明白，这种行为的效果恰恰相反。当你告诉全世界你很软弱、很脆弱的时候，人们往往会躲避你。坦率地说，这可不是一项能够真正吸引人的特质。

了解游戏规则

爱情就是一场游戏，这是真的。不管怎么努力尝试，你都无法跳出这个规则。很多人会说：“我不想玩这种游戏，我只想做我自己，如实表达我的感受。”尽管我能理解这种观点，但是因为你在读这一章，所以我不能不问你，这种想法对你有什么帮助。

请不要误解我。我不是提倡做不忠诚、卑劣的人，而且，即使想吸引异性，你可能也不想在行动上表现得太随性、太直接。我的意思是，你要意识到你实际上是在玩一个游戏，所以可以试着想一些策略。

例如，从一个男性的角度（因为我只能从这个角度）出发，你也许想接近一个已经注意了好几个星期的女孩，然后对她说：“我爱你，我第一眼见到你的时候我就爱上了你。”此刻，这貌似是一件很浪漫的事，你向所爱的人表白了心声，但是这个行为很可能会给你带来负面的反应。根据“猫和老鼠”的游戏规则，这个策略并不好。

我不需要是心理学家就能告诉你：总的来说，我们总想得到自己得不到的东西，我们总想得到别人也想得到的东西。所以，希望越大，失望越大，你就越不可能得到。我敢肯定，你在学校的操场上玩的时候就已经有过这样的体验了。你有没有追着其他小孩想要他们跟你一起玩？生活就是一个大操场。如果你想让别人逃走就去拼命追他们吧。

坐下来，什么都不做，等待爱情送上门，这同样也不是一个好的策略。你可能要等很久很久。相反，解决的办法是在行为上体现出自信，用一种自然随和且充满自信的态度与别人交往。“我自己感觉很好，我不需要你，但是我觉得你挺有意思的，所以我想更好地了解你。”（当然我不会真的说出这句话。）

关键是你要真正表达出这个意思。你必须要对自己表现出足够的自信，你真的相信你不需要别人给你带来快乐。你必须要相信你和别人在一起是因为你能给对方的生活带来好处，当然这并不意味着你自认为你是上帝恩赐给别人的礼物……来填补空白，但这确实意味着你对自己足够尊重，你只出现在自己想去的地方，你只想和想和你在一起的人相处。

这并不意味着保证能成功，我无法保证。但是，如果你能明白大多数情侣关系其实是“你追我逃”的微妙心理游戏作用的结果，你就会更容易找到真爱。这不只适用于爱情问题，也适用于各种人与人之间的关系。做一个绝望的、缺乏自信的人，你可能会发现自己真的孤立无援。如果你发现你面试的对象就像大街上一个垂死挣扎的乞丐一样祈求你施舍给他工作岗位，你也会觉得他很惹人生厌。

所以，我要做的就是充满信心，对吧

我知道，我明白，这又是一件说起来容易做起来难的事情，对吧？突然决定要表现得自信满满可不是那么容易的。假装很自信也是相当难的。那么到底要怎么做呢？

可以先回到前面两章，规划一下你的大脑，成为你想成为的那种自信满满的人。你没有理由成不了一个真正有自信的人——这只需要花一些时间和努力。

你可能还需要注意一下健身那一篇，因为健身是建立自信的一种极佳方式，我曾看到很多人通过举重和塑身训练在改变了体型的同时在精神上也更加自信了。

此外，考虑一下自信到底意味着什么，自信看起来到底是什么样子。自信的基本元素就是要勇敢。如果你现在就想接近一个吸引你的人，不要迟疑，不要拖延，立刻展现你的自信。在某些圈子里这被戏称为“三秒原则”。大体上讲，这个原则是说：从你看到某个自己喜欢的人的那一刻，有三秒你是很冲动的；超过三秒你的犹豫不决就会让你丧失自信、破绽百出。我承认，这个原则确实不容易遵循，但是尝试一下对你有什么损失吗？这将带来下面这个我不得不说的最后一个话题。

这就是个数字游戏

人很奇怪，他们喜欢各种各样的东西。只需要在网上搜索一下，就会出现一些奇谈怪论证明这是真的。我为什么要这么说呢？因为这说明无论你看起来有多奇特，无论你觉得自己有怎样的缺陷，即使你没有完美的笑容，没有轮廓分明的腹肌，也可能会有很多人喜欢你。事实上，在这个广袤的世界里，可能会有很多非常适合你的潜在人选，他们或许跟你一样奇特，又或许和你一点儿都不一样。

这就意味着，所有的一切无非就是一场数字游戏。太多人会犯这样的错误——挑选一个人，然后把他/她当作理想人选放在神龛上，时刻想念着那个能让他们觉得“开心”

的完美女生或者男生。假设只有这么一个完美的人，这种想法不但荒谬而且缺乏策略。如果扩大搜索范围，你的机会更好。

我们会在第 71 章中细说这一点，所以，请不要害怕失败，哪怕失败很多次；不要害怕被拒绝，没什么大不了的。最差的情况又能差到哪里？你可能就像去敲开一扇扇门的销售员，他们面对上百扇甩向他们的门，只为做成一笔交易。你要知道，你每天需要做的就是完成一笔交易。

除此之外，所有那些拒绝最终都会把你带到一个想和你在一起的人那里，这总比和不想和你在一起的人在一起要好很多。无论如何，这不就是最重要的吗？

采取行动

- 回想一下你都是怎样流露出“绝望”这种情感的。看看你和别人在你的社交媒体上的沟通内容，你是如何与朋友互动的，你的言语和表达是自信的还是空虚的？什么样的无形特质对你最有吸引力？你又厌烦什么无形特质？
- 你觉得哪些非物质属性对你具有吸引力？你最讨厌的又是什么？
- 你的交际圈有多宽？你给自己足够的机会寻找“真爱”了吗？走出去，去和别人接触，花点儿时间感受一下这是一种怎样的感觉。一旦你意识到这种感觉不错，接近他人时就会更加自信，因为你不害怕后果。
- 切实做一些事来提升自信心，例如，开始执行一个健身计划或者涉及一些会让你对自己感觉更好的其他活动。

第70章

我的私房成功书单

有很多好书对我的行为和信念产生了巨大影响。我尝试着每天花一些时间去读一本书或者听一本有声书，这些书会以某种方式改善我的生活。

刚开始工作的时候，我花了大量的时间阅读软件开发类的书籍。现在，我会花更多的时间读更广泛适用的书。

我养成了一个习惯，我会请与我见过面的那些获得巨大成功或者非常著名的人士推荐一本每个人都应该阅读的书。通过这一探索，我发现了很多很有效的书，这些书真正改变了我的生活。

在本章中，我会列出我读过的最好且对我的影响最大的书——既有软件开发方面的，也有非软件开发方面的。

自我提升和励志类书籍

下面是我认为我读过的最好的有关个人发展方面的书籍。这里的很多书完全改变了我的人生轨迹。

史蒂文·普雷斯菲尔德的 *The War of Art*

我总是会从我最喜欢的一本书开始介绍。*The War of Art* 这本书解决了我工作以来长时间困扰着我的一个问题：为什么让自己坐下来开始做事是如此困难。

在这本书里，普雷斯菲尔德提到，当我们坐下来打算做一些有意义的事时，我们都会面对一股神秘的力量。他说这股力量就是阻碍我们尝试从低使命感向高使命感转变的神秘的、矛盾的破坏者。

只要确定了我们面对的这个共同敌人，我们就能开始获得力量去克服它。如果你有拖延症，或者你需要寻找向前的动力去做你觉得自己应该做的事情，你会发现这本书非常有用。

戴尔·卡耐基的《人性的弱点》

《人性的弱点》（*How to Win Friends and Influence People*）这本书是我读过的对我影响最大的另一本书。这本书在许多方面改变了我的个人观点，帮我在与人接触方面获得了成功——在阅读这本书之前这些对我而言是不可想象的。

读这本书之前，我坚信通过负强化[1]可以改变他人的行为。我迫使自己将自己的严格的纪律标准强加给别人。我相信，当别人出错时，告诉他们错在哪里是很重要的。惩罚的威胁是激励人的最好办法。

读完这本书之后，我的看法发生了180°的改变。我认为负强化几乎是完全无用的——让别人做你想做的事情的唯一方法就是让他们自己也想做这件事。

如果你必须在这个书单中选出一本书去阅读，那么就是这本书了。我坚信每个人都应该读这本书。我至少读了十几遍，每次重读都会令我获得新的见解。

拿破仑·希尔的《思考致富》

在我第一次试着读《思考致富》（*Think and Grow Rich*）这本书的时候，我倍感沮丧。第二次读的时候，稍微进步了一点，但还是觉得它和我个人的喜好相去甚远。最终，在和推荐这本书的很多成功人士交谈之后，在得知有些人将他们的成功完全归功于这本书之后，我决定再读一遍。

这本书有点儿奇怪。从根本上讲，它声称，如果你相信一件事能成功，只要坚持并强化这个信念，最终它就会变成现实。我提醒你，这种方法没有太多的科学依据。这本书甚至没打算尝试用科学来解释，不过，无论这种方法的原理是什么，我已经在自己的生活中见证了这种方法是有效的，而且很多其他人也发誓说这种方法是有效的。

“策划小组”这个概念就出自这本书。这本书还有很多其他重要的概念，能帮你学习

---

① 负强化又叫消极强化，即利用强化物抑制不良行为重复出现的管理手段，负强化包括批评、惩罚、处分、降职、降薪等。通过负强化可以使人感到物质利益的损失和精神上的痛苦，从而主动放弃不良行为。——译者注

怎样改变自己的信念，这对你的生活会有巨大的影响。

麦克斯威尔·马尔茨的《心理控制方法》

《心理控制方法》（*Psycho-Cybernetics*）这本书在很多方面让我联想到《思考致富》，但它是《思考致富》的科学版。这本书是由整形外科医生写的，他发现，人们整容之后，其性格实际上也会发生变化。这促使他去研究自我形象，并有了一些重大发现，他发现自我形象有将我们的生活向好的方面或者不好的方面发生彻底改变的能力。

我发现，这本书对于描述思维是如何运作的，以及思维是如何影响我们身体的，有一些非常好的洞察力。这本书提供了各种方法的实际应用来让你的态度、你的自我形象和你的信念向积极的方向转变。

乔·迪斯派尼兹的《改变的历程》

《改变的历程》（*Breaking the Habit of Being Yourself*）这本书是关于如何改变你的心理模式的。它将量子物理学、神经科学、脑化学、生物学和遗传学结合在一起，成为一本关于如何改变你的思想和生活的书。

警告：有些人真的很讨厌这本书，觉得它太离谱了。我的观点是：虽然我并不完全同意书中的所有内容，但书中的主要观点、积极心态以及改变你的思维方式这几个方面的内容非常值得一读。

安·兰德的《阿特拉斯耸耸肩》

你会对《阿特拉斯耸耸肩》（*Atlas Shrugged*）这本书又爱又恨，但无论哪一种，它都会给你带来思考。这本书是虚构的，约1200页，但是对生活、经济、工作都提出了非常严肃的疑问。

塞涅卡的《塞涅卡道德书简：致鲁基里乌斯书信集》

《塞涅卡道德书简：致鲁基里乌斯书信集》（*Seneca's Letters to Lucius*）是我读过的最发人深省的著作之一。塞涅卡的作品彻底改变了我的生活。这本书其实不是一本书，而是著名的斯多葛学派哲学家塞涅卡写给他的学生的书信集。

我们将在第73章更多地讨论斯多葛哲学，但我极力推荐你读一下这本书。书中包含了大量的智慧，可以彻底改变你的生活。我甚至无法描述自从我成为一名斯多葛主义者以来我的生活发生了多大的变化。

软件开发类书籍

由于本书是为软件开发人员撰写的（读者很可能就是软件开发人员），因此我也应该推荐一些在这方面我认为最优秀的书籍。

史蒂夫·迈克康奈尔的《代码大全》

《代码大全》（*Code Complete*）这本书完全改变了我写代码的方式。在我第一次读完这本书之后，我感觉我完全理解了什么是好的代码。书中所有例子是用 C++写的，但是编码概念可以应用到任何一种编程语言上。

这本书是编写好的代码和构建代码结构的入门级指导大全。尽管有很多软件开发类图书都在关注高层设计，但这本书是我能找到的唯一一本关注细节的书，例如，如何命名一个变量，如何构建算法里面的代码结构。

如果我有一家软件开发公司，这本书将会成为我雇用的所有软件开发人员的必读书。这绝对是我读过的最有影响力的软件开发书。

罗伯特·马丁的《代码整洁之道》

读《代码整洁之道》（*Clean Code: A Handbook of Agile Software Craftmanship*）这本书绝对是一种享受。《代码大全》教我如何编写好的代码，《代码整洁之道》提炼了知识并帮助我理解如何把这些知识用到完整的代码库和程序设计上。

这是我认为任何软件开发人员都需要读的另一本书。这本书中的概念将帮你成为一名更好的开发人员，同时还能帮你理解为什么简单和易于理解比整洁的代码更重要。

埃里克·弗里曼、伊丽莎白·弗里曼、凯西·塞拉和伯特·贝茨的《Head First 设计模式》

我推荐《Head First 设计模式》（*Head First Design Patterns*）这本书而不是推荐经典的《设计模式》（*Design Patterns*），这会让人觉得有点儿奇怪，但这本书比《设计模式》更容易让人理解。

不要误会，《设计模式》是一本很好的书，它介绍了软件开发领域经典的设计模式思想，但是《Head First 设计模式》对这些经典的设计模式思想做了更好的解释。如果你只想读一本设计模式的书，就读这本吧。

约翰·森梅兹的《软技能 2：软件开发者职业生涯指南》

如果我不在这里提到我自己的书，那我就是失职了。如果你喜欢《软技能：代码之外的生存指南》一书，尤其喜欢其中的“职业”篇，你会喜欢上这本《软技能 2：软件开发者职业生涯指南》（*The Complete Developer's Career Guid*）。《软技能：代码之外的生存指南》第 1 版出版后，我收到了很多读者来信，要求我针对职业篇再展开来详细阐述一下。

于是我就撰写了这本《软技能 2：软件开发者职业生涯指南》。在这本书中，我把软件开发人员应该知道的关于职业生涯的一切都写进去了，读者群体也涵盖了初学者、中级人员甚至高级人员。

投资类书籍

下面是我读过的一些关于投资的好书，这些书的重点无一不是强调正确的心态，让你了解如何赚钱和创造真正的财富。

加里·凯勒的 *The Millionaire Real Estate Investor*

如果我只能推荐一本关于房地产投资的书，那么就是这本 *The Millionaire Real Estate Investor* 了。这本书解释了为什么房地产投资是一个好主意，以及如何从中获得丰厚的收益，它给你提供了一个切实可行的计划。

这本书包含了很多图表，展示了房地产是如何通过长期投资来盈利的，同时书中绝对没有“夸夸其谈”的内容。

罗伯特·清崎的《富爸爸，穷爸爸》

《富爸爸，穷爸爸》（*Rich Dad, Poor Dad*）是另外一本改变我生活的书，它改变了我对金钱和财富的看法。这本书改变了我对钱是如何运作的认识，改变了我对“拥有一份工作”以及“为别人工作意味着什么”的看法。读完这本书之后，我清楚地理解了建立资产和减少自己的开销有多么重要。

我对这本书唯一不满意的地方就是，它没有明确告诉你要“如何做”。同时，这本书里有不少有价值的建议——我强烈推荐清崎的整个“富爸爸”系列。

M. J. 德马科的《百万富翁快车道》

《百万富翁快车道》（*The Millionaire Fastlane*）这本书很有冲击力，它会给你带来巨大的脑力激荡。这本书的主要观点是：传统的投资渠道，如投资 401(k)计划、投资股票和债券实际上都是一条慢车道，只在这条路上走，你永远不会富有，你只能在 60 多岁高龄时才能享受财富。

德马科说出了真相，但他不会让你在痛苦中死去。他还为你提供了关于如何建立在线业务以及建立什么样的业务的可靠建议。我曾有幸在我的 YouTube 频道上采访过他，他是最棒的。

更多书籍

自从本书的第 1 版出版以来，发生了很多变化。我又读了很多书，又发现了很多好书，然而我无法将它们全部放在本章中，那样的话篇幅就太长了，所以我在此把没有列入上面书单的顶级书籍罗列在一个清单中。这些书与我在上面列出的书一样熠熠生辉。

个人发展类

- 《影响力》（*Influence*）
- 《反脆弱》（*Antifragile*）
- 《成就上瘾》（*The Compound Effect*）
- 《思考的人》（*As a Man Thinketh*）
- 《权力 48 法则》（*The 48 Laws of Power*）
- 《终身成长：重新定义成功的思维模式》（*Mindset: The New Psychology of Success*）
- 《我，刀枪不入》（*Can't Hurt Me*）

财经类

- 《突破瓶颈》《创业必经的那些事》（*The E-Myth Revisited*）
- 《巴比伦富翁的理财课》（*The Richest Man in Babylon*）
- 《掌控谈话》（*Never Split the Difference*）
- 《对赌》（*Thinking In Bets*）

生产效率类

- *The 10x Rule*
- 《掌控习惯：如何养成好习惯并戒除坏习惯》（*Atomic Habits*）
- 《意志力陷阱》（*Willpower Doesn't Work*）
- 《高效能人士的七个习惯》（*The 7 Habits of Highly Effective People*）

精神/哲学类

- 《活出生命的意义》（*Man's Search for Meaning*）
- 《战胜心魔》（*Outwitting the Devil*）
- 《薄伽梵歌》（*The Bhagavad Gita*）
- 《深夜加油站遇见苏格拉底》（*The Way of the Peaceful Warrior*）
- 《过犹不及》（*Boundaries*）
- 《当下的力量》（*The Power of Now*）
- 《清醒地活》（*The Untethered Soul*）
- *The Obstacle Is The Way*

我可以列一个长长的书单，但这些都是其中最好的。祝阅读快乐！

采取行动

- 现在，你可以选择两三本你认为对你和你当前的职业生涯最有用的书，读一读。注意，不要只是买来放在书架上，而是要实实在在阅读。
- 从这张书单中挑一本让你感到厌恶的书（因为你觉得它废话连篇，或者你觉得它永远与你无缘），读一读。为什么？因为即使它不会改变你的想法，也可能会开拓你的视野。

第71章

不要害怕失败

跌倒七次，爬起来八次。

——日本谚语

在本书接近尾声的时候，我想给你提最后一个建议，或许对你来说这个建议比这本书任何一个建议都更具有潜在的意义。在生活中，也许你能学会让你更成功的所有技能，但是如果你缺少持之以恒这个重要的技能，一切都将是毫无意义的，因为那样的话刚一遇到麻烦你就会放弃——生活中我们都会面对很多麻烦。

另外，你的专业知识可能严重不足，你可能缺乏社交技能和金融知识，但是只要你能坚持到底，我相信你最终会找到自己的出路。

作为一名软件开发人员，这种特质对你来说特别重要，因为在你的生活和事业中你很可能面对大量的困难。开发软件就是很难的——很可能这就是它吸引你的原因之一。在本章中，我们将讨论坚持的重要性以及为什么培养面对困难无所畏惧的能力至关重要。

为什么我们总是害怕失败

畏惧失败似乎是大多数人的本能。人都喜欢做自己擅长的事情，逃避做那些自己不能胜任的或是缺乏技能的事情。我们似乎与生俱来就畏惧失败。

我甚至在学习阅读的幼童身上看到过这种现象。我见过一个正在学习阅读的孩子。实际上她的进步明明很大，但是你能看得出来当她读到不熟悉的字时，她读的声音会很轻；

对认识的字，她会很有自信地大声读出来。给她一个具有挑战性的词汇或者一些与她的能力不匹配的任务，她会说："妈妈，你来读。"幼小的她也倾向于放弃而不是去尝试。

在大多成年人身上这种现象会被放大。大多数人在面对重大挑战时，或者有直接或间接失败可能性的情况时，都会逃避这种情况发生。当你在夜总会选择避免与体重300磅、可能会痛打你一顿的大猩猩一样的家伙搏斗时，这个做法是说得过去的，但当你面对一个上台演讲的机会或者学习一门新的编程语言时，害怕失败就说不过去了，在这种情况下，就算失败也不会对你有实质性的伤害。

如果非要我猜猜为什么大多数人如此害怕失败，我不得不说这可能是基于保护脆弱的自尊的想法。或许我们害怕失败就是因为我们太过将失败归咎于个人，我们认为在特定领域下的失败是个人价值的流失。

我认为，对"失败"性质的误解还会助长这种对个人价值伤害的恐惧感。我们都被告知，并且倾向于认为，失败是一件不好的事情。我们没有看到，失败的阴影中暗含着一线曙光，我们只把失败看作终点——失败这个词本身暗示着死胡同、绝望的终点，而不是通往成功之路上的一个暂时壁垒。在我们的脑海中想象这样一个画面：在一个岛上，一群人被困住了。他们无望地坐在沙滩上，没有获救的希望，他们的生活是失败的，他们是失败者。

即使我们知道失败并不是终点，我们似乎也能感受到这一点。我们往往太过较真，把失败看得太重。因为我们接受过把失败看作通往成功道路——很多情况下这也是唯一的一条道路——的训练，所以我们不惜任何代价地避免失败。

失败并不是被打败

失败不同于被打败。失败是暂时的，被打败是永恒的。失败是那些碰巧发生在你身上的——你不能完全控制它。被打败却是你可以选择的——是对失败的某种程度的接受。

要实现不畏惧失败，第一步就是真正意识到失败不是终点——除非你选择把它看作终点。生活不易，你随时都会被击垮，但是否要重新站起来却完全取决于你自己。它取决于你是否决定为自己最值得拥有的东西战斗，取决于你是否要享受获得成功后的喜悦和乐趣，大多数情况下，它来自于战胜困难的成就感。

你是否玩过一个很难通关的电子游戏？还记得自己打败最后那个大怪时的那种成就感吗？一路走来你可能失败了很多次，但取得成功以后是多么喜悦啊！同样难度的电子游戏，如果你输入了通关码，有无数条命或者变成无敌手，即使通关又有什么乐趣呢？你会拥有成功后的那份喜悦吗？

还是电子游戏的例子，如果在第一次受挫败被打死的时候你就扔掉了控制器，会发生什么？某种程度上，从很多次失败中获得的经验反而让你最终获得了成功的体验，这是不是更令你乐在其中？如果是这样，你为什么要把失败当作一种永恒的状态而逃避生活中的失败呢？你不能指望拿起电玩遥控器，不经历掉下陷阱或者被火球烧焦就能通关，那么你为什么要指望一生不经历失败呢？

失败是通往成功的必经之路

不要畏惧失败，要拥抱失败。不只是因为失败和被打败不同，还因为失败是通往成功的必经之路。生活中所有值得拥有、值得去完成的事情都需要经历失败。

问题是，我们学到的都是用负面的视角去看待失败。上学的时候，作业得了 F，这被看为退步。没有人教你要把这个失败看作能让你离自己的目标越来越近的学习经验，你反而会被告知这整个都是负面的事情。

现实生活不是那样的。我不是说你不应该为了考试而学习，也不是说为了获得学习经验和塑造个性而一定要努力考一个 F，我想说的是，在现实生活中失败通常是必要的里程碑，它能带领我们离成功越来越近。

在现实世界里，当你在某件事上失败的时候，你从中学到了经验并且有可能成长。我们的大脑就是被这样训练的。如果你曾经试过学习如何玩杂耍，或者打篮球，或者其他需要相互配合的体育活动，你会知道在成功前会失败很多次。

记得第一次学杂耍的时候，我把三个球扔向空中，三个球都打到了地上，我一个球都没有抓住。我可以甩手说：“我不会玩杂耍。”但是出于某种原因我坚持下来了。我知道别人能学会我也能学会，所以我继续坚持。在经历了几百次或许上千次的丢球以后，我终于成功了。随着时间的推移，我的大脑做了微小的纠正，最终在一次又一次的失败体验中我学会了杂耍。我控制不了这个过程。我需要做的就是不断尝试——首先不要害怕去尝试。

我最近喜欢说一句话：“要么赢，要么学。”我甚至不再认为失败还是一个选项。我已经认定，在任何特定的情况下，如果我放弃，我只会失败，但不管结果如何，只有两种选择。第一，我会成功，这显然很棒。但是，第二，或许更重要的是，我会得到一个学习的机会，一个提升自己的机会。我对其中任何一个都能接纳，所以从这个意义上说，我不能输，我不能失败。

学会拥抱失败

重申一遍，我必须要说，即使你在本书中什么都没有学到，那也要记下下面这条建议：学会拥抱失败、期待失败、接受失败，并准备直面失败。

只是不畏惧失败还不够，还要主动寻觅失败。想成长就必须把自己放在保证会失败的环境中。我们常常会因为停止做那些对我们有挑战或者危险的事情而停滞不前。我们寻找生活中的温室，关上小屋的门，拉上窗户，任凭外面狂风暴雨，我们绝不冲到雨中。

但是，有时候你需要被淋湿，有时候你需要把自己放到一个不舒服的环境下强迫自己成长，有时候你需要积极地走出去寻找这样的环境，要知道，你越将你的船驶向失败，将你吹向失败的另外一面（成功）的风就会越强。

要如何拥抱失败？要如何说服自己跳入波涛汹涌的大海？从接受失败是生活的一部分开始。你必须明白，在生活中你要面对很多失败，很多是不可避免的，任何事情第一次做都不可能做到完美，你会犯错。

你还要明白，就算失败也没关系。犯错也没关系。你可以尝试避免犯错，但是不要因为害怕伤害自尊而以付出错失良机为代价。一旦你意识到失败是好事，失败并不能定义你的价值而你对待失败的态度恰恰才能说明你的价值，你才会真正学会对失败无所畏惧。

最后，我还是要建议你将自己暴露在失败的环境里。去做那些让你不舒服的事情。在本书的前面我们讨论过不要害怕看起来像个傻瓜，对待失败我也要说一样的话。事实上，这两个观点是紧密相连的。走出去，有目的地去把自己放在那些不可避免地会导致某种失败的困境中。但关键是不要放弃——让失败点亮通往成功的道路。去经历尽可能多的失败吧，畏惧失败本身才会让你失去克服困难的能力。

我要留给你最后一句关于失败的话，摘自拿破仑·希尔的《思考致富》一书：

> 大多数伟大的人取得的最大成功与他们所经历的最大失败只有一步之遥。

采取行动

- 对失败的恐惧是如何让你退缩的？想想生活中那些你想做但由于一时犹豫或者自尊受损而没有做的事情。
- 承诺至少做一件因为害怕失败而一直回避的事情。不要敷衍了事。很多人明知道有些事会失败还去“尝试”，这样做不会让他们真正失败，因为“没有真正尝试过”才会是失败。真的去尝试，真的去体验失败吧。

第72章

走出舒适区

如果你真的想在生活中取得长足进步，你就一定要学着克服我们大多数人都会有的一种恐惧——看起来像个傻瓜。

登上讲台在众人面前侃侃而谈，并非易事。写博客被整个互联网都看到并且被人评头论足，也并非易事。在播客里听到自己的声音，在视频里看到自己，可能都会让你感到难为情。从某种程度上说，就连写书也需要一定的勇气——特别是如果你想把自己已知的一切都放进书里的时候。

但是，如果想通过自己的努力获得成功，你就必须学会不在乎别人怎么想。你必须学会如何无惧自己被别人看作傻瓜。

万事开头难

当我第一次走上讲台面对众人演讲的时候，我紧张得汗流浃背。我试图让自己的声音保持平稳，但是我的声音却一直在颤抖。我本想点开一张幻灯片，可我的手不听使唤滑过了两张。你们知道后来怎么样吗？我总算挺了过来。虽然我没能做到最好，虽然我没能用我的魅力打动观众，但是我总算是把这段时间撑过去了，演讲最终结束了。

第二次登台，我仍然是一塌糊涂，但是我不那么紧张了。我的手不再抖得那么厉害，我的衬衫也没有被汗水浸透。接下来，每一次我都越来越放松。现在当我站上讲台上时，我会手拿麦克风，在整个房间里从容信步；我的激情感染了整个大厅，我自己也是活力四射。这要是搁到从前，我根本无法想到自己能做到这样。

事实上，万物都在变化之中。随着时间流逝，那些原本让你不适的东西，你最终都会应付自如。你需要足够的时间和意愿去克服尴尬，直到它们不再让你感到局促不安。

在第一次做某件让自己不自在的事情的时候，你可能无法想象终有一天自己竟然觉得做起这些事儿来如此怡然自得。你会误导自己认为“这不适合我”或“别人在这个领域有天赋，而我没有”。你必须学会克服这种想法，认识到大多数人在第一次面对挑战时都需要克服这样的不适感，尤其是他们面对一大群人的时候。

我跟你说实话吧，大多数人并没有这么做到这一点。他们早早选择了放弃。他们太在意别人怎么看自己，没有拼尽全力去克服这些困难，克服掉那些不适感，让自己变得更加优秀。如果遵循本书的建议，你会在别人失败的地方获得成功，原因就在于此。许多开发人员并不愿意做你愿意做的事情。大多数开发人员并不愿意为了收获更多成就而在短期内被看作傻瓜。

就算被人当成傻瓜又如何

或许你现在已经相信我说的，随着时间流逝，一切都会更容易。如果你忍住坚持下去，如果你坚持写博客，如果你坚持上台演讲或者制作 YouTube 视频，最终你不会再感到“这不舒服”，甚至会觉得“这很自然”。可是，当你的手还不受控制地颤抖，几乎无法握住麦克风的时候，你该如何做到这一点呢？

很简单，别太在意。别在意自己站在大庭广众之下可能会哑口无言，别在意别人看了你的博客后会觉得你的文章漏洞百出、你自己愚蠢至极，别在意别人会嘲笑你，因为你已经准备好和他们一起嘲笑自己。同样地，我知道这事说起来很容易，但是我们还是要剖析一下。

首先，如果你看起来像个傻瓜，那最糟糕的情形会是什么？你不会因为让自己出丑而受到身体上的伤害。无论你在讲台上演讲得多糟糕，也没有人真的在乎。诚然，站在讲台上抖抖索索、汗如雨下可能会让你看起来很可笑，而当这一切都结束的时候，没人会记住这些。

想想看，上一次你看到别人在拳击台上被击倒是什么时候？你还记得他是谁吗？当他下台时你有起哄吗？你有给他发邮件或者打电话让他知道他表现得太糟糕，浪费了你宝贵的时间吗？当然没有。那你还有什么可担心的？

如果你想成功，你必须要学会收起自己脆弱的自尊心，勇敢走出去，别害怕让自己出丑。每一位著名的演员、音乐家、专业运动员和公共演说家都曾有过表现不佳的时候，他们自觉地选择了走出困境，尽力而为。成功终将会来。你不可能专注做某件事而毫无长进，你只要坚持足够长的时间就会有收获。你的生存之道就是不必太在意。别害怕被人看作傻瓜。

> 在我的职业生涯中，我一共错失了 9 000 多次投篮，输掉了近 300 场比赛。有 26 次，我错失掉一投绝杀的机会。我失败了一次又一次。这就是我能够成功的原因。
>
> ——迈克尔·乔丹

小步快跑

如果照我的想法，我会带你到游泳池边上，然后一脚把你踹进深水区，因为据我所知，这是学习游泳最快的方式。但我知道，并不是每个人都接受这种“要么大获成功要么一败涂地”的激进方式，你可能更想采用小幅前进的方式稳扎稳打。

如果你对演讲、写作或者其他我在本篇前几章讲过的营销方式心怀畏惧的话，那么仔细想想你能做到的、不会让你紧张的、最简单的事情，并以此起步。

开始阶段，一种很好的方式是在别人的博客下面写评论。我发现，即便是这样的任务也会吓倒一些开发人员。但是，写评论确实是一种很好的起步方式，不需要你长篇大论，而且你可以加入到对话中而不需要重新开启话题。

准备好面对批评，但不要惧怕。总会有人不喜欢你的言论，或者不赞同你的观点。那又怎样？在互联网的世界里每个人都有权发表自己的观点，所以不要让这些打击到你。习惯遭受些许辱骂是件好事，因为即使再完美的作品也会遭人抨击。你永远不可能取悦每一个人。

一旦你觉得自己变勇敢了那么一点点，那就开始写自己的博客吧。围绕自己熟知的话题写，或者干脆写“怎么做”。不要写已有定论的话题，因为这会引来互联网“巨魔”的攻击，他们会爬出洞穴，用言语的大棒将你打倒。你会发现写博客并不是那么糟，有人可能真的喜欢你写的东西呢！（不要被这冲昏了头脑哟。）

现在你可以进一步拓展。你可以给别人的博客撰写客座文章，也可以接受播客访谈。你甚至有可能加入 Toastmasters 这样的俱乐部，这会帮助你习惯于公共演讲。许多从来没想过自己能够在众人面前演讲的朋友通过 Toastmasters 成为优秀的演说家。

无论是像缓慢适应水温那样小心翼翼，还是一头就扎进深水区，这些都无关紧要。核心在于一直保持前进状态。你会感觉不适，你可能会受惊吓甚至被吓倒，但是这一切终将会过去。如果你愿意坚持下去直面前方的种种挑战，如果你不介意短期内被看作傻瓜，你就会在大多数人失败的地方获得成功。我保证这一切的付出都是值得的。

采取行动

- 让自己勇敢起来。今天就是你的大日子。走出去做一些令你害怕的事情，大小都不要紧，迫使自己处于不自在的环境，并且提醒自己："这没什么大不了的。"
- 现在，重复上一步，至少每周一次。

第73章

斯多葛哲学，以及它如何改变你的生活

斯多葛派都是些有态度的佛教徒。他们对所谓"命运"视如敝屣。

——纳西姆·尼古拉斯·塔勒布，《反脆弱》[①]

在本书所有章中，本章是最为令我心潮澎湃的，也是最令我惴惴不安的。之所以心潮澎湃，是因为斯多葛哲学彻底改变了我的生活，改变了我对生活的态度，把我从负面情绪和反复无常的命运中解脱出来，让我大获成功。之所以惴惴不安，是因为我有太多关于斯多葛主义的话要说，有太多的内容要讲，我担心就这短短一章的篇幅，无法对其建立客观合理的认知。

在完成本书第 1 版的写作任务后不久，我第一次接触到了斯多葛主义的概念。记得当时我在夏威夷，正在收尾本书第 1 版的编辑工作。当我在海边跑步的时候听到瑞安·霍

① 纳西姆·尼古拉斯·塔勒布（Nassim Nicholas Taleb），安皮里卡资本公司的创办人，也是纽约大学库朗数学研究所的研究员。曾在纽约和伦敦交易多种衍生性金融商品，也曾在芝加哥当过营业厅的独立交易员。塔勒布因"黑天鹅"理论而被人们称为"黑天鹅"之父，并于 2001 年 2 月正式成为衍生性金融商品交易战略名人堂的一员。《反脆弱》（*Antifragile*）一书被塔勒布视为自己的代表作。他在书中所定义的"反脆弱性"，是指那些不仅能从混乱和波动中受益，而且需要这种混乱和波动才能维持生存和实现繁荣的事物的特性。他还建议我们应以反脆弱性的方式来构建事物。该书涵盖了诸多主题，包括试错法、生活中的决策、政治、城市规划、战争、个人理财、经济体系和医学领域。——译者注

利德[1]的有声书。这本书的书名是 *The Obstacle Is the Way: The Timeless Art of Turning Trials into Triumph*。单看书名就立刻吸引了我。旅途中这本书我一共听了三遍。它帮我重塑了对待生活的信仰，这种信仰又是如此的入情入理。它源自2000多年前的古老智慧，而我以前从没听说过。

回到家后，我开始痴迷于斯多葛主义的思想。我开始阅读古代斯多葛学派的著作。我开始遵照斯多葛哲学行事。我发现自己从此不再经常感到焦躁不安。我发现我对自己抱有更高的期望。我发现自己开始接受现实而不是试图改变现实，从此不再怨天尤人。我发现自己处于一种更加平和的状态。就这样，我也成了善于思考的人。

什么是斯多葛主义

这正是我觉得惴惴不安的地方。什么是斯多葛主义，以及如何实践斯多葛主义？就这一专题即使写上一本皇皇巨著依然无法宣称自己已经窥其精要。斯多葛学派并没有其官方的纲领，也没有自己的圣歌，没有宣言，甚至没有指南。能够让我们对斯多葛哲学一窥究竟的只有古代斯多葛学派的著作，其中最著名的来自塞涅卡[2]、伊壁鸠鲁[3]和马可·奥勒留[4]这三位大贤。

不用担心，我们依然可以从这些传世之作中领略斯多葛哲学的很多真谛。斯多葛哲学的核心在于试图定义在你存在于这个星球上时，怎样才能让你的价值最大化，并且不浪费你的生命去关注那些你无法掌控的事情，最大限度地提高你对你可以掌控的东西的掌控能力。

斯多葛哲学的本质是基于这样一种理念：我们应该努力使我们成为最好的自己，我们需要恪守这样的生活方式。这个概念被称为幸福（eudaimonia）[5]，大致翻译为“善待

---

① 瑞安·霍利德（Ryan Holiday）被誉为是“美国最年轻的网络营销鬼才”，他策划的案例被谷歌、推特等作为研究题材。他曾担任世界热销品牌 AA 美国服饰（American Apparel）公司的营销总监一职，同时也是斯多葛主义的传播者。瑞安著作颇丰，除这里提到的 *The Obstacle Is the Way* 之外，还有 *Ego Is the Enemy*（中文版《绝对自控》）、*Stillness is the Key*（中文版《宁静的力量》）。——译者注

② 吕齐乌斯·安涅·塞涅卡（Lucius Annaeus Seneca，约公元前4年—公元65年），古罗马政治家、斯多葛派哲学家、悲剧作家、雄辩家。本书第43章有提到他的名著《论生命之短暂》。——译者注

③ 伊壁鸠鲁（希腊文 Ἐπίουρος，英文 Epicurus，公元前341—公元前270年），古希腊哲学家、无神论者（被认为是西方第一个无神论哲学家），伊壁鸠鲁学派的创始人。他的学说的主要宗旨就是要达到不受干扰的宁静状态，并要学会快乐。——译者注

④ 马可·奥勒留（Marcus Aurelius Antoninus Augustus，公元121年—180年）。罗马帝国政治家、军事家、斯多葛派哲学家，也是罗马帝国最伟大的皇帝之一。他是一位很有智慧的君主，也是一位很有造就的思想家，著有《沉思录》。他向往和平，也具有非凡的军事领导才干。在整个西方历史中，他都被认为是一位少见的贤君。——译者注

⑤ eudaimonia 源自希腊语。亚里士多德《尼各马可伦理学》中关于“幸福”及相关概念的论证可总结如下：首先存在有一个最终目的，这个目的即是“最高的善”，其他所有的“善”（如健康、财富、快乐、美貌、友善等）本身并不是目的，它们都只是通向“最高的善”的手段和方法。他进一步论证：“最高的善”就是幸福，是实现德性的活动，也是人类一切行为的最终标的，其本身具有自足性和完备的特征，指导人们的行为。——译者注

你的内在精神”。斯多葛哲学要求我们每时每刻都展示出最优秀的自我，专注于我们可以掌控的事情，全权负责我们自己的生活。斯多葛学派相信，所谓“好”与“坏”无非是对中性事件的不同解释，我们都有能力对周围发生的一切和对我们自身做出自己的解释。你可以说，斯多葛哲学与“受害者心态”[①]截然相反。事实上，在过去的几年里，斯多葛哲学这种彻底摆脱受害者心态的理念深深打动了我，于是我创建了一个自己的新品牌 Bulldog Mindset。

斯多葛主义拒绝命运的摆布，它认为在生活中你所拥有的一切都不是你自己的财产，而是借来的东西，未来某个时间点必须还要归还。下面这段塞涅卡的名言完整地阐释了这个理念：

> 请记住，我们所拥有的只是“借来的”财富，它可以在没有我们许可的情况下，甚至不提前通知我们的情况下，悄然离去。因此，我们应该爱我们所有的亲人，但始终要牢记，我们没有承诺永远守着他们——是的，我们甚至无法承诺可以长期守护他们。
>
> ——塞涅卡

斯多葛主义的核心思想是超脱。如果你熟悉佛教，你会发现佛教里也有非常类似的理念。斯多葛哲学认为，我们应该超然于这个世界，果断放手一切不在我们掌控之下的事物，我们不要对事物的结果患得患失，我们只需关注自己能够掌控的过程。一个著名的例子就是射手瞄准目标射箭，一旦箭离弦而去飞向靶标，射手就再也无法控制结果。射手可以勤学苦练如何尽善尽美地射出一箭，但一旦箭射出去了，就脱离了射手的控制。

许多人认为斯多葛主义就是对痛苦或快乐无动于衷，其实这与它的真谛相差甚远。斯多葛哲学教导我们不要让痛苦或快乐影响我们的行为，我们应当摒弃这些情绪的影响，做出正确的行为。斯多葛哲学的信条是：感受你的情绪，但不要被它左右和羁绊。我个人喜欢用“感受痛苦，砥砺前行”这句话来阐释这一信条。

怎样才能变得不可战胜

当我思考斯多葛哲学的主要益处时，脑海中浮现的词组是“无坚不摧”。如果没有什么能够伤害你，那么你的生活会是一幅怎样的图景？如果你遵循斯多葛主义的理想生活

① 受害者心态是一种认为“自己是受害者”的心理。具有受害者心态的人通常认为自己在生活里处处遭受着不公平对待，认为自己很可怜，没人疼自己。在这种心理的驱使下，具有受害者心态的人常常将责任归咎到他人身上，很少从自己身上找原因，于是造就了错误的心理认知。——译者注

模式，确实没有什么能够伤害你，因为斯多葛哲学告诉我们：只能允许那些我们选择可以伤害我们的东西伤害我们，因为恰恰正是我们自己对事件的解释导致我们将此事件视为“好”或“坏”。

> 选择不受伤害，你就感受不到伤害。感受不到伤害，也就没有受过伤害。
>
> ——马可·奥勒留

这看起来有些太过严苛了，但我可以坦诚地告诉你：自从我开始实践斯多葛哲学以来，我几乎已经在对抗伤害方面变得无往不胜。过去困扰我的事情对我不再有任何明显的影响。过去的我常常心烦意乱，遇上交通堵塞时会犯可怕的“路怒症”。现在我已经能够对堵车坦然接受，只要在堵车时听一本有声读物，即使时间久一些也是一件美妙的事情。过去，周围人们在做蠢事或者以某种方式不公正地对待我时，我都会感到怒不可遏。现在我只是把他们的行为看作是他们的选择，是对我的考验——只要通过了考验我就可以变得更加强大。你肯定会说：如果你被汽车撞了，或者遭受其他形式的身体创伤，你肯定不会再泰然处之了吧？实际上，一位斯多葛主义者对此会说：肉体上的痛苦与精神上的伤害是两码事。汽车可能会给你带来肉体上的痛苦，但不一定会造成精神上的伤害。即使你失去了双腿从此不能走路，你也不要从精神上将其解释为“不好”的事情进而受到伤害。

斯多葛主义能带来的最大好处莫过于你对所谓“命运”的态度从此变得超凡脱俗。当你全神贯注做最好的自己而不担心事情的结果时，当你坦然接受命运带给你的一切并学会热爱命运时（也就是尼采[①]的那句格言 Amor fati[②]），从此你就没什么好担心的。无论发生什么事，你都可以置之不理，你会想尽办法充分利用好它。这并不意味着你永远不会感到沮丧或哀伤，只是你会拥有一定程度的情绪掌控能力，可以帮你缓解来自负面情绪的冲击。

斯多葛哲学会让你变得无比坚强。斯多葛主义的信条之一就是你应该将自己置于一贫如洗的窘境之中。斯多葛主义者相信，你不应该让自己太过舒适，这样才能让自己为了变得更强大，为可能发生的事情做好准备。类似“平时多流汗，战时少流血”这样的想法恰恰就是一个非常斯多葛主义的概念。本书的前面我谈到过，我坚持跑马拉松，并

---

① 弗里德里希·威廉·尼采（Friedrich Wilhelm Nietzsche，1844—1900），德国哲学家、语文学家、文化评论家、诗人、作曲家、思想家。他的主要著作有《权力意志》《悲剧的诞生》《不合时宜的考察》《查拉图斯特拉如是说》《希腊悲剧时代的哲学》《论道德的谱系》等。这些著作对宗教、道德、现代文化、哲学和科学等领域提出了广泛的批判和讨论。尼采对于后代哲学的发展影响很大，尤其是对于存在主义和后现代主义。——译者注

② Amor fati 是尼采的一句名言，也是他一生的信条。Amor fati（love one’s fate）即“爱你的命运”。Amor 意为爱，也是古罗马爱神的称呼，这个词在西班牙语、意大利语和葡萄牙语中都存在。fati 是英语 fate（命运）的变体。Amor fati 的含义是：不论一个人拥有怎样的人生，都应该拥抱并热爱自己的命运。——译者注

且每天都会禁食，我将这两项成就归功于我从斯多葛主义中获得的内在力量和坚忍精神。

最终，斯多葛主义会让你达成内心的平静。当你把自己从结果中分离出来，当你愿意对那些无法掌控的事情坦然放手，当你不再依赖命运，当你学会接受现实而不是与生活和现实奋起抗争的时候，你会感受到一种莫可名状的内心平静。这就像生活在一个平行宇宙中。当人们告诉我对某事感到焦躁不安、大发雷霆或者心烦意乱时，我几乎无法想象那是一种怎样的情绪。我大约能够模模糊糊地回忆起自己曾经花费生命中一半以上的时间沉湎于那些消极情绪中，但我现在很少产生这些情绪，这让我也感到惊讶。现在，即使产生了负面情绪，我也会立刻做好自我调节——“啊哟，我现在居然会感到很生气。这很奇怪哦。”

如何成为斯多葛主义者

因此，你想成为一位斯多葛主义者，是吗？我希望你欣然来到一个铺满了果冻的儿童泳池来参加一项神秘的仪式。要想成为一名斯多葛主义者，你必须先接受启蒙教育。好吧，我是在开玩笑的。事实上，你现在已经开始成为斯多葛主义者了。不信？你看：你和我有着同样的命运，总有一天我们都会死去。是的，我知道，我们不喜欢思考这件事情——实际上，斯多葛主义者有一个想法，那就是为死亡做好准备。是的，我们拥有相同的命运，我们都会面对共同的问题，因此也拥有相同的解决方案。

我们面对的共同的问题是什么？很高兴你能这么问。现实情况是，我们都在几乎相同的环境和限制条件下生活。你和我最终能掌控的只有我们自己的思想、我们对自己所经历过的事情的解释和我们的行为。除此之外别无他选。其他一切事物都超出了我们的掌控范围。我这么说是因为不管你喜不喜欢，你其实已经是一位斯多葛主义者了，你可能只是不愿意依此行事而已。

如果上述这一切在你听来感觉还不错，你想开始将斯多葛哲学应用到自己的生活中，那么你可以采取一些更深层次的行动。首先，我建议你去读两本斯多葛学派的古籍。

第一本是塞涅卡的《塞涅卡道德书简：致鲁基里乌斯书信集》[①]。这是我最喜欢的斯多葛哲学书，书中的智慧你可以马上拿出来应用。书中的内容未免有些艰深，所以你得花些时间细细品读，如果有些内容没看懂也不必担心。

---

① 《塞涅卡道德书简：致鲁基里乌斯书信集》（*Seneca's letters to Lucilius*）是塞涅卡写给其朋友鲁基里乌斯的信，现存共 124 封。这批信的原作据信写于公元 63 年至 65 年。信的内容涵盖了作者以一名斯多葛主义哲学家的身份，对哲学、美德、死亡、学习、恐惧、享乐、财富等方面的看法及讨论，涉及主题颇为广泛，体现了斯多葛主义哲学的很多主要理念，对古典西方哲学，尤其是斯多葛主义的传承和发展有着重要推动作用。——译者注

我推荐的第二本书是马可·奥勒留所著的《沉思录》[①]。这本“书”其实并不是一本书，而是这位古罗马皇帝的私人日记，在一个偶然的机会里公之于众。奥勒留是一位虔诚的斯多葛主义者，他全心全意地按照这种哲学生活。他常被称为哲学家之王——这个词最早由柏拉图创造。

接下来我会推荐你读一些当代的斯多葛哲学书籍，包括瑞安·霍利德的 *The Obstacle Is the Way*，以及乔纳斯·萨尔斯吉勃[②]的 *The Little Book of Stoicism*[③]。这些书以一些现代的阐释和彪炳史册的著名事例，帮你内化那些来自斯多葛哲学古籍的概念。

但是，最重要的是要把你学到的东西付诸实践。不仅要阅读文本、消化思想，还要在日常生活中积极尝试和践行斯多葛哲学。当你遇到挫折或麻烦时，花一点儿时间思考并确定你将如何解释它。关注每一天每一刻，把你的一切都奉献给你所做的每一件事，这样你就是在积极寻求与斯多葛学派所宣称的德性（arete）（大致可以翻译为“卓越”）共存。选择以勇气来面对恐惧。让你的每一刻都充满意义。为自己构建出坚如磐石的强大内心，让自己坦然面对不可预测的财富上的跌宕起伏。

我可以继续罗列出一长串书名。总有一天，我自己也会写一本斯多葛哲学的书籍，但是现在，我不得不在本章中为你只留下斯多葛哲学的一瞥。希望本章中对“美好生活”的匆匆描绘能够激发你的浓厚兴趣，激励你去寻求古人的智慧。

采取行动

- 从本周开始，每天都做如下练习：当有什么事情发生并且需要你做出回应时，先暂停一下。在这暂停的一刹那，主动选择你对此事的解释，然后选择最合适的回应方式。
- 你也可以尝试练习接受。当一件你不喜欢的事情发生时，如果它超出了你的掌控范围，不要与之抗争，尝试去接受它，随它去。仅此一项就能大大减轻你的压力。
- 最后，通读本章中提到的塞涅卡的著作《塞涅卡道德书简：致鲁基里乌斯书信集》(124封信)。每天读一封信，一年之后你的生活会彻底改变。试试看。

---

① 《沉思录》（*Meditations*）一书有多个中文翻译版本，我本人推荐由梁实秋先生早年翻译、天津人民出版社2017年出版的版本。本书来自作者对身羁宫廷的自己和自己所处混乱世界的感受，追求一种摆脱了激情和欲望、冷静而达观的生活。作者在书中阐述了灵魂与死亡的关系，解析了个人的德行、个人的解脱以及个人对社会的责任，要求常常自省以达到内心的平静，要摒弃一切无用和琐屑的思想、正直地思考。而且，不仅要思考善、思考光明磊落的事情，还要付诸行动。——译者注

② 作者乔纳斯·萨尔斯吉勃（Jonas Salzgeber）是一位作家，在NJlifehacks为许多杰出人士撰稿。——译者注

③ 该书繁体中文版《斯多葛生活哲学55个练习》在2020年由中国台湾时报出版公司出版。本书可以看作一本斯多葛主义哲学的浓缩书，不仅介绍了斯多葛主义在希腊和罗马时期的发展史，还列举了一些在生活中运用斯多葛哲学的技巧，帮助人们将其融入日常生活中。——译者注

第74章

结束语

好吧，就到这里吧。我们终于来到了这本书的结尾。之所以说“我们”，是因为我希望你把读这本书当作跟我写这本书一样的冒险旅程。当我开始动手写这本书的时候，我并不知道写一本这么长、这么厚的书这么难。我只知道我想要写一本书，分享我在自己作为软件开发人员的职业生涯中已经学到的一些重要的经验和教训——并不是关于如何编写优质代码、推动职业生涯上进的经验，而是关于如何做好更全面的人的经验，以及如何把我的人生价值发挥到最大同时又有利于他人的经验。

我不是天才，我甚至都不是一位能够认真反思自己几十年来的生活然后给你传授经验可以让你受益 50 年的智慧长者，所以不要把我的这本书当作福音。这本书就是分享我的经验，以及到目前为止让我获得成功的关键要素。希望你能从中找到一些有用的东西，即便你可能不同意书中的所有观点，那也没关系。

这正是这本书的要点。你不能把别人说的话都当作福音。没有人可以垄断真理。现实中，很大程度上，需要你自己去发现真理。这并不意味着你可以忽视这世界上的公认真理、只管自行其是，但这意味着你可以决定你想要过怎样的生活，你该怎样去生活。如果你能学会管理诸如成功、理财、健身以及自己的心理状态等事务的基本原则，你大可以利用这些原则来塑造属于自己的现实世界。

希望在读完这本书之后，你已经得出结论：那些你在过去已经领教过的关于“你该如何生活”的狭窄逼仄、直来直去的道路，例如，你要取得好成绩、尽量不要搞砸了、你要去上大学、找份工作然后安心工作 50 多年直到退休吧……并不是你可以走下去的唯一道路。当然，你也可以继续沿着过去被告知的那条道路前进，只要你愿意；不过，如果你正在读这本书，我相信你已经意识到，生活原本要比你所厌恶的朝九晚五的工作丰富多彩得多。

希望这本书已经让你意识到，全世界都是你的机会，都在你的掌控之下。你可以更好地管理自己的职业生涯，可以从中获益更多，甚至可以把自己的职业生涯带向全新的方向，可以学会如何实实在在地构建自己的个人品牌、营销自己——把自己的软件开发职业生涯提升到一个你从未企及的全新高度，让自己有机会影响更多的人。

希望这本书教会你学习和吸收知识的新方法，给予你足够的信心去超越自我——不只是为了学到东西而去学习，还要把你学到的知识与他人分享、使他人受益，不管你是沿着哪条路径前进。

希望这本书能够激励你更有成效、更谨慎地管理和善用你的时间，能够激励你看到努力工作的价值，并且付诸实践——即使是在你觉得缺乏动力难以继续前行的时候。

希望这本书能激励你以某种方式去健身，更好地关爱自己的身体健康，使你意识到并不因为你是软件开发人员就不能成为健壮的、运动型的人，实际上你也可以保持好身材，只要你愿意，你至少可以采取积极主动的措施保持自己身体健康。

最后，我希望这本书已经帮你意识到意志力是多么强大、多么重要，你的头脑可以作为一种工具，要么推动你前进，要么在你来不及做出反应、来不及应用自己所学的时候就摧毁你的前程。我希望这本书可以让你意识到你有能力成为你想成为的人，你也可以通过积极思考和坚持到底的力量重塑你自己。

是的，这些都是任何一本书都向往的崇高目标，尤其是一本与软件开发有关的书。不过，只要我能在一些很小的地方帮到你，让你改善了自己的生活哪怕一点点，我都会认为这是一场胜利。

在你放下这本书之前，我有一个小小的请求：如果你发现这本书对自己有帮助，如果你认为其他人也可以从中受益，请把它分享给别人。我这么说不是为了提高这本书的销量——尽管我很愿意这么做，但是着手写这本书的本意还真不是为了赚钱——我花 500 小时可以做很多很多更有利可图的事情，写这本书只是因为我认为我们不仅应该不遗余力地做好软件开发人员的本职工作，而且应该做一个好人：去帮助他人。

感谢你抽出时间来阅读这本书，并真诚地希望你能在本书中发现一些永久的价值。